核与粒子物理

NUCLEAR AND PARTICLE PHYSICS

李灵峰 阮东 编著

清華大學出版社
北 京

内容简介

本书清晰、简明地介绍了核与粒子物理的基础知识，为读者在该领域进一步学习打下基础。本书精炼地选择了相关内容。首先，简单回顾狭义相对论之后，在场论背景下介绍了量子电动力学的理论框架。其次，根据讨论基本相互作用的对称性的需要，简要介绍了群论的相关知识。再次，详细讨论了局域对称性和对称性自发破缺的概念，为构建电弱相互作用的标准模型做准备。从次，讲述了该标准模型的重要结果及其与实验测量的符合。最后，研究强相互作用的量子色动力学，描述通过胶子传递的夸克之间的相互作用，该理论的定性特征可以使我们简单地理解强子世界。

本书适合高等学校物理学科教师、研究生和高年级本科生，以及科研院所的相关工作人员阅读使用。

图书在版编目(CIP)数据

核与粒子物理/李灵峰，阮东编著.—北京：清华大学出版社，2025.4
ISBN 978-7-302-53766-3

Ⅰ.①核…　Ⅱ.①李…②阮…　Ⅲ.①核物理学②粒子物理学　Ⅳ.①O571②O572.2

中国版本图书馆 CIP 数据核字(2019)第 196110 号

责任编辑：佟丽霞　鲁永芳
封面设计：顾　欣
责任校对：赵丽敏
责任印制：宋　林

出版发行：清华大学出版社
网　　址：https://www.tup.com.cn，https://www.wqxuetang.com
地　　址：北京清华大学学研大厦 A 座　　邮　　编：100084
社 总 机：010-83470000　　邮　　购：010-62786544
投稿与读者服务：010-62776969，c-service@tup.tsinghua.edu.cn
质量反馈：010-62772015，zhiliang@tup.tsinghua.edu.cn
印 装 者：三河市龙大印装有限公司
经　　销：全国新华书店
开　　本：174mm×260mm　　**印张**：13.75　　**字　　数**：299 千字
版　　次：2025 年 4 月第 1 版　　**印　　次**：2025 年 4 月第 1 次印刷
定　　价：49.00 元

产品编号：062712-01

前言

核与粒子物理的研究对象是物质的微观结构。同时它也影响着其他领域的发展，如凝聚态物理、天体物理等。掌握好它们将有助于我们理解新技术中的诸多新进展。

作者在卡耐基梅隆大学和清华大学给物理专业的高年级本科生和低年级研究生讲授为期一学期的“核与粒子物理”课程已有二十多年。本书根据该课程的讲义编写而成。学习本书的预备知识是量子物理，包括非相对论量子力学的传统内容，以及简单的相对论运动学。为了体现完整性和灵活性，书中包含的内容要多于在一个学期中所能轻松掌握的内容。本书着重讨论对称性，及其在高能物理中起到的作用。作者并不试图用严格、完整的方式讲述，而是对重要知识做简单的概述，尽可能略去复杂的数学证明，而更多地采用启发式讨论和具体实例。

作者

2020 年 5 月

目录

第1章 绪　论

1.1 微观粒子的结构

我们可以通过物质的大小来研究它们的结构。首先从尺度约为 $10^{-8}\,\text{cm}$ 的原子开始。卢瑟福 (Rutherford) 发现原子内部有原子核，尺度约为 $10^{-12}\,\text{cm}$，原子核里挤满了核子，即质子和中子。现在确信这些核子是由夸克 (quark) 构成的。到目前为止，还没有实验证据表明在夸克内部存在更小的组分。换句话说，我们可以把夸克当作没有结构的点粒子来处理，但是将来还是有可能出现更精确的测量手段以揭示夸克内的更小组分。每个层面上的尺度为

$$\text{原子}\ (10^{-8}\,\text{cm}) \longrightarrow \text{原子核}\ (10^{-12}\,\text{cm}) \longrightarrow \text{核子}\ (10^{-13}\,\text{cm}) \longrightarrow \text{夸克}\ (?)$$

为了揭示每个尺度上的结构，需要用可比拟的精度来探测。从波长和能量或动量的关系可知，我们需要用能量越来越大的粒子束来研究越来越小的结构。

下面我们来讨论某些尺度上的一些重要性质。

1. 原子

对原子光谱的研究促进了量子力学的发展。量子力学是目前研究微观世界最重要的理论。实际上，它为我们提供了理解化学键的方法，而化学键是研究化学和生物现象的基础。粗略地讲，能在这些领域取得成功得益于：

(1) 经典的电磁相互作用已经透彻理解；

(2) 电磁相互作用强度较弱，因此可以采用微扰近似计算；

(3) 相互作用是长程的，可以实验测量。

2. 原子核

(1) 核子间的相互作用很强，难以理论计算，这就是通常所说的强相互作用；

(2) 不像电磁相互作用，强相互作用没有经典类比可以借鉴。

1.2 基本相互作用的分类

构成物质的粒子间的基本相互作用可以分类如下。

(1) 强相互作用 (strong interaction)。该作用把核子约束在原子核里。研究强相互作用的理论是量子色动力学 (QCD)，它是基于 SU(3) 色对称性的局域规范理论。

(2) 电磁相互作用 (electromagnetic interaction)。它是我们最熟悉的相互作用。经典的电磁相互作用总结在麦克斯韦 (Maxwell) 方程中，可以非常好地研究宏观电磁现象。微观的电磁作用理论是基于 U(1) 局域对称性的量子电动力学 (QED)，它是量子场论中最成功的理论。

(3) 弱相互作用 (weak interaction)。该理论研究了许多原子核和粒子的衰变，与量子电动力学相结合所形成的基于 $SU(2) \times U(1)$ 局域对称性的电弱统一理论是现代物理学中最成功的理论。

(4) 引力作用 (gravity)。爱因斯坦 (Einstein) 的广义相对论是基于广义坐标变换的局域对称性理论。虽然它能很好地处理经典问题，但其向量子范围的推广尚未成功。

下面我们简单讨论一下引力和电磁相互作用。

1. 引力

牛顿 (Newton) 的万有引力定律是平方反比律，即

$$\boldsymbol{F} = G_{\mathrm{N}} \frac{m_{\mathrm{g}} M}{|\boldsymbol{r}_1 - \boldsymbol{r}_2|^3} (\boldsymbol{r}_1 - \boldsymbol{r}_2) \tag{1.1}$$

其中，G_{N} 是引力常数，m_{g} 是物体 A 的质量 (这里指引力质量，描述该物体产生引力的本领)，M 是物体 B 的质量，$\boldsymbol{r}_1$ 和 $\boldsymbol{r}_2$ 分别是物体 B 和物体 A 的位矢。该定律能很好地描述天体的运动规律。

物体 A 在外力 $\boldsymbol{F}$ 的作用下运动，描述物体运动的牛顿第二定律是

$$\boldsymbol{F} = m_{\mathrm{I}} \boldsymbol{a} \tag{1.2}$$

其中，m_{I} 是物体 A 的惯性质量，刻画物体对其运动状态改变的反抗程度。原理上，惯性质量与引力质量不必相等。

联立式 (1.1) 和式 (1.2)，给出引力中的运动方程：

$$m_{\mathrm{I}} \boldsymbol{a} = G_{\mathrm{N}} \frac{m_{\mathrm{g}} M}{|\boldsymbol{r}_1 - \boldsymbol{r}_2|^3} (\boldsymbol{r}_1 - \boldsymbol{r}_2) \tag{1.3}$$

如果 $m_{\mathrm{I}} = m_{\mathrm{g}}$(作为等价原理 (principle of equivalence) 的结果)，那么

$$\boldsymbol{a} = G_{\mathrm{N}} \frac{M}{|\boldsymbol{r}_1 - \boldsymbol{r}_2|^3} (\boldsymbol{r}_1 - \boldsymbol{r}_2) \tag{1.4}$$

此式表明，虽然粒子受到 M 的引力作用而运动，但该粒子的运动方程却与它的自身质量 m 无关。这是爱因斯坦基于几何的引力理论的基础：引力场中的粒子之所以沿着测地线运动是因为该粒子遵循了空间的几何性质，该空间的弯曲是由其他物体产生的。对引力的几何描述是基于等价原理。

2. 电磁相互作用

经典电磁相互作用可以很好地用麦克斯韦方程组来描述。真空中的麦克斯韦方程组为

$$
\begin{aligned}
&\nabla \cdot \boldsymbol{E} = \frac{\rho}{\varepsilon_0}, \qquad \nabla \cdot \boldsymbol{B} = 0 \\
&\nabla \times \boldsymbol{E} + \frac{\partial \boldsymbol{B}}{\partial t} = 0, \quad \frac{1}{\mu_0}\nabla \times \boldsymbol{B} = \varepsilon_0 \frac{\partial \boldsymbol{E}}{\partial t} + \boldsymbol{J}
\end{aligned} \tag{1.5}
$$

其中，$\boldsymbol{E}$ 和 $\boldsymbol{B}$ 分别是电场强度和磁感应强度，ρ 和 $\boldsymbol{J}$ 分别是电荷密度和电流密度，ε_0 和 μ_0 分别是真空中的介电常数和磁导率。

引入矢势 $\boldsymbol{A}$ 和标势 ϕ：

$$
\boldsymbol{B} = \nabla \times \boldsymbol{A}, \quad \boldsymbol{E} = -\nabla\phi - \frac{\partial \boldsymbol{A}}{\partial t} \tag{1.6}
$$

但它们不是唯一的，因为 $\boldsymbol{B}$ 和 $\boldsymbol{E}$ 在规范变换 (gauge transformation) 下不变：

$$
\phi \to \phi - \frac{\partial \alpha}{\partial t}, \quad \boldsymbol{A} \to \boldsymbol{A} + \nabla\alpha \tag{1.7}
$$

其中，$\alpha = \alpha(\boldsymbol{r}, t)$ 是依赖时空参量的相因子。

在量子力学中，带电粒子的薛定谔 (Schrödinger) 方程有如下形式：

$$
\left[\frac{1}{2m}\left(\frac{\hbar}{\mathrm{i}}\nabla - e\boldsymbol{A}\right)^2 - e\phi\right]\psi = \mathrm{i}\hbar\frac{\partial \psi}{\partial t} \tag{1.8}
$$

式中 $\boldsymbol{A}$ 和 ϕ 是两个基本变量，它们都依赖于规范因子 α。可以证明：规范变换所引起的改变能够用对波函数做如下变换来补偿：

$$
\psi \to \psi' = \mathrm{e}^{-\mathrm{i}e\alpha/\hbar}\psi \tag{1.9}
$$

具体计算为

$$
\begin{aligned}
\left(\frac{\hbar}{\mathrm{i}}\nabla - e\boldsymbol{A}'\right)\psi' &= \left[\frac{\hbar}{\mathrm{i}}\nabla - e(\boldsymbol{A} - \nabla\alpha)\right]\mathrm{e}^{-\mathrm{i}e\alpha/\hbar}\psi \\
&= \mathrm{e}^{-\mathrm{i}e\alpha/\hbar}\left[\frac{\hbar}{\mathrm{i}}\nabla - e\nabla\alpha - e(\boldsymbol{A} - \nabla\alpha)\right]\psi \\
&= \mathrm{e}^{-\mathrm{i}e\alpha/\hbar}\left(\frac{\hbar}{\mathrm{i}}\nabla - e\boldsymbol{A}\right)\psi
\end{aligned}
$$

因为 $\left(\frac{\hbar}{\mathrm{i}}\nabla - e\boldsymbol{A}\right)\psi$ 与 ψ 有相同的变换形式，所以称 $\nabla - \frac{\mathrm{i}}{\hbar}e\boldsymbol{A}$ $\left(此处略去了常数因子 \frac{\hbar}{\mathrm{i}}\right)$ 为协变导数 (covariant derivative)。类似地，高阶协变导数也具有同样的变换形式，例如，二阶协变导数的变换为

$$
\left(\frac{\hbar}{\mathrm{i}}\nabla - e\boldsymbol{A}'\right)^2\psi' = \mathrm{e}^{-\mathrm{i}e\alpha/\hbar}\left(\frac{\hbar}{\mathrm{i}}\nabla - e\boldsymbol{A}\right)^2\psi \tag{1.10}
$$

对于时间的导数，同样有

$$\left(\mathrm{i}\hbar\frac{\partial}{\partial t}+e\phi'\right)\psi'=\mathrm{e}^{-\mathrm{i}e\alpha/\hbar}\left(\mathrm{i}\hbar\frac{\partial}{\partial t}+e\frac{\partial\alpha}{\partial t}+e\phi-e\frac{\partial\alpha}{\partial t}\right)\psi$$
$$=\mathrm{e}^{-\mathrm{i}e\alpha/\hbar}\left(\mathrm{i}\hbar\frac{\partial}{\partial t}+e\phi\right)\psi \tag{1.11}$$

舍去相因子后可得到相同的薛定谔方程。

这就是规范理论 (gauge theory) 的出发点。规范理论中对称变换的参数 α 与时空有关，通常称为局域对称变换 (local symmetry transformation)。

3. 规范原理

基本相互作用都由基于确定对称性的规范理论来描述：

(1) 强相互作用基于 SU(3) 色对称性 (color symmetry)；

(2) 电磁相互作用和弱相互作用，即电弱理论，由基于 SU(2) × U(1) 对称性的规范理论来描述；

(3) 引力作用是局域坐标变换的规范理论。

下面简单介绍描述电弱相互作用的标准模型中的主要因素。

(1) 局域对称性。它的重要性质是与其他场的耦合具有普适性。这是电磁相互作用和弱相互作用的主要特征之一。

(2) 由于弱相互作用的短程性，需要引入对称性自发破缺，从而把具有局域对称性的长程力 (long range force) 变成有质量的 W 玻色子 (boson) 参与的短程力 (short range force)。

规范对称性基于群 SU(2) × U(1)。规范玻色子分别是：$\mathrm{W}^{\pm}$，Z，γ；费米子 (fermion) 的结构：

轻子 (lepton)：

$$\begin{pmatrix}\nu_{\mathrm{e}}\\ \mathrm{e}\end{pmatrix}_{\mathrm{L}},\quad \begin{pmatrix}\nu_{\mu}\\ \mu\end{pmatrix}_{\mathrm{L}},\quad \begin{pmatrix}\nu_{\tau}\\ \tau\end{pmatrix}_{\mathrm{L}},\qquad \mathrm{e}_{\mathrm{R}},\ \mu_{\mathrm{R}},\ \tau_{\mathrm{R}}$$

夸克：

$$\begin{pmatrix}\mathrm{u}\\ \mathrm{d}'\end{pmatrix}_{\mathrm{L}},\quad \begin{pmatrix}\mathrm{c}\\ \mathrm{s}'\end{pmatrix}_{\mathrm{L}},\quad \begin{pmatrix}\mathrm{t}\\ \mathrm{b}'\end{pmatrix}_{\mathrm{L}},\quad \mathrm{u}_{\mathrm{R}},\ \mathrm{c}_{\mathrm{R}},\ \mathrm{t}_{\mathrm{R}},\ \mathrm{d}_{\mathrm{R}},\ \mathrm{s}_{\mathrm{R}},\ \mathrm{b}_{\mathrm{R}}$$

其中，

$$\begin{pmatrix}\mathrm{d}'\\ \mathrm{s}'\\ \mathrm{b}'\end{pmatrix}_{\mathrm{L}}=\begin{pmatrix}V_{\mathrm{ud}} & V_{\mathrm{us}} & V_{\mathrm{ub}}\\ V_{\mathrm{cd}} & V_{\mathrm{cs}} & V_{\mathrm{cb}}\\ V_{\mathrm{td}} & V_{\mathrm{td}} & V_{\mathrm{td}}\end{pmatrix}\begin{pmatrix}\mathrm{d}\\ \mathrm{s}\\ \mathrm{b}\end{pmatrix}_{\mathrm{L}}$$

这里，所有的左手场都是 SU(2) 二重态，所有的右手场都是 SU(2) 单态，3×3 矩阵称为卡比博-小林-益川 (Cabibbo-Kobayashi-Maskawa, CKM) 混合矩阵。

1.3 相对论性系统引入场论的必要性

在非相对论量子力学中，薛定谔方程要求粒子数守恒 (conservation of particle number)，可以证明如下。

对薛定谔方程

$$H\psi = \mathrm{i}\hbar\frac{\partial\psi}{\partial t} \tag{1.12}$$

左边乘以 $\psi^\dagger$，再对全空间积分，给出

$$\int \mathrm{d}^3x\,(\psi^\dagger H\psi) = \mathrm{i}\hbar\int \mathrm{d}^3x\,\left(\psi^\dagger\frac{\partial\psi}{\partial t}\right) \tag{1.13}$$

取式 (1.12) 的复共轭

$$\psi^\dagger H = -\mathrm{i}\hbar\frac{\partial\psi^\dagger}{\partial t} \tag{1.14}$$

其中哈密顿 (Hamilton) 量是厄米 (Hermite) 的：$H^\dagger = H$。同样给出

$$\int \mathrm{d}^3x\,(\psi^\dagger H\psi) = -\mathrm{i}\hbar\int \mathrm{d}^3x\,\left(\psi\frac{\partial\psi^\dagger}{\partial t}\right) \tag{1.15}$$

结合式 (1.13) 和式 (1.15) 可得

$$\frac{\mathrm{d}}{\mathrm{d}t}\int \mathrm{d}^3x\,(\psi^\dagger\psi) = 0 \tag{1.16}$$

即 $\int \mathrm{d}^3x\,(\psi^\dagger\psi)$ 与时间无关，所以粒子数守恒，没有新的粒子产生和湮灭。从正则对易关系 (以一维 x 为例)

$$[x, p] = \mathrm{i}\hbar \tag{1.17}$$

可以得出不确定关系

$$\Delta x\cdot\Delta p \geqslant \hbar \tag{1.18}$$

这里，p 表示动量。

对相对论性系统，p 的不确定性会导致 E 的不确定性。利用能量-动量关系

$$p^2c^2 + m^2c^4 = E^2 \tag{1.19}$$

两边同时微分，利用式 (1.18)，可得

$$\Delta E = \frac{p\Delta p}{E}c^2 \geqslant \frac{p\hbar c^2}{E\Delta x} \quad\Longrightarrow\quad \Delta x \geqslant \frac{pc}{E}\left(\frac{\hbar c}{\Delta E}\right)$$

为避免产生新粒子，要求 $\Delta E \leqslant mc^2$。于是得到 Δx 的下界为

$$\Delta x \geqslant \frac{pc}{E}\frac{\hbar}{mc} = \left(\frac{v}{c}\right)\left(\frac{\hbar}{mc}\right) \tag{1.20}$$

1. 非相对论粒子

这里考虑的速率 v 相对于光速 c 是一个小量

$$\frac{v}{c} \ll 1$$

于是 Δx 可以任意小。$\psi(x)$ 的意义是它的模方 $|\psi(x)|^2$ 在位置 x 处发现粒子的概率密度。换句话说，粒子可以局限在任意小的空间范围里。

2. 相对论粒子

此时有

$$\frac{v}{c} \approx 1$$

因此，

$$\Delta x \geqslant \frac{\hbar}{mc} \tag{1.21}$$

这意味着粒子不能被局限在一个比该粒子的康普顿 (Compton) 波长 $\hbar/mc$ 更小的空间范围里。换句话说，如果用波函数描述粒子，那么在比粒子的康普顿波长更小的范围 Δx 内，粒子的产生将不可避免。

我们熟悉的相对论性波动方程，克莱因-戈尔登 (Klein-Gordon) 方程和狄拉克 (Dirac) 方程，它们都没有考虑粒子的产生和湮灭。

1.4 自然单位制

在高能物理中，使用自然单位制 (natural unit) 会非常方便。取

$$\hbar = c = 1 \tag{1.22}$$

这样，很多公式都可以简化。在米千克秒 (MKS) 单位制中

$$\hbar = 1.055 \times 10^{-34}\,\mathrm{J\cdot s} \tag{1.23}$$

那么 $\hbar = 1$ 意味着能量的量纲 (dimension) 是时间的倒数。同样，

$$c = 2.99 \times 10^{8}\,\mathrm{m\cdot s^{-1}} \tag{1.24}$$

所以 $c = 1$ 使时间和长度的量纲相同。使用自然单位制时，在得到物理量后，需要重新引入 $\hbar$ 和 c 以得到该物理量的正确量纲。为了得到正确的量纲，如下换算

关系是很有用的：

$$\hbar = 6.58 \times 10^{-22}\,\text{MeV}\cdot\text{s}, \quad \hbar c = 1.973 \times 10^{-11}\,\text{MeV}\cdot\text{cm} \tag{1.25}$$

例 1.1 电子的质量 m_e 有以下不同的物理意义。

(1) 能量

$$m_e = m_e c^2 = 0.511\,\text{MeV} \tag{1.26}$$

(2) 动量

$$m_e = m_e c = 0.511\,\text{MeV}\cdot c^{-1} \tag{1.27}$$

(3) 长度的倒数

$$m_e = \frac{1}{\dfrac{\hbar}{m_e c}} = \frac{1}{3.86 \times 10^{-11}\text{cm}} = 0.259 \times 10^{11}\,\text{cm}^{-1} \tag{1.28}$$

或用 $m_e = 0.511\,\text{MeV}$ 除以 $\hbar c = 1.973 \times 10^{-11}\,\text{MeV}\cdot\text{cm}$ 得到

$$m_e = \frac{0.511\,\text{MeV}}{1.973 \times 10^{-11}\,\text{MeV}\cdot\text{cm}} = 0.259 \times 10^{11}\,\text{cm}^{-1} \tag{1.29}$$

(4) 时间的倒数

用 $m_e = 0.511\,\text{MeV}$ 除以 $\hbar = 6.58 \times 10^{-22}\,\text{MeV}\cdot\text{s}$ 得到

$$m_e = \frac{0.511\,\text{MeV}}{6.58 \times 10^{-22}\,\text{MeV}\cdot\text{s}} = 7.7 \times 10^{20}\,\text{s}^{-1} \tag{1.30}$$

例 1.2 汤姆孙 (Thomson) 散射截面。

散射截面 (cross section) 具有长度平方的量纲。汤姆孙散射截面的公式是

$$\sigma = \frac{8\pi\alpha^2}{3m_e^2} \tag{1.31}$$

其中，$\alpha = \dfrac{1}{137}$ 是精细结构常数 (fine structure constant)。首先在自然单位制中计算

$$\sigma = \frac{8\pi\alpha^2}{3m_e^2} = \frac{8 \times 3.14 \times \left(\dfrac{1}{137}\right)^2}{3 \times (0.5\,\text{MeV})^2} = 1.78 \times 10^{-3}\,\text{MeV}^{-2} \tag{1.32}$$

然后将式 (1.32) 乘以 $(\hbar c = 1.973 \times 10^{-11}\,\text{MeV}\cdot\text{cm})^2$，可把量纲变为 cm^2

$$\begin{aligned}\sigma &= \left(1.78 \times 10^{-3}\,\text{MeV}^{-2}\right) \times \left(1.973 \times 10^{-11}\,\text{MeV}\cdot\text{cm}\right)^2 \\ &= 6.95 \times 10^{-25}\,\text{cm}^2\end{aligned} \tag{1.33}$$

例 1.3 W 玻色子的衰变率。

在标准模型中，$\mathrm{W}^- \to \mathrm{e}\nu$ 的衰变率 (decay rate) 是

$$\Gamma(\mathrm{W}^- \to \mathrm{e}\nu) = \frac{G_\mathrm{F}}{\sqrt{2}}\frac{M_\mathrm{W}^3}{6\pi} \tag{1.34}$$

其中，$M_\mathrm{W} = 80.4\,\mathrm{GeV}/c^2$ 是 W 玻色子的质量，$G_\mathrm{F} = 1.166\times10^{-5}\,\mathrm{GeV}^{-2}$ 是弱相互作用耦合常数。首先以 GeV 为单位计算这个量，然后转换到 s^{-1} 单位中，后者是衰变率的常用单位

$$\begin{aligned}\Gamma(\mathrm{W}^- \to \mathrm{e}\nu) &= \frac{G_\mathrm{F}}{\sqrt{2}}\frac{M_\mathrm{W}^3}{6\pi} = \frac{\left(1.166\times10^{-5}\,\mathrm{GeV}^{-2}\right)\times(80.4\,\mathrm{GeV})^3}{\sqrt{2}\times6\pi}\\ &= 0.227\,\mathrm{GeV}\end{aligned} \tag{1.35}$$

将上式除以 $\hbar$ 可得到正确的单位

$$\Gamma(\mathrm{W}^- \to \mathrm{e}\nu) = \frac{0.227\,\mathrm{GeV}}{6.58\times10^{-22}\,\mathrm{MeV\cdot s}} = 3.45\times10^{23}\,\mathrm{s}^{-1} \tag{1.36}$$

例 1.4 中微子的散射截面。

中微子准弹性散射 $\nu_\mu + \mathrm{e} \to \mu + \nu_\mathrm{e}$ 在低能下的散射截面是

$$\sigma = 2G_\mathrm{F}^2 m_\mathrm{e} E \tag{1.37}$$

其中，E 是中微子的能量，如果希望得到 $E = 10\,\mathrm{GeV}$ 情况下的散射截面，同样，先在自然单位制下计算

$$\begin{aligned}\sigma &= 2\times\left(1.166\times10^{-5}\,\mathrm{GeV}^{-2}\right)^2\times(0.5\,\mathrm{MeV})\times(10\,\mathrm{GeV})\\ &= 1.34\times10^{-12}\,\mathrm{GeV}^{-2}\end{aligned} \tag{1.38}$$

然后用 $\hbar c = 1.973\times10^{-11}\,\mathrm{MeV\cdot cm}$ 转换单位

$$\begin{aligned}\sigma &= \left(1.34\times10^{-12}\,\mathrm{GeV}^{-2}\right)\times\left(1.973\times10^{-11}\,\mathrm{MeV\cdot cm}\right)^2\\ &= 5.2\times10^{-40}\,\mathrm{cm}^2\end{aligned} \tag{1.39}$$

这个散射截面很小，意味着中微子几乎不参与散射，即便是遇到包含很多电子的物质。另一个重要性质是在低能情况下，散射截面随能量的增大而增大。

第2章　核物理简介

本章将简单讨论原子核物理的要点，然后讨论核现象的各个方面。

2.1 原子核的性质

2.1.1 结合能

原子核的一个最简单、最重要的物理量是它的结合能 (binding energy)。粗略地说，结合能告诉我们核子是如何紧密地束缚在核里的，它也给核子间的相互作用设定了能量标度。通过实验测量出原子核的质量，就可以得到结合能。

对于一个质量数为 A，原子序数为 Z 的原子核，其质量 $M(A,Z)$ 为

$$M(A,Z)=Zm_{\rm p}+(A-Z)\,m_{\rm n}+\Delta M(A,Z) \tag{2.1}$$

其中，$\Delta M(A,Z)$ 就是结合能

$$m_{\rm p}=938.27\,{\rm MeV}/c^2,\quad m_{\rm n}=939.56\,{\rm MeV}/c^2$$

分别是质子和中子的质量。为方便起见，定义单个核子的平均结合能为

$$\frac{\Delta M\,(A,Z)}{A}=\frac{1}{A}\left[Zm_{\rm p}+(A-Z)\,m_{\rm n}-M\,(A,Z)\right] \tag{2.2}$$

实验上已经测量了大量稳定原子核的平均结合能。测量结果表明：当质量数 $A\leqslant 20$ 时，该值有些震荡，然后迅速上升到 $9\,{\rm MeV}/c^2$ 的最大值平台；当质量数 $A>60$ 时，该值从最大值缓慢变小。这确定了原子核里相互作用的能量级。

当质量数 A 超过某个小值后，每个核子的平均结合能没有很快增大，这表明核力有一个作用范围。换句话说，在中等大小的核内，一个核子仅与一定范围内的核子发生相互作用，而不是与核内所有核子发生相互作用。

2.1.2 原子核的尺度

原子核的大小可以通过散射实验来了解 ——入射粒子被原子核散射，测量散射粒子的角分布。电子常被用作入射粒子，这种情况下，相关的力是单纯的电磁力，我们可以了解到原子核内的电荷分布。

间接测量原子核大小的方法很少。最有用的方法是通过电子散射测量原子核的电荷分布。最简单的情况是电子被荷电点粒子散射，其散射截面由卢瑟福 (Rutherford) 公式给出

$$\left(\frac{{\rm d}\sigma}{{\rm d}\Omega}\right)_{\rm R}=\frac{Z^2\alpha^2}{4E^2\sin^4\theta/2} \tag{2.3}$$

式中，E 是电子的能量，θ 是电子的散射角。现在考虑原子核的大小。比较电

子-原子核的散射截面与电子-点粒子的散射截面 (卢瑟福截面)，有

$$\frac{\mathrm{d}\sigma}{\mathrm{d}q^2}=\left|F\left(q^2\right)\right|^2\left.\frac{\mathrm{d}\sigma}{\mathrm{d}q^2}\right|_{\mathrm{p}} \tag{2.4}$$

式中，q^2 是电子传递给原子核的动量的平方。$F\left(q^2\right)$ 称为形状因子 (form factor)，刻画原子核与点类结构的偏差，与电荷分布 $\rho(\boldsymbol{r})$ 的傅里叶 (Fourier) 变换有如下联系：

$$F\left(q^2\right)=\int \mathrm{d}^3\boldsymbol{r}\rho(\boldsymbol{r})\mathrm{e}^{-\mathrm{i}\boldsymbol{q}\cdot\boldsymbol{r}} \longrightarrow \rho(\boldsymbol{r})=\int\frac{\mathrm{d}^3q}{(2\pi)^3}\mathrm{e}^{\mathrm{i}\boldsymbol{q}\cdot\boldsymbol{r}}F(q^2) \tag{2.5}$$

这样，测量电荷形状因子可以给出电荷分布的信息。对球形电荷分布，有

$$F(q^2)=1-\frac{1}{6}q^2\langle r^2\rangle+\cdots$$

其中，

$$\langle r^2\rangle=4\pi\int_0^{\infty}r^2\rho(r)r^2\mathrm{d}r \tag{2.6}$$

为电荷半径。$\rho(r)$ 通常采用费米 (Fermi) 形式

$$\rho(r)=\frac{\rho_0}{1+\mathrm{e}^{(r-c)/a}},\quad(\rho_0,\ c,\ a>0) \tag{2.7}$$

其中，ρ_0 由核电荷数 Ze 确定，c 和 a 是两个拟合参数。

对质子，有 $\langle r^2\rangle_{\mathrm{p}}\approx(0.86\,\mathrm{fm})^2$，这是对质子电荷分布大小的粗略估计。对中性原子核的分布需要用强相互作用来探测，但所得结果不如电荷分布精确。大量实验数据分析表明，原子核的大小还可以用如下简单关系来刻画：

$$R=r_0A^{1/3}=1.2\times A^{1/3}\,\mathrm{fm} \tag{2.8}$$

式中，R 是原子核的半径。注意到电荷分布大小正比于 $A^{1/3}$，意味着电荷均匀分布在原子核内。利用 $m_{\mathrm{p}}=2\times10^{-24}\,\mathrm{g}$，估算原子核内的质量密度约为 $m_{\mathrm{p}}\times A\times R^{-3}\sim(2\times10^{-24}\,\mathrm{g})\times A\times(1.2\times A^{1/3}\,\mathrm{fm})^{-3}\sim10^{15}\,\mathrm{g/cm^3}$。

2.1.3 原子核的自旋

原子核的另一个有用的性质是它的自旋 (spin)。原子核的总自旋是核子的轨道角动量和内秉自旋角动量之和。构成原子核的质子和中子都有内秉自旋 1/2。这样，原子核的自旋可以是整数或半整数，原则上可以达到一个很大的自旋值。可以证明，包含偶数质子和偶数中子的原子核 (偶偶核) 的总自旋都是零。不仅如此，重原子核的自旋相当小。这意味在重核内部，自旋是强配对的。

每个质量为 m 的带电粒子都带有如下的磁偶极矩 (magnetic dipole moment，简称磁矩)：

$$\boldsymbol{\mu} = g\frac{e}{2mc}\boldsymbol{S} \tag{2.9}$$

式中，e 是粒子的电荷，$\boldsymbol{S}$ 是粒子的总自旋。所以测量磁矩可以给出有关原子核自旋的信息。常数 g 称为朗德 (Lande) g 因子，对于像电子一样的点粒子，$g = 2$。当 $g \neq 2$ 时，称粒子有反常磁矩 (anomalous magnetic moment)。例如，电子的朗德 g 因子相对于 2 有一个小的偏离。对电子，磁矩采用玻尔 (Bohr) 磁子为单位：

$$\mu_{\mathrm{B}} = \frac{e\hbar}{2m_{\mathrm{e}}c} \tag{2.10}$$

对核子，磁矩的单位是核磁子 (nuclear magneton)：

$$\mu_{\mathrm{N}} = \frac{e\hbar}{2m_{\mathrm{p}}c} \tag{2.11}$$

实验已测得质子磁矩 μ_{p} 和中子磁矩 μ_{n} 分别是

$$\mu_{\mathrm{p}} = 2.79\,\mu_{\mathrm{B}}, \qquad \mu_{\mathrm{n}} = -1.91\,\mu_{\mathrm{B}}$$

这说明核子不是点粒子，而是包含内部结构。测量不同原子核的核磁矩给出了非常有趣的结果：这些磁矩都分布在 $-3 \sim 10\mu_{\mathrm{N}}$。核子自旋配对是对此结果的一个可能解释。

2.1.4 原子核的稳定性和不稳定性

稳定原子核仅出现在核素图 $Z = N$ 线附近狭长的区域里，而且偶偶核在自然界的丰度最高 (表 2.1)。

表 2.1 各类稳定核的数量

中子数	质子数	稳定核的数量
偶	偶	156
偶	奇	48
奇	偶	50
奇	奇	5

多数原子核都不稳定，且以不同的方式衰变。拥有过剩中子的同位素发生 β 衰变 (β decay)，即一个中子变成一个质子；相反地，拥有过剩质子的同位素将发生一个质子变成一个中子的逆 β 衰变。相关过程就是在原子核内一个电子被核子俘获，从而一个质子转变成中子，这就是电子捕获 (electron capture)。

2.1.5 核力的性质

原子核中核子之间的相互作用是核物理学最重要的问题。我们只是定性地知道这种相互作用很强，能够把核子束缚在原子核里。很多年来，并没有对原子核的强相互作用有更多的了解。这里列出核力的一些重要特征。

(1) 核力的短程性和饱和性 (saturation)。如果核力是长程的，那么 A 个核子之间存在 $A(A-1)/2$ 个相互作用，于是

$$\text{结合能} \propto A(A-1) \quad \Longrightarrow \quad \text{平均结合能} = \frac{\text{结合能}}{A} \sim A$$

这与实验不符 (当 $A \sim 60$ 时，平均结合能约为一常数 $9\,\mathrm{MeV}/c^2$)。实验表明，核力的力程是飞米量级，即是短程力，换句话说，任何核子都只能跟近邻核子有相互作用。另外，因为近邻核子数目是有限的，所以，核力具有明显的饱和性。

(2) 核力是吸引力，但存在一个小的具有排斥性的核心，以防止原子核的坍缩。

(3) 核力的电荷无关性。低能实验表明：两质子间的核力 F_{pp}、两中子间的核力 F_{nn}，以及质子与中子间的核力 F_{pn} 都相等。其中，$F_{\mathrm{pp}} = F_{\mathrm{nn}}$ 称为核力的电荷对称性，它们又与 F_{pn} 相等，则称为核力的电荷无关性。

(4) 核力的汤川 (Yukawa) 势。与交换无质量光子引起的库仑 (Coulomb) 相互作用类似，汤川秀树在 1935 年假定核力可以通过有质量粒子的交换来描述，并给出了如下形式的势能：

$$V(r) \sim \frac{\mathrm{e}^{-mcr/\hbar}}{r} \tag{2.12}$$

式中，m 是交换粒子的质量。此力的力程为 $\hbar/(mc)$。取力程为 $1\,\mathrm{fm}$，可估算出交换粒子的质量为 $m \sim 160\,\mathrm{MeV}/c^2$。由于该质量介于质子质量与电子质量之间，故被命名为介子 (meson)。1947 年，实验上发现了参与强相互作用的 π 介子。

最近几年，量子色动力学给这种相互作用的研究带来曙光。量子色动力学的渐近自由理论已成功地在高能区域做了某些微扰分析，使得量子色动力学成为仅有的研究强相互作用切实可行的理论。但是在原子核物理领域我们感兴趣的能量范围里，耦合还是很强，不能进行微扰计算，只能做一些定性的描述。

2.2 原子核的壳模型

原子核的壳模型 (shell model) 建立在与原子中电子的轨道模型类似的基础上。

回顾类氢原子，其波函数的量子数标记为：主量子数 n，总轨道角动量 l，轨道角动量的 z 分量 m，以及自旋角动量的 z 分量 m_s，它们有如下关系：

$$n = 1, 2, 3, 4, \cdots, \quad l = 1, 2, 3, \cdots, n-1,$$

$$m_l = -l, -l+1, \cdots, l, \quad m_s = \pm\frac{1}{2}$$

对于给定的 n 和不同的 l，出现额外简并度是因为：氢原子的哈密顿量

$$H=\frac{p^2}{2m}-\frac{e^2}{4\pi\varepsilon_0 r} \tag{2.13}$$

除了在三维转动下保持不变外，在拉普拉斯-龙格-楞次 (Laplace-Runge-Lenz) 矢量

$$\boldsymbol{M}=\boldsymbol{P}\times\boldsymbol{L}-\boldsymbol{r}\frac{4\pi\varepsilon}{e^2} \tag{2.14}$$

的作用下也保持不变。所以，描述氢原子的对称群是 O(4) 群而不是 O(3) 群。不难看出，对于给定的 n，简并度是 $2n^2$，即

$$2\sum_{l=0}^{n-1}(2l+1)=2n^2 \tag{2.15}$$

式中，因子 2 来源于电子的自旋。所以，在氢原子中，允许的电子轨道对应于一个给定 n 的壳层，该壳层包含简并的亚壳层，这些亚壳层由轨道角动量来区分。注意，给定的 n 和不同的 l 的简并性是库仑势的一个非常特殊的性质，对其他势函数并不成立。泡利 (Pauli) 不相容原理表明，每个量子态只能有一个电子。

2.2.1 满壳层

如果一个壳层或亚壳层被填充满，我们有

$$\sum m_l=0,\quad \sum m_s=0 \tag{2.16}$$

容易得到

$$\boldsymbol{L}=\boldsymbol{S}=0,\quad \boldsymbol{J}=0 \tag{2.17}$$

于是对于壳层或亚壳层填满的原子，所有的电子都已配对，不存在价电子。化学上称这个元素是惰性的。例如，在氦 (He) 原子 ($Z=2$) 里，电子填满了 $n=1$ 壳层，氖 (Ne) 原子 ($Z=10$) 有两个满壳层分别对应于 $n=1$ 和 2。类似地，氩 (Ar) 原子 ($Z=18$) 有满壳层 $n=1,2$ 和满亚壳层 $n=3, l=0,1$。在氙 (Xe) 原子中，因为 $n=4, l=3$ 壳层的能量实际上大于 $n=5, l=0, 1$ 壳层的能量，所以后者先被填满。这些惰性元素很稳定，它们的原子序数

$$Z=2,\ 10,\ 18,\ 36,\ 54$$

在原子物理中被称为幻数 (magic number)，对应着满壳层结构 (表 2.2)。

在原子核中，同样存在幻数现象：

$$N=2,\ 8,\ 20,\ 28,\ 50,\ 82,\ 126$$
$$Z=2,\ 8,\ 20,\ 28,\ 50,\ 82$$

由于质子之间存在库仑排斥力 ($\propto Z^2$)，所以极重核的质子幻数与中子幻数并不

表 2.2　原子序数为幻数的原子的壳层结构

原子	轨道	原子序数
He	$(1s)^2$	2
Ne	$(1s)^2(2s)^2(2p)^6$	10
Ar	$(1s)^2(2s)^2(2p)^6(3s)^2(3p)^6$	18
Kr	$(1s)^2(2s)^2(2p)^6(3s)^2(3p)^6(3d)^{10}(4s)^2(4p)^6$	36
Xe	$(1s)^2(2s)^2(2p)^6(3s)^2(3p)^6(3d)^{10}(4s)^2(4p)^6(4d)^{10}(5s)^2(5p)^6$	54

相同。质子数或中子数为幻数的原子核相对稳定，因而被称为幻核。质子数和中子数都为幻数的原子核称为双幻核。

为了解释这些幻数，很自然地想到可以通过与原子轨道比较来研究相应的薛定谔方程。但这里面临两个问题：首先，核力不像原子有一个中心，因此需要假设核子在势场 $V(\boldsymbol{r})$ 中运动，势场代表了其他核子的效应；其次，我们并不知道势函数 $V(\boldsymbol{r})$ 的具体形式，作为一级近似，假设势函数是球对称的，即 $V(\boldsymbol{r})=V(r)$，于是，薛定谔方程有如下形式：

$$\left[-\frac{\hbar^2}{2m}\boldsymbol{\nabla}^2+V(r)\right]\psi(\boldsymbol{r})=E\psi(\boldsymbol{r}) \tag{2.18}$$

其中，E 是能量本征值。利用分离变量法把波函数写为

$$\psi_{nlm}(\boldsymbol{r})=\frac{u_{nl}(r)}{r}Y_{lm}(\theta,\phi) \tag{2.19}$$

其中，$Y_{lm}(\theta,\phi)$ 是球谐函数，$u_{nl}(r)$ 是径向波函数。薛定谔方程可以化简为

$$\left\{\frac{\mathrm{d}^2}{\mathrm{d}r^2}+\frac{2m}{\hbar^2}\left[E_{nl}-V(r)-\frac{\hbar^2 l(l+1)}{r^2}\right]\right\}u_{nl}(r)=0 \tag{2.20}$$

边界条件是：当 $r\to 0,\infty$ 时，均有 $u_{nl}(r)=0$。前面讲过，核内的电荷分布可用费米型分布 (2.7) 来描述，所以也可以认为核子感受到的平均吸引势具有类似的函数形式

$$V(r)=-\frac{V_0}{1+\mathrm{e}^{(r-c')/a'}},\quad (V_0,\ c',\ a'>0)$$

称为伍兹-萨克森 (Woods-Saxon) 势。由于伍兹-萨克森势的薛定谔方程没有解析解，不便于理论分析，故常采用以下两种势阱来讨论，它们不仅有解析解，而且在核内区城与伍兹-萨克森势比较接近。

1. 无限深方势阱

无限深方势阱的势函数为

$$V(r)=\begin{cases}0, & 当\, r \leqslant R \\ \infty, & 当\, r > R\end{cases} \tag{2.21}$$

于是，当 $r \leqslant R$ 时，由式 (2.20) 给出

$$\left\{\frac{\mathrm{d}^2}{\mathrm{d}r^2}+\frac{2m}{\hbar^2}\left[E_{nl}-\frac{\hbar^2 l(l+1)}{r^2}\right]\right\}u_{nl}(r)=0 \tag{2.22}$$

边界条件为 $u_{nl}(0)=u_{nl}(R)=0$。方程 (2.22) 的解是球贝塞尔 (Bessel) 函数：

$$u_{nl}(r)=j_l(k_{nl}r), \quad k_{nl}=\sqrt{\frac{2mE_{nl}}{\hbar^2}} \tag{2.23}$$

由 $u_{nl}(R)=0$ 可得

$$j_l(k_{nl}R)=0 \quad \Longrightarrow \quad k_{nl}R=X_{nl} \tag{2.24}$$

其中，X_{nl} 是 $j_l(x)$ 的第 n 个零点。显然，对于给定的 n 和不同的 l，简并不存在，但由 $V(r)$ 的球对称性产生的简并依然保留。考虑到核子的自旋，总简并度是 $2(2l+1)$，所以幻数为 (表 2.3)

$$2, \quad 2(1+3)=8, \quad 2(1+3+5)=18, \quad 2(1+3+5+7)=32, \quad \cdots$$

可以看到，我们仅得到了一部分幻数，因为 20,82,126 没有出现。

表 2.3　无限深方势阱势给出的幻数及壳层结构

轨道	幻数
$(1s)^2$	2
$(1s)^2\,(2p)^6$	8
$(1s)^2\,(2p)^6\,(3d)^{10}$	18
$(1s)^2\,(2p)^6\,(3d)^{10}\,(4f)^{14}$	32
$(1s)^2\,(2p)^6\,(3d)^{10}\,(4f)^{14}\,(5g)^{18}$	50

2. 谐振子

谐振子的势函数为

$$V(r)=\frac{1}{2}m\omega^2 r^2 \tag{2.25}$$

该系统有比转动对称性所产生的 $2l+1$ 重简并更高的简并度。事实上，如果 n 是主量子数，则有

$$l=\begin{cases}n-1, n-3, \cdots 0, & 当\, n\, 为奇数 \\ n-1, n-3, \cdots 1, & 当\, n\, 为偶数\end{cases}$$

于是得到

$$n=1,\quad l=0,\qquad \text{简并度}=1$$
$$n=2,\quad l=1,\qquad \text{简并度}=3$$
$$n=3,\quad l=0,2,\qquad \text{简并度}=6$$
$$n=4,\quad l=1,3,\qquad \text{简并度}=10$$
$$n=5,\quad l=0,2,4,\quad \text{简并度}=15$$

额外的简并度可以通过如下方式解释：把谐振子的哈密顿量写为产生算符和湮灭算符的形式

$$H=\omega\left(a_1^\dagger a_1+a_2^\dagger a_2+a_3^\dagger a_3+\frac{3}{2}\right) \tag{2.26}$$

它在如下 SU(3) 对称变换下保持不变：

$$\begin{pmatrix} a_1 \\ a_2 \\ a_3 \end{pmatrix} \to \boldsymbol{U} \begin{pmatrix} a_1 \\ a_2 \\ a_3 \end{pmatrix} \tag{2.27}$$

其中，$\boldsymbol{U}$ 是一个 3×3 幺正矩阵。于是，简并度只与 SU(3) 群的不可约表示的维数有关。幻数是 (表 2.4)

$$2,\quad 2\,(1+3)=8,\quad 2(1+3+6)=20,\quad 2\,(1+3+6+10)=40,\quad \cdots$$

表 2.4　谐振子势给出的幻数及壳层结构

轨道	幻数
$(1s)^2$	2
$(1s)^2\,(2p)^6$	8
$(1s)^2\,(2p)^6\,(3s)^2\,(3d)^{10}$	20
$(1s)^2\,(2p)^6\,(3s)^2\,(3d)^{10}\,(4p)^6\,(4f)^{14}$	40
$(1s)^2\,(2p)^6\,(3s)^2\,(3d)^{10}\,(4p)^6\,(4f)^{14}\,(5s)^2\,(5d)^{10}\,(5g)^{18}$	70

与前面一样，谐振子势也只给出了一部分幻数。

2.2.2　自旋轨道耦合

我们知道，原子物理中，在库仑场中运动的电子，在非相对论近似下，其哈密顿量中会出现一项自旋轨道耦合作用，即托马斯 (Thomas) 项。与此类比，梅耶 (Mayer) 和詹森 (Jensen) 等人于 1949 年提出在核子的中心势场 $V(r)$ 中加入

一个自旋轨道耦合项

$$V_T = V(r) - f(r)\boldsymbol{L}\cdot\boldsymbol{S} \tag{2.28}$$

式中，$f(r)$ 是任意一个球对称函数，$\boldsymbol{L}, \boldsymbol{S}$ 分别是轨道角动量算符和自旋角动量算符，此时 $\boldsymbol{L}$ 不再是守恒量 (但 $\boldsymbol{L}^2$ 仍然是)。总角动量算符是

$$\boldsymbol{J} = \boldsymbol{L} + \boldsymbol{S} \tag{2.29}$$

不难证明，$\boldsymbol{J}$ 是守恒量。对式(2.29) 两边平方后给出

$$\boldsymbol{L}\cdot\boldsymbol{S} = \frac{1}{2}\left(\boldsymbol{J}^2 - \boldsymbol{L}^2 - \boldsymbol{S}^2\right) \tag{2.30}$$

计算 $\boldsymbol{L}\cdot\boldsymbol{S}$ 的平均值，可得

$$\langle\boldsymbol{L}\cdot\boldsymbol{S}\rangle = \frac{1}{2}\left\langle\boldsymbol{J}^2 - \boldsymbol{L}^2 - \boldsymbol{S}^2\right\rangle = \begin{cases} \dfrac{\hbar^2}{2}l, & \text{当 } j = l + \dfrac{1}{2} \\ -\dfrac{\hbar^2}{2}(l+1), & \text{当 } j = l - \dfrac{1}{2} \end{cases} \tag{2.31}$$

能级的改变是

$$\Delta E_{nl}\left(j = l + \frac{1}{2}\right) = -\frac{\hbar^2}{2}l\int \mathrm{d}^3r\,|\psi_{nl}(r)|^2 f(r), \text{ 下移} \tag{2.32}$$

$$\Delta E_{nl}\left(j = l - \frac{1}{2}\right) = \frac{\hbar^2}{2}(l+1)\int \mathrm{d}^3r\,|\psi_{nl}(r)|^2 f(r), \text{ 上升} \tag{2.33}$$

则 $j = l \pm \dfrac{1}{2}$ 能级分裂的间距为

$$\begin{aligned} \Delta &= \Delta E_{nl}\left(j = l - \frac{1}{2}\right) - \Delta E_{nl}\left(j = l + \frac{1}{2}\right) \\ &= \hbar^2\left(l + \frac{1}{2}\right)\int \mathrm{d}^3r\,|\psi_{nl}(r)|^2 f(r) \end{aligned} \tag{2.34}$$

$l = 0$ 能级不分裂。适当选取 $f(r)$，可以重排能级，从而给出所有预测的幻数。由此可见，解决原子核的幻数问题的关键是在单核子势中引入自旋轨道耦合项，它主要来源于核子间的强相互作用。

梅耶和詹森的壳模型理论不仅成功地解释了幻数现象，而且对各种核素的基态自旋和宇称也给予了令人满意的说明。这个理论对了解原子核的低激发谱的性质也是很有帮助的。在原子物理中，壳模型描述的是独立多粒子系统，而对于原子核这种强相互作用的多粒子系统，壳模型依然取得巨大成功，根本原因在于泡利原理和海森堡 (Heisenberg) 不确定关系在其中起到了重要作用。

2.2.3 原子核的裂变

核裂变 (nuclear fission) 是一个重核分裂成两个轻核和其他副产物的过程。一个核裂变的例子是

$$\mathrm{n} + {}^{235}\mathrm{U} \longrightarrow {}^{148}\mathrm{La} + {}^{87}\mathrm{Br} + \mathrm{n}$$

入射中子的动能量级大约是 2 MeV。正如之前所看到的，对于很大的质量数 A，平均结合能要比中等 A 的平均结合能小，后者是极大值点。于是，在核裂变中，相对结合不紧密的重核裂变为两个结合紧密的轻核，并释放出能量。例如，如果取 $^{235}\mathrm{U}$ 的平均结合能为 $\sim 7.5\,\mathrm{MeV}$，并取裂变产物的平均结合能为 $\sim 9.4\,\mathrm{MeV}$，则释放的裂变能是

$$235 \times 0.9\,\mathrm{MeV} = 211.5\,\mathrm{MeV}$$

于是 1 g $^{235}\mathrm{U}$ 完全反应将释放出的能量为

$$\frac{6 \times 10^{23}}{235} \times 3.2 \times 10^{-11}\,\mathrm{J} \sim 10^{11}\,\mathrm{J} \sim 1\,\mathrm{MWD}\ (\text{megawatt-day})$$

这相当于 3 t 煤的燃烧当量。

2.2.4 连锁反应

从上面的讨论中我们知道每次核裂变会产生大量的能量，但这本身没有意义，因为实际应用所需要的是稳定供给的能量。为了使裂变能量成为商业能源的一种可靠来源，就需要伴随着子核的产生释放出中子 (裂变中子)。例如，在 $^{235}\mathrm{U}$ 的核裂变中平均释放出两三个中子。这些中子可能会诱导下一次裂变，原则上，它们能使裂变反应持续进行下去，从而提供连续不断的能量输出。这时我们说发生了连锁反应 (chain reaction)。

2.2.5 原子核的聚变

对轻原子核，平均结合能随 A 的变小迅速下降，即轻核结合不如中等质量核紧密。于是可以将两个轻核组合成一个相对重的、结合更紧密的核，同时释放出能量。为了使两个轻核结合到一起，首先需要克服库仑排斥势：

$$V_{\mathrm{C}} = \frac{e^2}{\hbar c} \frac{\hbar c Z Z'}{1.2 \times (A^{1/3} + A'^{1/3})} \approx \frac{Z Z'}{A^{1/3} + A'^{1/3}}\,\mathrm{MeV} \approx \frac{1}{8} A^{5/3}\,\mathrm{MeV} \tag{2.35}$$

其中，利用了 $A \approx A' \approx 2Z \approx 2Z'$。这样两个 $A \approx 8$ 原子核之间的库仑势垒大约是 4 MeV。实现聚变 (fusion) 的一个自然方法是让两束轻原子核发生碰撞。但是在这个过程中，大多数的原子核发生的是弹性碰撞，所以这不是一个产生聚变的有效途径。另一个自然方法是把相应的原子核加热到一定的高温，为它们提供足

够的运动能量，以克服库仑势垒。为了估计这个温度，假设每个核子需要 2 MeV 的能量，因此加热需要达到的温度是

$$\frac{2\times10^{6}\,\mathrm{eV}}{\dfrac{1}{40}\,\mathrm{eV}}\times300\,\mathrm{K}\approx10^{10}\,\mathrm{K}$$

这里用到了室温 300 K 对应于 $\dfrac{1}{40}$ eV，10^{10} K 很难在实验室里达到，这是研究聚变最大的困难。

2.2.6 太阳中的 p-p 循环

太阳的质量约为10^{30} kg, 它主要是由大约 10^{56} 个氢原子组成的。因此，太阳里的能量主要来源于氢的燃烧，它通过质子-质子循环来实现：

$$\begin{aligned}
\mathrm{p}+\mathrm{p} &\longrightarrow {}^{2}\mathrm{H}+\mathrm{e}^{+}+\nu_{\mathrm{e}}+0.42\,\mathrm{MeV}\\
\mathrm{p}+{}^{2}\mathrm{H} &\longrightarrow {}^{3}\mathrm{He}+\gamma+5.49\,\mathrm{MeV}\\
{}^{3}\mathrm{He}+{}^{3}\mathrm{He} &\longrightarrow {}^{4}\mathrm{He}+2\mathrm{p}+12.86\,\mathrm{MeV}
\end{aligned}$$

净反应是

$$4\mathrm{p}\longrightarrow {}^{4}\mathrm{He}+2\mathrm{e}^{+}+2\nu_{\mathrm{e}}+2\gamma+24.68\,\mathrm{MeV}$$

我们知道宇宙目前的年龄大约是 10^{10} 年。从太阳释放出的能量，可以估算出太阳的聚变燃料还能够继续燃烧大约 10^{9} 年。

第3章　狭义相对论

3.1 狭义相对论简介

狭义相对论是描述相对论系统最重要的框架，它包括两个基本原理：

(1) 光速在所有惯性系中有相同的值；

(2) 物理定律在所有惯性系中有相同的形式。

这里的惯性系是指没有外力作用下，粒子在该参考系中沿直线运动或保持静止状态。本章取 $c=1$。

3.1.1 洛伦兹变换

两个不同 3+1 维时空参考系之间的变换称为洛伦兹 (Lorentz) 变换。该变换的作用是帮助我们了解物理量在不同惯性系之间是如何变换的。这里简要回顾洛伦兹变换的一些重要特征。

设参考系 O' 以恒定速度 v 相对于另一参考系 O 沿 x 轴方向运动，那么这两个时空参考系间的洛伦兹变换为

$$\begin{cases} x' = \gamma\,(x - vt) \\ y' = y \\ z' = z \\ t' = \gamma\,(t - vx) \end{cases} \tag{3.1}$$

其中，

$$\gamma = \frac{1}{\sqrt{1-v^2}}$$

洛伦兹变换的重要特征是

$$t^2 - x^2 - y^2 - z^2 = t'^2 - x'^2 - y'^2 - z'^2 \tag{3.2}$$

即 $t^2 - \boldsymbol{r}^2 = t^2 - x^2 - y^2 - z^2$ 是一个洛伦兹不变量。换言之，称如下组合为原时或固有时 (proper time)：

$$\tau^2 = t^2 - \boldsymbol{r}^2 \tag{3.3}$$

它在洛伦兹变换下是一个不变量。我们将证明，正是式 (3.2) 保证了光速在所有惯性参考系中相同。设 $\boldsymbol{r_1}(t_1)$ 和 $\boldsymbol{r_2}(t_2)$ 是一个自由粒子不同时刻 t_1, t_2 在其运动轨迹上的两个位矢。该粒子的速率为

$$|\boldsymbol{v}| = \frac{1}{|t_2 - t_1|}\sqrt{(x_1-x_2)^2 + (y_1-y_2)^2 + (z_1-z_2)^2} \tag{3.4}$$

如果 $|\boldsymbol{v}|=1$，则有

$$(t_1-t_2)^2=|\boldsymbol{r_1}-\boldsymbol{r_2}|^2 \tag{3.5}$$

因为式 (3.5) 在洛伦兹变换下保持不变，所以光速在所有惯性系中相等。

另一种满足式 (3.2) 的参数化的洛伦兹变换是

$$\begin{cases} x'=(\cosh\omega)\,x-(\sinh\omega)\,t \\ y'=y \\ z'=z \\ t'=-(\sinh\omega)\,x+(\cosh\omega)\,t \end{cases} \tag{3.6}$$

参考系 O' 的原点 $x'=0$ 在参考系 O 中的坐标满足 $x-vt=0$。这意味着

$$\tanh\omega=v \tag{3.7}$$

把式 (3.6) 写成矩阵形式：

$$\begin{pmatrix} t' \\ x' \\ y' \\ z' \end{pmatrix}=L_x(\omega)\begin{pmatrix} t \\ x \\ y \\ z \end{pmatrix} \tag{3.8}$$

其中,

$$L_x(\omega)=\begin{pmatrix} \cosh\omega & \sinh\omega & 0 & 0 \\ -\sinh\omega & \cosh\omega & 0 & 0 \\ 0 & 0 & 1 & 0 \\ 0 & 0 & 0 & 1 \end{pmatrix} \tag{3.9}$$

由式 (3.9) 可知，相同方向上的不同洛伦兹变换可以用一种简单的方式结合起来，从而成为一个新的洛伦兹变换，比如

$$L_x(\omega_1)\,L_x(\omega_2)=L_x(\omega_1+\omega_2) \tag{3.10}$$

这类似于绕相同转轴的不同转动矩阵所满足的关系。

利用式 (3.7)，并借助公式

$$\tanh(\omega_1+\omega_2)=\frac{\tanh\omega_1+\tanh\omega_2}{1+\tanh\omega_1\tanh\omega_2} \tag{3.11}$$

可以得到

$$V=\tanh(\omega_1+\omega_2)=\frac{v_1+v_2}{1+v_1v_2}, \quad 其中\ \tanh\omega_i=v_i \tag{3.12}$$

它给出相同方向上的两个速度的相加，称为速度相加律。并有结果

$$1-V=\frac{(1-v_1)(1-v_2)}{1+v_1v_2}\geqslant 0,\quad 如果\ v_i\leqslant 1 \tag{3.13}$$

由此说明，在任何惯性系中粒子的速度不能超过光速。

3.1.2 简单的物理结果

1. 同时的相对性 (relativity of simultaneity)

在惯性系 O 中，如果两个事件 A 和 B 在不同位置同时发生，即 $t_A=t_B, x_A\neq x_B$，那么在沿着 O 的 x 轴的方向以速度 v 运动的任何惯性系中，它们都不会同时发生。因为利用洛伦兹变换式 (3.1) 可以得到

$$t'_A=\frac{t_A-vx_A}{\sqrt{1-v^2}},\quad t'_B=\frac{t_B-vx_B}{\sqrt{1-v^2}}$$

$$t'_A-t'_B=\frac{-v(x_A-x_B)}{\sqrt{1-v^2}}\neq 0$$

2. 洛伦兹收缩 (Lorentz contraction)

设在 O' 中，一根杆静止在 x' 轴上，它的一端在原点 ($x'=0$)，另一端在 L'，此杆在 O' 中的长度是 L'。现在想知道它在 O 中的长度。因为此杆相对 O 运动，我们必须在 O 中同时 (比如 $t=0$) 记录下它的两个端点。若此刻它的左端在 $x=0$ 的位置，利用式 (3.1) 可知它的右端位于 $x=L'/\gamma$。这样，此杆在 O 中的长度为 $L=L'/\gamma$。因为 γ 总是大于 1，所以一个运动物体的长度比其静止时的长度短，它们相差一个因子 γ。

3. 时间膨胀 (time dilation)

设在 O' 中，一个时钟走的时间间隔为 T'，为简单起见，就说它从 $t'=0$ 时刻走到 $t'=T'$ 时刻。那么在 O 上测量这段时间又为多长呢？时钟开始于 $t=0$，结束于 $t'=T'$，且位置在 $x'=0$，利用式 (3.1) 可得 $t=\gamma T'$。所以在 O 上测量这个时钟，它走了一个较长的时间间隔 $T=\gamma T'$，即一个运动物体所经历的时间较其静止时的要长。实际上，若宇宙射线 μ 子在距地球表面 8000 m 的大气中产生，它以接近光速的速度 0.998 c 向地球表面运动。μ 子在静止时没有时间膨胀效应，其寿命为 2.2×10^{-6} s，在大气中只能走 600 m 的距离，因此到达不了地球表面。但由于时间膨胀因子可达 $\gamma=15.82$，所以 μ 子确实可以抵达地球表面。

对无穷小的时空间隔 $(\mathrm{d}t,\mathrm{d}x,\mathrm{d}y,\mathrm{d}z)$，可以定义无穷小原时为

$$(\mathrm{d}\tau)^2=(\mathrm{d}t)^2-(\mathrm{d}x)^2-(\mathrm{d}y)^2-(\mathrm{d}z)^2 \tag{3.14}$$

由于时间和空间分量在洛伦兹变换下是关联的，所以将时间和空间分量组合为一

个四维闵可夫斯基 (Minkowski) 时空是明智的，即

$$x^\mu = (t, x, y, z) = (x^0, x^1, x^2, x^3) \tag{3.15}$$

称为四维位矢 (four-dimensional position vector)。定义洛伦兹不变的乘积为

$$x^2 = (x^0)^2 - (x^1)^2 - (x^2)^2 - (x^3)^2 \tag{3.16}$$

引入度规 (metric) $g_{\mu\nu}$，式 (3.16) 可写成

$$x^2 = x^\mu x^\nu g_{\mu\nu} \tag{3.17}$$

其中，$g_{\mu\nu}$ 的矩阵 *形式为

$$g = \begin{pmatrix} 1 & 0 & 0 & 0 \\ 0 & -1 & 0 & 0 \\ 0 & 0 & -1 & 0 \\ 0 & 0 & 0 & -1 \end{pmatrix} \tag{3.18}$$

这里约定：对重复的上指标和下指标求和。引入度规的原因是在洛伦兹不变量——原时的定义式 (3.3) 中，时间与空间坐标贡献了相反的符号。为方便起见，定义另一个四维位矢：

$$x_\mu = g_{\mu\nu} x^\nu = (x^0, -x^1, -x^2, -x^3) = (t, -\boldsymbol{r}) \tag{3.19}$$

于是式 (3.17) 可以写成

$$x^2 = x^\mu x_\mu \tag{3.20}$$

对无穷小坐标间隔，有

$$(\mathrm{d}x)^2 = (\mathrm{d}x)^\mu (\mathrm{d}x)_\mu = \mathrm{d}t^2 - (\mathrm{d}\boldsymbol{r})^2 = (\mathrm{d}x)^\mu (\mathrm{d}x)^\nu g_{\mu\nu} \tag{3.21}$$

这样，洛伦兹变换可写为

$$x^\mu \to x'^\mu = \Lambda^\mu_\nu x^\nu \tag{3.22}$$

例如，x 方向的洛伦兹变换 Λ^μ_ν 的矩阵形式为

$$\Lambda = \begin{pmatrix} \gamma & -\gamma\beta & 0 & 0 \\ \gamma\beta & \gamma & 0 & 0 \\ 0 & 0 & 1 & 0 \\ 0 & 0 & 0 & 1 \end{pmatrix} \tag{3.23}$$

* 本书中所有矩阵全部采用白体表示。

进一步定义广义洛伦兹变换，它作为 x^μ 的齐次线性变换，使得 $x^2 = x^\mu x_\mu$ 为不变量，即

$$x'^2 = x'^\mu x'^\nu g_{\mu\nu} = \Lambda^\mu_\alpha \Lambda^\nu_\beta\, g_{\mu\nu} x^\alpha x^\beta \tag{3.24}$$

那么 $x^2 = x'^2$ 意味着

$$\Lambda^\mu_\alpha \Lambda^\nu_\beta\, g_{\mu\nu} = g_{\alpha\beta} \tag{3.25}$$

式 (3.25) 称为赝正交关系 (pseudo-orthogonality relation)。

我们将与四维位矢有相同变换关系的矢量 A^μ 定义为四矢量 (4-vector)：

$$A^\mu \to A'^\mu = \Lambda^\mu_\alpha A^\alpha \tag{3.26}$$

为了更有效地描述洛伦兹不变量，我们使用内积 (inner product) 的概念。对两个四矢量 A^μ 和 B^ν，它们的内积定义为

$$A \cdot B \equiv A^\mu B^\nu g_{\mu\nu} = A^\mu B_\mu = A^0 B^0 - \boldsymbol{A} \cdot \boldsymbol{B} \tag{3.27}$$

显然，这个内积在洛伦兹变换下是不变的，因为

$$A' \cdot B' \equiv A'^\mu B'^\nu g_{\mu\nu} = A^\alpha B^\beta \Lambda^\mu_\alpha \Lambda^\nu_\beta\, g_{\mu\nu} = A^\alpha B^\beta g_{\alpha\beta} = A \cdot B$$

洛伦兹不变的乘积可以方便地写成如下形式：

$$x^2 = x \cdot x, \quad (\mathrm{d}x)^2 = \mathrm{d}x \cdot \mathrm{d}x$$

这个内积定义与三维欧几里得 (Euclid) 空间中两个矢量的点积非常相似，但它的值并不总是正的。所以对任一四矢量 A^μ，其自身内积 A^2 未必是正的，因为度规的分量既有正，又有负。这里区分三种不同的情况：

$$\begin{cases} A^2 > 0, & \text{类时 (time-like)} \\ A^2 < 0, & \text{类空 (space-like)} \\ A^2 = 0, & \text{类光 (light-like)} \end{cases}$$

3.1.3 能量和动量

现在在闵可夫斯基空间中写出常见的物理量，例如能量和动量等。从无穷小的四维位移开始：

$$\mathrm{d}x^\mu = (\mathrm{d}x^0, \mathrm{d}x^1, \mathrm{d}x^2, \mathrm{d}x^3) \tag{3.28}$$

为了得到类似于速度的物理量，需要用类似于时间间隔 Δt 的量去除四维位移 $\mathrm{d}x^\mu$。但 Δt 是四维位移的一个分量，所以它在分母上出现必定会破坏 $\mathrm{d}x^\mu$ 的四矢量性质。

因为原时

$$
\begin{aligned}
(\mathrm{d}\tau)^2 &= \mathrm{d}x^\mu \mathrm{d}x_\mu = (\mathrm{d}x^0)^2 - (\mathrm{d}\boldsymbol{r})^2 \\
&= (\mathrm{d}t)^2 - \left(\frac{\mathrm{d}\boldsymbol{r}}{\mathrm{d}t}\right)^2 (\mathrm{d}t)^2 = (1-v^2)(\mathrm{d}t)^2
\end{aligned} \tag{3.29}
$$

是一个洛伦兹不变量，利用它来得到四维速度 (four-dimensional velocity)：

$$
u^\mu = \frac{\mathrm{d}x^\mu}{\mathrm{d}\tau} = \left(\frac{\mathrm{d}t}{\mathrm{d}\tau}, \frac{\mathrm{d}\boldsymbol{r}}{\mathrm{d}\tau}\right) \tag{3.30}
$$

它的确是一个闵可夫斯基空间中的四矢量。容易看出，u^μ 的四个分量之间并不是完全独立的，而是满足如下关系：

$$
u^\mu u_\mu = \frac{\mathrm{d}x^\mu}{\mathrm{d}\tau}\frac{\mathrm{d}x_\mu}{\mathrm{d}\tau} = \left(\frac{\mathrm{d}t}{\mathrm{d}\tau}\right)^2 - \left(\frac{\mathrm{d}\boldsymbol{r}}{\mathrm{d}\tau}\right)^2 = 1 \tag{3.31}
$$

其中空间分量是

$$
\boldsymbol{u} = \frac{\mathrm{d}\boldsymbol{r}}{\mathrm{d}\tau} = \frac{\mathrm{d}\boldsymbol{r}}{\mathrm{d}t}\frac{\mathrm{d}t}{\mathrm{d}\tau} = \boldsymbol{v}\left(\frac{\mathrm{d}t}{\mathrm{d}\tau}\right) = \frac{1}{\sqrt{1-v^2}}\boldsymbol{v} \tag{3.32}
$$

如果 $|\boldsymbol{v}| \ll 1$，便得到三维经典速度

$$
\boldsymbol{u} \approx \boldsymbol{v}
$$

所以，u^μ 是经典速度 $\boldsymbol{v}$ 在闵可夫斯基空间中的推广。

利用四维速度，可以定义四维动量 (four-dimensional momentum)：

$$
p^\mu = m u^\mu = \left(\frac{m}{\sqrt{1-v^2}}, \frac{m\boldsymbol{v}}{\sqrt{1-v^2}}\right) = (p^0, \boldsymbol{p}) \tag{3.33}
$$

如果 $v \ll 1$，p^μ 的时间分量为

$$
p^0 = \frac{m}{\sqrt{1-v^2}} = m\left(1 + \frac{1}{2}v^2 + \cdots\right) = m + \frac{m}{2}v^2 + \cdots \tag{3.34}
$$

这正是总能量。p^μ 的空间分量为

$$
\boldsymbol{p} = m\boldsymbol{v}\frac{1}{\sqrt{1-v^2}} = m\boldsymbol{v} + \cdots \tag{3.35}
$$

正是三维经典动量。所以能量和动量可以构成一个四矢量：

$$
p^\mu = (E, \boldsymbol{p}) \tag{3.36}
$$

称为能量动量矢量或四维动量。p^μ 的自身内积

$$p^2 = p \cdot p = E^2 - \boldsymbol{p}^2 = \frac{m^2}{1-v^2}(1-v^2) = m^2 \tag{3.37}$$

这是能量和动量之间的约束条件，通常称为质壳条件 (mass shell condition)。换言之，单粒子的 p^μ 需满足 $p^2 = m^2$。但对两粒子来说，情况要复杂得多，由于

$$(p_1+p_2)^2 = p_1^2 + p_2^2 + 2p_1 \cdot p_2 = m_1^2 + m_2^2 + 2E_1E_2 - 2\boldsymbol{p_1} \cdot \boldsymbol{p_2} \tag{3.38}$$

所以 $(p_1+p_2)^2$ 不一定有确定值，而是取决于 $\boldsymbol{p_1}$ 和 $\boldsymbol{p_2}$ 间的夹角。

曼德尔斯塔姆变量

在散射问题中，例如，

$$a(p_1) + b(p_2) \to c(p_3) + d(p_4), \quad 其中\ p_1 + p_2 = p_3 + p_4 \tag{3.39}$$

使用如下洛伦兹不变量 ——曼德瓦斯塔姆 (Mandelstam) 变量将会非常方便：

$$s = (p_1+p_2)^2, \quad t = (p_1-p_3)^2, \quad u = (p_1-p_4)^2 \tag{3.40}$$

其中，s 是质心系总能量的平方，t 和 u 分别表示碰撞过程中粒子 1 到粒子 3 和粒子 1 到粒子 4 的动量转移的平方。这些变量的主要优点是它们的值与参考系无关，从而可以选择最方便的参考系。例如，在实验室系中，设靶粒子 2 静止，有

$$s = (p_1+p_2)^2 = p_1^2 + p_2^2 + 2p_1 \cdot p_2 = m_1^2 + m_2^2 + 2E_1m_2 \tag{3.41}$$

那么在质心系中，对于散射末态，有

$$\boldsymbol{p_3} + \boldsymbol{p_4} = 0 \quad \Longrightarrow \quad s = (E_3+E_4)^2 \tag{3.42}$$

因此末态最低能量的组分为

$$s = (m_3+m_4)^2 \tag{3.43}$$

由此可以计算在实验室系中要产生末态 $c+d$ 所需要的最低能量 (阈能，threshold energy) 为

$$E_1 = \frac{1}{2m_2}\left[(m_3+m_4)^2 - m_1^2 - m_2^2\right] \tag{3.44}$$

例如，在反应 $\pi^+ + \mathrm{p} \longrightarrow \mathrm{k}^+ + \Sigma^+$ 中，π^+ 的阈能为

$$\begin{aligned} E_1 &= \frac{1}{2m_\mathrm{p}}\left[(m_\mathrm{k}+m_\Sigma)^2 - m_\pi^2 - m_\mathrm{p}^2\right] \\ &= \frac{1}{2\times 938}\left[(494+1189)^2 - 139.6^2 - 938^2\right]\ \mathrm{MeV} \\ &= 1030\,\mathrm{MeV} \end{aligned}$$

3.2 张量分析

3.2.1 三维空间中的张量

1. 三维转动

主动观点下的转动操作：坐标系固定，物理系统相对坐标系进行转动。设 x'_a 和 x_b 分别是新、旧矢量的分量，那么有

$$x'_a = R_{ab} x_b \tag{3.45}$$

其中，R_{ab} 是转动的矩阵元。例如，绕 z 轴转动的矩阵为

$$R = \begin{pmatrix} \cos\theta & -\sin\theta & 0 \\ \sin\theta & \cos\theta & 0 \\ 0 & 0 & 1 \end{pmatrix} \tag{3.46}$$

注意，这个变换关系是齐次线性的。

变换的重要性质

(1) R 是正交矩阵，满足

$$RR^{\mathrm{T}} = R^{\mathrm{T}} R = 1 \tag{3.47}$$

其分量形式是

$$R_{ab} R_{ac} = \delta_{bc}, \quad R_{ab} R_{cb} = \delta_{ac} \tag{3.48}$$

这个正交性保证 $\boldsymbol{r}^2 = x_a x_a$ 在转动变换下保持不变：

$$x'_a x'_a = R_{ac} R_{ab} x_c x_b = x_b x_b \tag{3.49}$$

推广到任意两个矢量，即若 $\boldsymbol{A}, \boldsymbol{B}$ 分别有变换关系

$$A'_a = R_{ab} A_b, \quad B'_c = R_{cd} B_d \tag{3.50}$$

那么 $\boldsymbol{A} \cdot \boldsymbol{B} = A_a B_a$ 在转动变换下保持不变。通常称 $\boldsymbol{A} \cdot \boldsymbol{B}$ 为标量积。

(2) 梯度算符的变换

$$\frac{\partial}{\partial x'_a} = \frac{\partial}{\partial x_c} \frac{\partial x_c}{\partial x'_a} \tag{3.51}$$

利用式 (3.45) 的逆变换 $x_b = (R^{-1})_{ba} x'_a$，可得

$$\frac{\partial}{\partial x'_a} = \left(R^{-1}\right)_{ca} \frac{\partial}{\partial x_c} \tag{3.52}$$

因此梯度算符按 $(R^{-1})^{\mathrm{T}}$ 进行变换。由于 R 是正交矩阵，满足 $(R^{-1})^{\mathrm{T}}=R$，所以有

$$\frac{\partial}{\partial x'_a}=R_{ac}\frac{\partial}{\partial x_c} \tag{3.53}$$

即 $\dfrac{\partial}{\partial x_a}$ 与 x_a 有相同的变换关系，所以它也是一个矢量算符。

2. 三维空间中的张量

设有两个矢量，它们的变换分别为

$$A_a\to A'_a=R_{ab}A_b,\qquad B_c\to B'_c=R_{cd}B_d \tag{3.54}$$

那么它们的乘积有如下变换关系：

$$A'_aB'_c=R_{ab}R_{cd}A_bB_d \tag{3.55}$$

我们将与两个矢量的乘积有相同变换关系的量定义为二阶张量，即

$$T_{ac}\to T'_{ac}=(R_{ab}R_{cd})\,T_{bd} \tag{3.56}$$

1) n 阶张量的定义 (笛卡儿 (Descartes) 张量)

推广多个矢量乘积的变换性质来定义高阶张量

$$T_{i_1i_2\cdots}\to T'_{i_1i_2\cdots i_n}=(R_{i_1j_1})\,(R_{i_2j_2})\cdots(R_{i_nj_n})\,T_{j_1j_2\cdots j_n} \tag{3.57}$$

这些变换仍然是齐次线性的，这意味着，若对所有 j_m $(m=1,2,\cdots,n)$，有

$$T_{j_1j_2\cdots j_n}=0 \tag{3.58}$$

那么它们在任何坐标系中都是零。

2) 张量运算

以下操作可以保持张量的性质。

(1) 张量与常数 c 的乘积。

$$(cT)_{i_1i_2\cdots i_n}=c\,T_{i_1i_2\cdots i_n} \tag{3.59}$$

(2) 同阶张量的加法。

$$(T_1+T_2)_{i_1i_2\cdots i_n}=T_{1\,i_1i_2\cdots i_n}+T_{2\,i_1i_2\cdots i_n} \tag{3.60}$$

因为两个张量有相同的变换方式

$$T_{1\,i_1i_2\cdots} \to T'_{1\,i_1i_2\cdots i_n} = (R_{i_1j_1})(R_{i_2j_2})\cdots(R_{i_nj_n})T_{1\,j_1j_2\cdots j_n}$$

$$T_{2\,i_1i_2\cdots} \to T'_{2\,i_1i_2\cdots i_n} = (R_{i_1j_1})(R_{i_2j_2})\cdots(R_{i_nj_n})T_{2\,j_1j_2\cdots j_n}$$

两式相加可得

$$T'_{1\,i_1i_2\cdots i_n} + T'_{2\,i_1i_2\cdots i_n} = (R_{i_1j_1})(R_{i_2j_2})\cdots(R_{i_nj_n})(T_{1\,j_1j_2\cdots j_n} + T_{2\,j_1j_2\cdots j_n})$$

若两个不同阶的张量相加，那么就不能提取公因式 (转动矩阵)，从而得到一个新的张量。

(3) 张量的乘积。

$$(ST)_{i_1i_2\cdots i_nj_1j_2\cdots j_m} = S_{i_1i_2\cdots i_n}T_{j_1j_2\cdots j_m} \tag{3.61}$$

这是因为张量与矢量的乘积相似，那么张量的乘积就与更多矢量的乘积相似。

(4) 缩并 (contraction)。

$$S_{abc}T_{ae} \ \rightarrow\ \text{三阶张量} \tag{3.62}$$

该运算即为对张量的两个相同指标求和，这与求两个矢量的标量积是一样的。具体地，如果

$$S'_{abc} = R_{aa'}R_{bb'}R_{cc'}S_{a'b'c'},\quad T'_{de} = R_{dd'}R_{ee'}T_{d'e'}$$

那么

$$S'_{abc}T'_{ae} = R_{ad'}R_{ee'}R_{aa'}R_{bb'}R_{cc'}S_{a'b'c'}T_{d'e'} = R_{ee'}R_{bb'}R_{cc'}S_{d'b'c'}T_{d'e'}$$

这里用到了正交关系：$R_{ad'}R_{aa'} = \delta_{d'a'}$，所以 $S_{abc}T_{ae}$ 是一个三阶张量。

(5) 对称化和反对称化。

若 T_{ab} 是一个二阶张量，那么 $T_{ab} \pm T_{ba}$ 也是一个二阶张量。因为 T_{ab} 满足

$$T'_{ab} = R_{aa'}R_{bb'}T_{a'b'} \tag{3.63}$$

交换指标后，有

$$T'_{ba} = R_{bb'}R_{aa'}T_{b'a'}$$

两式相加减，分别得到

$$T'_{ab} + T'_{ba} = R_{aa'}R_{bb'}(T_{a'b'} + T_{b'a'}) \quad \text{(对称张量)} \tag{3.64}$$

$$T'_{ab} - T'_{ba} = R_{aa'}R_{bb'}(T_{a'b'} - T_{b'a'}) \quad \text{(反对称张量)} \tag{3.65}$$

这表明张量指标的置换与转动是可以交换的。这个操作可以降低张量的维数。

(6) 特殊张量。

$$RR^{\mathrm{T}}=1 \longrightarrow R_{ij}R_{kj}=\delta_{ik} \tag{3.66}$$

可得

$$R_{ij}R_{kl}\delta_{jl}=\delta_{ik} \tag{3.67}$$

这意味着 δ_{ij} 是一个二阶张量。类似地，有

$$(\det R)\,\varepsilon_{abc}=\varepsilon_{ijk}R_{ai}R_{bj}R_{ck} \tag{3.68}$$

其中，ε_{abc} 是三维全反对称莱维-齐维塔 (Levi-Civita) 符号 (且 $\varepsilon_{123}=1$)，它显然是一个三阶张量。ε_{abc} 张量可以用来缩并张量。因子 $\det R$ 可以用来区分真转动 ($\det R=1$) 和非真转动 ($\det R=-1$)。例如，组合

$$\varepsilon_{abc}x_b p_c \tag{3.69}$$

在真转动下与矢量有相同的变换方式。

下面是 ε_{ijk} 的一些有用的恒等式：

$$\varepsilon_{ijk}\,\varepsilon_{ijl}=2\delta_{kl} \tag{3.70}$$

$$\varepsilon_{ijk}\,\varepsilon_{ilm}=\delta_{jl}\delta_{km}-\delta_{jm}\delta_{kl} \tag{3.71}$$

可以用坐标的偏导数写出张量变换的一般形式：

$$x'_a=R_{ab}x_b \;\Rightarrow\; R_{ab}=\frac{\partial x'_a}{\partial x_b} \tag{3.72}$$

所以得到

$$x'_a=\frac{\partial x'_a}{\partial x_b}x_b \tag{3.73}$$

例 3.1 x_i,∂_j 和 p_k 均为矢量，那么

$x_i p_j$ 是二阶张量；

$\varepsilon_{ijk}p_i x_j$ 是矢量，且为 $\boldsymbol{r}\times\boldsymbol{p}$ 的分量。

例 3.2 电场 $\boldsymbol{E}$ 和磁场 $\boldsymbol{B}$ 均为矢量，那么

$\partial_j B_i$ 是二阶张量 $\Longrightarrow$ $\varepsilon_{ijk}\partial_i B_j$ 是矢量，且为 $\boldsymbol{\nabla}\times\boldsymbol{B}$ 的分量；

$\partial_i B_i=\boldsymbol{\nabla}\cdot\boldsymbol{B}$ 是标量；

$E_j B_i$ 是二阶张量 $\Longrightarrow$ $\varepsilon_{ijk}B_i E_j$ 是矢量，且为 $\boldsymbol{E}\times\boldsymbol{B}$ 的分量。

例 3.3 度规张量

在三维欧几里得空间中，邻近两点间的距离为

$$\mathrm{d}s^2=\mathrm{d}x_i\mathrm{d}x_i \tag{3.74}$$

引入度规张量 g_{ij}，上式可写成

$$\mathrm{d}s^2 = g_{ij}\mathrm{d}x_i\mathrm{d}x_j, \quad g_{ij} = \delta_{ij} \tag{3.75}$$

考虑坐标变换

$$x'_a = R_{ab}x_b \tag{3.76}$$

其微元形式的逆变换为

$$\mathrm{d}x_i = R^{-1}_{ik}\mathrm{d}x'_k = R_{ki}\mathrm{d}x'_k \tag{3.77}$$

那么在此坐标变换下，我们有

$$\mathrm{d}s^2 = g_{ij}\mathrm{d}x_i\mathrm{d}x_j = g_{ij}R_{ki}R_{lj}\mathrm{d}x'_k\mathrm{d}x'_l = g'_{kl}\mathrm{d}x'_k\mathrm{d}x'_l \tag{3.78}$$

其中，

$$g'_{kl} = g_{ij}R_{ki}R_{lj} \tag{3.79}$$

因此度规 g_{ij} 按二秩张量变换，而且是对称的。这容易推广到高维欧几里得空间。

3.2.2 闵可夫斯基空间中的张量分析

为了满足狭义相对论的第二个原理的要求，即物理规律在所有惯性系中有相同的形式，我们需要将物理规律表示成闵可夫斯基空间中的张量形式。现在简要介绍闵可夫斯基空间中的张量分析。基本点是：张量与矢量的乘积在洛伦兹变换下有相同的变换性质。在闵可夫斯基空间中，有两类不同的矢量，它们有不同的变换性质：

$$T'^{\mu} = \Lambda^{\mu}_{\nu}T^{\nu}, \qquad T'_{\mu} = \Lambda^{\nu}_{\mu}T_{\nu} \tag{3.80}$$

将这些矢量相乘可以得到三种不同类型的二阶张量，它们分别有如下变换关系：

$$T'^{\mu\nu} = \Lambda^{\mu}_{\alpha}\Lambda^{\nu}_{\beta}T^{\alpha\beta}, \qquad T'_{\mu\nu} = \Lambda^{\alpha}_{\mu}\Lambda^{\beta}_{\nu}T_{\alpha\beta}, \qquad T'^{\mu}_{\nu} = \Lambda^{\mu}_{\alpha}\Lambda^{\beta}_{\nu}T^{\alpha}_{\beta} \tag{3.81}$$

最一般的张量变换形式为

$$T'^{\mu_1\cdots\mu_n}_{\nu_1\cdots\nu_m} = \Lambda^{\mu_1}_{\alpha_1}\cdots\Lambda^{\mu_n}_{\alpha_n}\Lambda^{\beta_1}_{\nu_1}\cdots\Lambda^{\beta_m}_{\nu_m}T^{\alpha_1\cdots\alpha_n}_{\beta_1\cdots\beta_m} \tag{3.82}$$

注意，张量变换是齐次线性的。

张量运算

下面的运算能保证张量的性质不变。

(1) 乘以常数 c，那么 cT 与 T 有相同的张量性质。

(2) 同阶张量相加。例如，若 A^{μ}, B^{ν} 均为四矢量

$$A'^{\mu} = \Lambda^{\mu}_{\alpha} A^{\alpha}, \qquad B'^{\mu} = \Lambda^{\mu}_{\alpha} B^{\alpha} \tag{3.83}$$

那么

$$A'^{\mu} + B'^{\mu} = \Lambda^{\mu}_{\alpha}(A^{\alpha} + B^{\alpha}) \tag{3.84}$$

即 $A^{\alpha} + B^{\alpha}$ 仍然是四个矢量。注意，数学上可以将四维位矢 x^{μ} 与四维动量 p^{μ} 相加从而得到一个新的四矢量 $x^{\mu} + p^{\mu}$，但它没有物理意义。

(3) 张量的乘积。因为张量与矢量有相似的变换性质，因此张量的乘积也就与矢量的乘积有相似的变换性质。

(4) 张量的缩并。两个重复的上下指标求和。

例如，$T^{\mu\alpha}_{\mu}$ 是一阶张量，而 $T^{\mu\alpha}_{\nu}$ 是三阶张量。这可由赝正交关系 (3.25) 证明。写出变换

$$T'^{\mu\alpha}_{\nu} = \Lambda^{\mu}_{\rho} \Lambda^{\sigma}_{\nu} \Lambda^{\alpha}_{\beta} T^{\rho\beta}_{\sigma} \tag{3.85}$$

于是

$$T'^{\alpha}_{\nu\alpha} = T'^{\mu\alpha}_{\nu} g_{\mu\alpha} = g_{\mu\alpha} \Lambda^{\mu}_{\rho} \Lambda^{\sigma}_{\nu} \Lambda^{\alpha}_{\beta} T^{\rho\beta}_{\sigma} = \Lambda^{\sigma}_{\nu} \left(g_{\rho\beta} T^{\rho\beta}_{\sigma} \right) = \Lambda^{\sigma}_{\nu} T^{\beta}_{\sigma\beta} \tag{3.86}$$

也就是说，缩并运算相当于两个四矢量的内积。

(5) 指标的对称化和反对称化。

设 $T^{\mu\nu}$ 是一个二阶张量

$$T'^{\mu\nu} = \Lambda^{\mu}_{\alpha} \Lambda^{\nu}_{\beta} T^{\alpha\beta} \tag{3.87}$$

交换指标后得到

$$T'^{\nu\mu} = \Lambda^{\nu}_{\alpha} \Lambda^{\mu}_{\beta} T^{\alpha\beta} = \Lambda^{\nu}_{\beta} \Lambda^{\mu}_{\alpha} T^{\beta\alpha} \tag{3.88}$$

两式相加，有

$$T'^{\mu\nu} + T'^{\nu\mu} = \Lambda^{\mu}_{\alpha} \Lambda^{\nu}_{\beta} \left(T^{\alpha\beta} + T^{\beta\alpha} \right) \tag{3.89}$$

这说明张量在指标交换后再相加就变成了对称张量。同理，若两式相减，则变为反对称张量。

(6) 特殊张量。

$g_{\mu\nu}$ 和 $\varepsilon^{\alpha\beta\gamma\delta}$ 满足

$$\Lambda^{\mu}_{\alpha} \Lambda^{\nu}_{\beta}\, g_{\mu\nu} = g_{\alpha\beta}, \quad \varepsilon^{\alpha\beta\gamma\delta} \det \Lambda = \Lambda^{\alpha}_{\mu} \Lambda^{\beta}_{\nu} \Lambda^{\gamma}_{\rho} \Lambda^{\delta}_{\sigma} \varepsilon^{\mu\nu\rho\sigma} \tag{3.90}$$

如果 $\det \Lambda = 1$，那么 $g_{\mu\nu}$ 和 $\varepsilon^{\alpha\beta\gamma\delta}$ 将与张量有相同的变换性质，即它们不随坐标系的变化而改变。

例如，$M^{\mu\nu} = x^{\mu} p^{\nu} - x^{\nu} p^{\mu}$ 和 $F^{\mu\nu} = \partial^{\mu} A^{\nu} - \partial^{\nu} A^{\mu}$ 都是二阶反对称张量。

闵可夫斯基空间中的张量最重要的性质是：若在某一惯性系中，某张量的所有分量全部为零，那么它们在任意惯性系中也均为零。这是由张量变换式 (3.82)

的线性性和齐次性保证的。利用这个性质，如果把物理规律用闵可夫斯基空间中的张量形式表示出来，那么它们在所有惯性系中都将具有相同的形式。例如，若在某惯性系中，有

$$f^{\mu}=ma^{\mu}$$

可以定义一个新的张量

$$t^{\mu}=f^{\mu}-ma^{\mu}$$

那么 t^{μ} 的所有分量在此惯性系中均为零，因此它的所有分量在其他惯性系中也为零，即

$$t'^{\mu}=f'^{\mu}-ma'^{\mu}=0$$

或

$$f'^{\mu}=ma'^{\mu}$$

这就是“物理规律在所有惯性系中有相同的形式”的内涵。

张量的性质对构造洛伦兹不变量非常有用。洛伦兹不变的组合可以通过缩并洛伦兹指标来获得。例如，下面的组合都是洛伦兹不变的：

$$x\cdot p=x^{\mu}p_{\mu},\quad p_1\cdot p_2=p_1^{\mu}p_{2\mu},$$

$$M^{\mu\nu}M_{\mu\nu},\quad J_{\mu}J^{\mu},\quad \text{其中}\ J_{\mu}=\varepsilon_{\mu\nu\alpha\beta}p^{\nu}M^{\alpha\beta},\cdots$$

在相对论系统中，构造洛伦兹不变量非常有用。下面举例说明。

考虑一个衰变过程 $A\rightarrow B+C$。能量动量守恒给出：

$$p_A^{\mu}=p_B^{\mu}+p_C^{\mu}$$

为简单起见，选择相对粒子 A 为静止的参考系。为了计算粒子 B 的能量，构造如下组合：

$$(p_A-p_B)^2=p_C^2=m_C^2$$

或

$$m_A^2+m_B^2-2m_AE_B=m_C^2$$

那么粒子 B 的能量为

$$E_B=\frac{1}{2m_A}\left(m_A^2+m_B^2-m_C^2\right)$$

3.2.3 闵可夫斯基空间中的物理规律

从前面的张量分析知道，如果将物理规律表示成闵可夫斯基空间中张量的形式，那么物理规律将在所有惯性系中有相同的形式，称为物理规律的协变

性 (covariance)。我们用真空中的麦克斯韦方程组(1.5) 来阐明。现在需要研究如何将物理量 $\boldsymbol{E}$,$\boldsymbol{B}$,$\boldsymbol{J}$ 和 ρ 写成闵可夫斯基空间中的张量形式。对麦克斯韦方程组中的高斯 (Gauss) 定律两边取时间导数，对全电路安培 (Ampere) 定律两边取旋度，分别给出：

$$\boldsymbol{\nabla}\cdot\frac{\partial \boldsymbol{E}}{\partial t}=\frac{1}{\varepsilon_0}\frac{\partial \rho}{\partial t},\quad \frac{1}{\mu_0}\boldsymbol{\nabla}\cdot\boldsymbol{\nabla}\times\boldsymbol{B}=\varepsilon_0\frac{\partial\boldsymbol{\nabla}\cdot\boldsymbol{E}}{\partial t}+\boldsymbol{\nabla}\cdot\boldsymbol{J}$$

将前式代入后式，可得

$$\frac{\partial \rho}{\partial t}+\boldsymbol{\nabla}\cdot\boldsymbol{J}=0 \tag{3.91}$$

该式称为电荷守恒定律。如果将 $\boldsymbol{J}$ 和 ρ 视为一个四矢量的分量，即四维电流密度：$J^\mu=(\rho,\boldsymbol{J})$，那么连续性方程 (3.91) 可以表示成闵可夫斯基空间中的散度：

$$\partial_\mu J^\mu=0 \tag{3.92}$$

利用矢量势 $\boldsymbol{A}$ 和标量势 ϕ：

$$\boldsymbol{B}=\boldsymbol{\nabla}\times\boldsymbol{A},\qquad \boldsymbol{E}=-\boldsymbol{\nabla}\phi-\frac{\partial\boldsymbol{A}}{\partial t} \tag{3.93}$$

高斯定律和全电路安培定律可以分别写为

$$-\boldsymbol{\nabla}^2\phi-\frac{\partial}{\partial t}\boldsymbol{\nabla}\cdot\boldsymbol{A}=\frac{\rho}{\varepsilon_0} \tag{3.94}$$

$$\frac{1}{\mu_0}[\boldsymbol{\nabla}(\boldsymbol{\nabla}\cdot\boldsymbol{A})-\boldsymbol{\nabla}^2\boldsymbol{A}]=-\varepsilon_0\frac{\partial}{\partial t}\left(\boldsymbol{\nabla}\phi-\frac{\partial\boldsymbol{A}}{\partial t}\right)+\boldsymbol{J} \tag{3.95}$$

选择洛伦兹规范条件

$$\boldsymbol{\nabla}\cdot\boldsymbol{A}+\frac{\partial\phi}{\partial t}=0 \tag{3.96}$$

那么式 (3.94) 和式 (3.95) 分别简化为

$$\left(\frac{\partial^2}{\partial t^2}-\boldsymbol{\nabla}^2\right)\phi=\frac{\rho}{\varepsilon_0},\qquad \left(\frac{\partial^2}{\partial t^2}-\boldsymbol{\nabla}^2\right)\boldsymbol{A}=\mu_0\boldsymbol{J} \tag{3.97}$$

这表明 ϕ 和 $\boldsymbol{A}$ 可以构成一个像 J^μ 一样的四矢量，即四维电磁势：$A^\mu=(\phi,\boldsymbol{A})$。所以式 (3.97) 中的两个方程可以合成一个方程：

$$\left(\frac{\partial^2}{\partial t^2}-\boldsymbol{\nabla}^2\right)A^\mu=J^\mu \tag{3.98}$$

这里利用了 $\mu_0\varepsilon_0=1$。

式 (3.93) 中的电场可以表示为

$$\boldsymbol{E}=-\boldsymbol{\nabla}A^{0}-\partial_{0}\boldsymbol{A} \tag{3.99}$$

其分量形式为

$$E^{i}=\partial^{i}A^{0}-\partial^{0}A^{i} \tag{3.100}$$

这表明电场 $\boldsymbol{E}$ 是二阶反对称张量：

$$F^{\mu\nu}=\partial^{\mu}A^{\nu}-\partial^{\nu}A^{\mu} \tag{3.101}$$

的分量，即

$$E^{i}=-F^{0i} \tag{3.102}$$

$F^{\mu\nu}$ 的其他分量为

$$F^{ij}=\partial^{i}A^{j}-\partial^{j}A^{i} \tag{3.103}$$

它显然是磁场的分量

$$F^{ij}=\varepsilon^{ijk}B^{k} \tag{3.104}$$

通常称 $F^{\mu\nu}$ 为电磁场张量或麦克斯韦张量。这样，原来的麦克斯韦方程组可以写成

$$\partial_{\mu}F^{\mu\nu}=J^{\nu},\quad \partial_{\mu}\widetilde{F}^{\mu\nu}=0 \tag{3.105}$$

其中，

$$\widetilde{F}^{\mu\nu}=\varepsilon^{\mu\nu\alpha\beta}F_{\alpha\beta} \tag{3.106}$$

现在麦克斯韦方程组已经写成了闵可夫斯基空间中张量方程的形式。在洛伦兹变换下，电磁场张量的变换方式为

$$F^{\mu\nu}\rightarrow F'^{\mu\nu}=\Lambda^{\mu}_{\alpha}\Lambda^{\nu}_{\beta}F^{\alpha\beta} \tag{3.107}$$

利用电磁场张量的指标缩并，可以得到两个洛伦兹不变量：

$$F^{\mu\nu}F_{\mu\nu},\quad \varepsilon_{\mu\nu\alpha\beta}F^{\mu\nu}F^{\alpha\beta}$$

现在我们把带电粒子在电磁场中的运动方程也写成闵可夫斯基空间中的张量形式。含有洛伦兹力的非相对论运动方程为

$$\frac{\mathrm{d}\boldsymbol{p}}{\mathrm{d}t}=e\left(\boldsymbol{E}+\boldsymbol{v}\times\boldsymbol{B}\right) \tag{3.108}$$

显然，等号左边应该写成四矢量 $\dfrac{\mathrm{d}p^{\mu}}{\mathrm{d}\tau}$，等号右边应该是由四维速度 u^{μ} 和电磁

场张量 $F^{\mu\nu}$ 构成的四矢量。不难发现，等号右边的组合是 $F^{\mu\nu}u_\nu$。于是运动方程 (3.108) 变成

$$\frac{\mathrm{d}p^\mu}{\mathrm{d}\tau} = eF^{\mu\nu}u_\nu \tag{3.109}$$

方程 (3.109) 的空间分量为

$$\frac{\mathrm{d}p^i}{\mathrm{d}\tau} = e\left(F^{i0}u_0 + F^{ij}u_j\right) \tag{3.110}$$

利用

$$\frac{\mathrm{d}\tau}{\mathrm{d}t} = \sqrt{1-v^2}, \quad u^i = \frac{1}{\sqrt{1-v^2}}v^i, \quad u^0 = \frac{1}{\sqrt{1-v^2}} \tag{3.111}$$

便可得到运动方程 (3.108)。同样，方程 (3.109) 的时间分量为

$$\frac{\mathrm{d}p^0}{\mathrm{d}\tau} = eF^{0i}u_i \quad \text{或} \quad \frac{\mathrm{d}E}{\mathrm{d}t} = e\boldsymbol{v}\cdot\boldsymbol{E} \tag{3.112}$$

这正是能量 E 满足的方程。

第4章　相对论性波动方程

量子场论 (quantum field theory) 的基本思路是考虑相对论性的波动方程，将波函数看成广义坐标进行量子化。克莱因-戈尔登方程和狄拉克方程是两种不同类型的相对论性波动方程，它们分别对应于具有不同自旋的粒子：克莱因-戈尔登方程对应于自旋 0，狄拉克方程对应于自旋 1/2。本章将仔细考察这两个相对论性波动方程的性质。

4.1 克莱因-戈尔登方程

在经典力学中，能量动量关系是

$$E = \frac{\boldsymbol{p}^2}{2m} + V(\boldsymbol{r}) \tag{4.1}$$

为了对此系统进行量子化，即对式 (4.1) 作代换

$$E \to \mathrm{i}\frac{\partial}{\partial t}, \qquad \boldsymbol{p} \to -\mathrm{i}\boldsymbol{\nabla} \tag{4.2}$$

并将它作用在波函数 ψ 上，可得

$$\mathrm{i}\frac{\partial \psi}{\partial t} = \left[-\frac{1}{2m}\boldsymbol{\nabla}^2 + V(\boldsymbol{r})\right]\psi \tag{4.3}$$

这就是薛定谔方程。但这个方程对相对论系统并不适用，因为它没有平等地考虑空间坐标 x 和时间坐标 t, 所以这个方程不是洛伦兹不变的。

相对论性自由粒子的能量动量关系是

$$E^2 = \boldsymbol{p}^2 + m^2 \tag{4.4}$$

作代换 (4.2) 后，相应的波动方程是

$$\left(-\boldsymbol{\nabla}^2 + m^2\right)\psi = -\frac{\partial^2 \psi}{\partial t^2} \tag{4.5}$$

若记 $\partial_0 = \dfrac{\partial}{\partial t}$，那么式 (4.5) 还可以写成

$$\left(\Box + m^2\right)\psi = 0, \quad \Box \equiv \partial_0^2 - \boldsymbol{\nabla}^2 = \partial^\mu \partial_\mu = \partial^2 \tag{4.6}$$

这就是克莱因-戈尔登方程。显然，它是洛伦兹不变的，因为它是一个包含时间二阶导数的微分方程，而薛定谔方程只是时间的一阶导数。

4.1.1 概率诠释

在量子力学中，波函数 ψ 被解释为概率幅 (probability amplitude)，现在来看这种诠释在克莱因-戈尔登方程中是否依然可行。由式 (4.5)，以及它的复共轭

$$\left(\partial_0^2 - \boldsymbol{\nabla}^2 + m^2\right)\psi^* = 0 \tag{4.7}$$

可以得到连续性方程

$$\frac{\partial \rho}{\partial t} + \boldsymbol{\nabla} \cdot \boldsymbol{j} = 0 \tag{4.8}$$

式中，

$$\rho = \mathrm{i}\left(\psi \partial_0 \psi^* - \psi^* \partial_0 \psi\right) \tag{4.9}$$

$$\boldsymbol{j} = \left(\psi \boldsymbol{\nabla} \psi^* - \psi^* \boldsymbol{\nabla} \psi\right) \tag{4.10}$$

那么 $P = \int \rho \mathrm{d}^3 x$ 就是守恒的，即

$$\frac{\mathrm{d}P}{\mathrm{d}t} = \int_V \frac{\partial \rho}{\partial t} \mathrm{d}^3 x = -\int_V \boldsymbol{\nabla} \cdot \boldsymbol{j} \mathrm{d}^3 x = -\oint_S \boldsymbol{j} \cdot \mathrm{d}\boldsymbol{s} = 0, \quad \text{若 } S \text{ 上 } \boldsymbol{j} = 0 \tag{4.11}$$

由于 P 守恒，我们就可以将其解释为概率。然而 P 不一定是正的，这不符合概率的定义。例如，若取 $\psi \sim \mathrm{e}^{\mathrm{i}Et}\phi(x)$，则有

$$\rho = -2E\left|\phi(x)\right|^2 \leqslant 0 \tag{4.12}$$

就是负的概率，这显然是不能接受的。另外，如果像在薛定谔方程中的情况一样，将概率密度定义为 $\rho = \psi\psi^*$, 那么它就是恒正的，但此时它又不守恒：

$$\frac{\mathrm{d}}{\mathrm{d}t} \int \psi \psi^* \mathrm{d}^3 x \neq 0 \tag{4.13}$$

这样，对克莱因-戈尔登方程不太可能有概率诠释。困难就来源于克莱因-戈尔登方程是对时间的二阶导数而并非一阶导数。

4.1.2 克莱因-戈尔登方程的解

尽管克莱因-戈尔登方程不是一个可行的相对论性方程，但它可以作为我们讨论场论问题的出发点。下面讨论它的解。

克莱因-戈尔登方程 (4.6) 是一个常系数微分方程，其解为平面波

$$\psi(x) = \mathrm{e}^{-\mathrm{i}p \cdot x}, \quad \text{若 } p_0^2 - p^2 - m^2 = 0 \quad \text{或} \quad p_0 = \pm\sqrt{p^2 + m^2} \tag{4.14}$$

(1) 正能量解：$p_0=\omega_p=\sqrt{p^2+m^2}$, 且 $\boldsymbol{p}$ 为任意值，则有

$$\psi_p^{(+)}(x)=\exp\left(-\mathrm{i}\omega_p t+\mathrm{i}\boldsymbol{p}\cdot\boldsymbol{x}\right) \tag{4.15}$$

(2) 负能量解：$p_0=-\omega_p=-\sqrt{p^2+m^2}$, 有

$$\psi_p^{(-)}(x)=\exp\left(\mathrm{i}\omega_p t-\mathrm{i}\boldsymbol{p}\cdot\boldsymbol{x}\right) \tag{4.16}$$

正能量解 $\psi^+(x)$ 和负能量解 $\psi^-(x)$ 组成一组完备的解。一般的解是正能量解和负能量解的线性叠加：

$$\begin{aligned}\psi(x)&=\int\frac{\mathrm{d}^3k}{\sqrt{(2\pi)^3 2\omega_k}}\left[a(k)\mathrm{e}^{\mathrm{i}\boldsymbol{k}\cdot\boldsymbol{x}-\mathrm{i}\omega_k t}+a^\dagger(k)\mathrm{e}^{-\mathrm{i}\boldsymbol{k}\cdot\boldsymbol{x}+\mathrm{i}\omega_k t}\right]\\&=\int\frac{\mathrm{d}^3k}{\sqrt{(2\pi)^3 2\omega_k}}\left[a(k)\mathrm{e}^{-\mathrm{i}k\cdot x}+a^\dagger(k)\mathrm{e}^{\mathrm{i}k\cdot x}\right]\end{aligned} \tag{4.17}$$

其中，$k\cdot x=\omega_k t-\boldsymbol{k}\cdot\boldsymbol{x}$, $a(k)$ 和 $a^\dagger(k)$ 是展开系数。

对克莱因-戈尔登方程的任意两个解：ϕ_1 和 ϕ_2，分别有

$$(\partial_0^2-\boldsymbol{\nabla}^2+m^2)\phi_1=0 \tag{4.18}$$

和

$$(\partial_0^2-\boldsymbol{\nabla}^2+m^2)\phi_2^*=0 \tag{4.19}$$

由它们可以推导出

$$\int\mathrm{d}^3x\left[\left(\phi_2^*\partial_0^2\phi_1-\phi_1\partial_0^2\phi_2^*\right)-\left(\phi_2^*\boldsymbol{\nabla}^2\phi_1-\phi_1\boldsymbol{\nabla}^2\phi_2^*\right)\right]=0$$

或者

$$\int\mathrm{d}^3x\left[\partial_0\left(\phi_2^*\partial_0\phi_1-\phi_1\partial_0\phi_2^*\right)-\boldsymbol{\nabla}\cdot\left(\phi_2^*\boldsymbol{\nabla}\phi_1-\phi_1\boldsymbol{\nabla}\phi_2^*\right)\right]=0$$

利用高斯定理，并去掉在无穷远处的表面项，可得

$$\frac{\mathrm{d}}{\mathrm{d}t}\int\mathrm{d}^3x\left(\phi_2^*\partial_0\phi_1-\phi_1\partial_0\phi_2^*\right)=0 \tag{4.20}$$

因此把“标积”定义为

$$\langle\phi_2|\phi_1\rangle=\int\mathrm{d}^3x\left(\phi_2^*\partial_0\phi_1-\phi_1\partial_0\phi_2^*\right) \tag{4.21}$$

直接计算可得如下正交关系：

$$\left\langle\phi_{p'}^{(+)}\middle|\phi_p^{(+)}\right\rangle=\delta^3\left(p-p'\right) \tag{4.22}$$

$$\left\langle \phi_{p'}^{(-)} \middle| \phi_{p}^{(-)} \right\rangle = -\delta^3 (p - p') \tag{4.23}$$

$$\left\langle \phi_{p'}^{(+)} \middle| \phi_{p}^{(-)} \right\rangle = 0 \tag{4.24}$$

虽然式 (4.21) 不是通常的标积 (或内积) 定义，但这些正交关系对于计算任意波函数按平面波解展开还是很有用的。

4.2 狄拉克方程

1928 年，狄拉克构造了一个包含时间一阶导数的相对论性波动方程。它与薛定谔方程一样具有守恒的正概率。狭义相对论要求这个波动方程对于空间坐标也应该是一阶的。于是他做了如下假设：

$$E = \alpha_1 p_1 + \alpha_2 p_2 + \alpha_3 p_3 + \beta m = \boldsymbol{\alpha} \cdot \boldsymbol{p} + \beta m \tag{4.25}$$

其中，α_i, β 是厄米矩阵。现在 E 就是一个厄米的能量算符，如同动量算符 $\boldsymbol{p}$ 一样。故有

$$\begin{aligned} E^2 &= (\alpha_1 p_1 + \alpha_2 p_2 + \alpha_3 p_3 + \beta m)^2 \\ &= \frac{1}{2}(\alpha_i \alpha_j + \alpha_j \alpha_i) p_i p_j + (\alpha_i \beta + \beta \alpha_i) m p_i + \beta^2 m^2 \end{aligned} \tag{4.26}$$

为了得到相对论性的能量-动量关系，要求

$$\alpha_i \alpha_j + \alpha_j \alpha_i = 2\delta_{ij} \tag{4.27}$$

$$\alpha_i \beta + \beta \alpha_i = 0 \tag{4.28}$$

$$\beta^2 = 1 \tag{4.29}$$

由式 (4.27) 可得

$$\alpha_i^2 = 1, \quad i = 1, 2, 3 \tag{4.30}$$

结合式 (4.29) 可知 α_i, β 都有本征值 ± 1，式 (4.27) 也意味着

$$\alpha_1 \alpha_2 = -\alpha_2 \alpha_1 \implies \alpha_2 = -\alpha_1 \alpha_2 \alpha_1$$

取迹可得

$$\operatorname{tr} \alpha_2 = -\operatorname{tr} (\alpha_1 \alpha_2 \alpha_1) = -\operatorname{tr} \left(\alpha_2 \alpha_1^2 \right) = -\operatorname{tr} \alpha_2$$

这说明

$$\operatorname{tr} \alpha_i = 0 \tag{4.31}$$

同样可有

$$\mathrm{tr}\,\beta = 0 \tag{4.32}$$

式 (4.31) 和式 (4.32) 给出一个重要结论：α_i, β 都是偶数维的零迹矩阵。我们知道，泡利矩阵 $\sigma_1, \sigma_2, \sigma_3$ 都是迹为零，且反对易的。但这里需要四个这样的矩阵，因此需要超越 2×2 的泡利矩阵的限制。也就是说，α_i, β 都必须是 4×4 的矩阵。一个方便的选择是比约肯 (Bjoken) 和德雷尔 (Drell) 所采用过的形式：

$$\alpha_i = \begin{pmatrix} 0 & \sigma_i \\ \sigma_i & 0 \end{pmatrix}, \quad \beta = \begin{pmatrix} 1 & 0 \\ 0 & -1 \end{pmatrix} \tag{4.33}$$

对式 (4.25) 作代换 (4.2)，并作用到波函数 ψ 上，可以得到自由粒子的狄拉克方程：

$$(-\mathrm{i}\boldsymbol{\alpha}\cdot\boldsymbol{\nabla} + \beta m)\psi = \mathrm{i}\frac{\partial \psi}{\partial t} \tag{4.34}$$

或

$$(-\mathrm{i}\beta\boldsymbol{\alpha}\cdot\boldsymbol{\nabla} - \mathrm{i}\beta\partial_t + m)\psi = 0 \tag{4.35}$$

为方便起见，定义一组新的矩阵：

$$\gamma^0 = \beta, \quad \gamma^i = \beta\alpha_i, \quad i = 1,\,2,\,3 \tag{4.36}$$

利用式 (4.33)，γ 的矩阵形式是

$$\gamma^0 = \begin{pmatrix} 1 & 0 \\ 0 & -1 \end{pmatrix}, \quad \gamma^i = \begin{pmatrix} 0 & \sigma_i \\ -\sigma_i & 0 \end{pmatrix} \tag{4.37}$$

于是，狄拉克方程可以写成

$$\left(-\mathrm{i}\gamma^i\partial_i - \mathrm{i}\gamma^0\partial_0 + m\right)\psi = 0 \tag{4.38}$$

或

$$(-\mathrm{i}\gamma^\mu\partial_\mu + m)\,\psi = 0 \tag{4.39}$$

通常称式 (4.39) 为狄拉克方程的协变形式。以下反对易关系的形式更为简单：

$$\{\gamma_\mu,\, \gamma_\nu\} = 2g_{\mu\nu} \tag{4.40}$$

其中，$\{A,\,B\} \equiv AB + BA$ 是反对易子。对 γ_μ 矩阵的详细讨论见 6.1.5 节。

4.2.1 概率诠释

现在来证明狄拉克方程有正确的概率诠释。利用狄拉克方程 (4.34) 及其厄米共轭形式

$$-\mathrm{i}\frac{\partial\psi^\dagger}{\partial t}=\psi^\dagger(\mathrm{i}\boldsymbol{\alpha}\cdot\boldsymbol{\nabla}+\beta m)\tag{4.41}$$

可得

$$\mathrm{i}\left(\frac{\partial\psi^\dagger}{\partial t}\psi+\psi^\dagger\frac{\partial\psi}{\partial t}\right)=\psi^\dagger(-\mathrm{i}\boldsymbol{\alpha}\cdot\boldsymbol{\nabla}+\beta m)\psi-\psi^\dagger(\mathrm{i}\boldsymbol{\alpha}\cdot\boldsymbol{\nabla}+\beta m)\psi\tag{4.42}$$

对空间坐标进行积分，有

$$\begin{aligned}\mathrm{i}\frac{\mathrm{d}}{\mathrm{d}t}\int_V(\psi^\dagger\psi)\,\mathrm{d}^3x&=\int_V\left\{-\mathrm{i}\psi^\dagger(\boldsymbol{\alpha}\cdot\boldsymbol{\nabla})\psi-\mathrm{i}\left[(\boldsymbol{\alpha}\cdot\boldsymbol{\nabla})\psi^\dagger\right]\psi\right\}\mathrm{d}^3x\\&=-\mathrm{i}\int_V\boldsymbol{\nabla}\cdot\left(\psi^\dagger\boldsymbol{\alpha}\psi\right)\mathrm{d}^3x\\&=-\mathrm{i}\oint_S\left(\psi^\dagger\boldsymbol{\alpha}\psi\right)\cdot\mathrm{d}\boldsymbol{s}\\&=0\end{aligned}$$

这里利用了高斯定理。所以总概率 $\int(\psi^\dagger\psi)\,\mathrm{d}^3x$ 是恒正的，且是守恒的。这就解决了克莱因-戈尔登方程的困难。

4.2.2 狄拉克方程的解

对自由粒子的狄拉克方程 (4.39)，设其平面波形式的解为

$$\psi(x)=\mathrm{e}^{-\mathrm{i}p\cdot x}\omega(p)\tag{4.43}$$

其中，$\omega(p)$ 是列向量 (column vector)。把 $\psi(x)$ 代入式 (4.39)，可得 $\omega(p)$ 满足如下方程：

$$(\not{p}-m)\omega(p)=0\tag{4.44}$$

其中，$\not{p}=\gamma^\mu p_\mu=\gamma^0p_0-\boldsymbol{\gamma}\cdot\boldsymbol{p}$。用 γ_0 左乘式 (4.44)，可得

$$(p_0-\boldsymbol{\alpha}\cdot\boldsymbol{p}-\beta m)\,\omega(p)=0\tag{4.45}$$

其中，$\boldsymbol{\alpha}=\gamma_0\boldsymbol{\gamma}$, $\beta=\gamma_0$。进一步可以将式 (4.45) 写成本征方程的形式：

$$H\omega(p)=p_0\omega(p),\quad H=\boldsymbol{\alpha}\cdot\boldsymbol{p}+\beta m\tag{4.46}$$

其中，H 是哈密顿量。我们知道，厄米算子的属于不同本征值的本征矢量是相互正交的

$$\omega^{(i)\dagger}(p)\omega^{(j)}(p)=\delta_{ij}\tag{4.47}$$

其中，每个 $\omega^{(i)}(p)$ 都满足 $H\omega^{(i)}(p)=p_0^{(i)}\omega^{(i)}(p)$。

为了得到本征值和本征矢量，把式 (4.33) 代入式 (4.46)，有矩阵形式：

$$H = \boldsymbol{\alpha} \cdot \boldsymbol{p} + \beta m = \begin{pmatrix} m & \boldsymbol{\sigma} \cdot \boldsymbol{p} \\ \boldsymbol{\sigma} \cdot \boldsymbol{p} & -m \end{pmatrix}, \quad \omega(p) = \begin{pmatrix} u \\ l \end{pmatrix} \tag{4.48}$$

其中，u(上分量) 和 l(下分量) 都是二分量的列矩阵，于是有

$$\begin{pmatrix} m & \boldsymbol{\sigma} \cdot \boldsymbol{p} \\ \boldsymbol{\sigma} \cdot \boldsymbol{p} & -m \end{pmatrix} \begin{pmatrix} u \\ l \end{pmatrix} = p_0 \begin{pmatrix} u \\ l \end{pmatrix} \tag{4.49}$$

或

$$\begin{cases} (p_0 - m)u - (\boldsymbol{\sigma} \cdot \boldsymbol{p})l = 0 \\ -(\boldsymbol{\sigma} \cdot \boldsymbol{p})u + (p_0 + m)l = 0 \end{cases} \tag{4.50}$$

这是关于 u 和 l 的齐次线性方程组，它存在非平凡解的条件是

$$\begin{vmatrix} p_0 - m & -\boldsymbol{\sigma} \cdot \boldsymbol{p} \\ -\boldsymbol{\sigma} \cdot \boldsymbol{p} & (p_0 + m) \end{vmatrix} = 0 \tag{4.51}$$

化简即为

$$p_0^2 = \boldsymbol{p}^2 + m^2 \quad 或 \quad p_0 = \pm\sqrt{\boldsymbol{p}^2 + m^2} \tag{4.52}$$

(1) 正能量解 $p_0 = E = \sqrt{\boldsymbol{p}^2 + m^2}$。

将解代入式 (4.50) 得到

$$l = \frac{\boldsymbol{\sigma} \cdot \boldsymbol{p}}{E + m} u \tag{4.53}$$

于是，波函数 $\omega^{(s)}(p)$ 可写成

$$\omega^{(s)}(p) = N \begin{pmatrix} 1 \\ \dfrac{\boldsymbol{\sigma} \cdot \boldsymbol{p}}{E + m} \end{pmatrix} \chi_s, \quad s = 1, 2 \tag{4.54}$$

$$\chi_1 = \begin{pmatrix} 1 \\ 0 \end{pmatrix}, \quad \chi_2 = \begin{pmatrix} 0 \\ 1 \end{pmatrix} \tag{4.55}$$

其中，N 是待定的归一化常数。坐标空间中的解为

$$\psi = \mathrm{e}^{-\mathrm{i}p \cdot x} \omega^{(s)}(p) = \mathrm{e}^{-\mathrm{i}Et} \mathrm{e}^{\mathrm{i}\boldsymbol{p} \cdot \boldsymbol{x}} \begin{pmatrix} 1 \\ \dfrac{\boldsymbol{\sigma} \cdot \boldsymbol{p}}{E + m} \end{pmatrix} \chi_s \tag{4.56}$$

在非相对论极限 $|\boldsymbol{p}| \ll E$ 下，下分量将远小于上分量。特别地，若从式 (4.50) 中消掉下分量，那么有

$$\left[\left(E^2-m^2\right)-\boldsymbol{p}^2\right]u=0 \tag{4.57}$$

在非相对论极限 $E=m+\varepsilon, \varepsilon \ll m$ 下，式 (4.57) 变为

$$\frac{\boldsymbol{p}^2}{2m}u=\varepsilon u \tag{4.58}$$

这正是非相对论性的薛定谔方程。

(2) 负能量解 $p_0=-E=-\sqrt{\boldsymbol{p}^2+m^2}$。

类似地，有

$$u=\frac{-\boldsymbol{\sigma}\cdot\boldsymbol{p}}{E+m}l \tag{4.59}$$

进而解可以写成

$$\omega^{(j)}(p)=N\begin{pmatrix}\dfrac{-\boldsymbol{\sigma}\cdot\boldsymbol{p}}{E+m}\\ 1\end{pmatrix}\chi_{j-2}, \quad j=3,4 \tag{4.60}$$

在坐标空间中，有

$$\psi=\mathrm{e}^{\mathrm{i}Et}\mathrm{e}^{\mathrm{i}\boldsymbol{p}\cdot\boldsymbol{x}}N\begin{pmatrix}\dfrac{-\boldsymbol{\sigma}\cdot\boldsymbol{p}}{E+m}\\ 1\end{pmatrix}\chi_{j-2} \tag{4.61}$$

正如前面讨论过的，不同本征矢量是正交的，例如，

$$\omega^{(3)}(p)^{\dagger}\omega^{(1)}(p)=N^2\chi_1^{\dagger}\begin{pmatrix}\dfrac{-\boldsymbol{\sigma}\cdot\boldsymbol{p}}{E+m} & 1\end{pmatrix}\begin{pmatrix}1\\ \dfrac{\boldsymbol{\sigma}\cdot\boldsymbol{p}}{E+m}\end{pmatrix}\chi_1=0$$

这种四分量列矩阵称为旋量 (spinor)，其标准记法是

$$u(p,s)=\omega^{(s)}(p)=N\begin{pmatrix}1\\ \dfrac{\boldsymbol{\sigma}\cdot\boldsymbol{p}}{E+m}\end{pmatrix}\chi_s, \quad s=1,2 \tag{4.62}$$

$$v(p,s)=N\begin{pmatrix}\dfrac{\boldsymbol{\sigma}\cdot\boldsymbol{p}}{E+m}\\ 1\end{pmatrix}\chi_s, \quad N=\sqrt{E+m} \tag{4.63}$$

注意，v 旋量是通过 $-\boldsymbol{p}$ 来定义的，因此平面波因子变成了 $\mathrm{e}^{\mathrm{i}Et}\mathrm{e}^{-\mathrm{i}\boldsymbol{p}\cdot\boldsymbol{x}}=\mathrm{e}^{\mathrm{i}p\cdot x}$。

这些旋量之间的正交关系是

$$u^{\dagger}(p,s')\,v(-p,s)=0 \tag{4.64}$$

狄拉克共轭 (Dirac conjugate)

在动量空间中，自由粒子的狄拉克方程为

$$(\not{p}-m)\psi(p)=0 \tag{4.65}$$

它有一个不寻常的特点，即不是厄米的。其厄米共轭是

$$\psi^{\dagger}(p)(\not{p}^{\dagger}-m)=0 \tag{4.66}$$

但是 $\not{p}^{\dagger}=(p_{\mu}\gamma^{\mu})^{\dagger}\neq\not{p}$, 因为 γ^{μ} 不是厄米的：

$$(\gamma^{0})^{\dagger}=\gamma^{0},\quad (\gamma^{i})^{\dagger}=-\gamma^{i} \tag{4.67}$$

利用

$$(\gamma^{\mu})^{\dagger}=\gamma^{0}\gamma^{\mu}\gamma^{0} \tag{4.68}$$

式 (4.66) 可以写为

$$\psi^{\dagger}(p)(\gamma^{0}\gamma^{\mu}\gamma^{0}p^{\mu}-m)=0 \quad 或 \quad \psi^{\dagger}(p)\gamma^{0}(\gamma^{\mu}p^{\mu}-m)=0 \tag{4.69}$$

引入符号 $\bar{\psi}=\psi^{\dagger}\gamma^{0}$，称为狄拉克共轭，那么式 (4.69) 变成

$$\bar{\psi}(\not{p}-m)=0 \tag{4.70}$$

因此，利用狄拉克共轭，狄拉克方程有更为简单的形式。

4.2.3 狄拉克方程的洛伦兹变换性质

狄拉克方程并不像克莱因-戈尔登方程在洛伦兹变换是不变的。现在讨论狄拉克方程在洛伦兹变换下的变换行为。

洛伦兹变换为

$$x^{\mu}\to x'^{\mu}=\Lambda^{\mu}_{\nu}x^{\nu} \tag{4.71}$$

狄拉克方程

$$(\mathrm{i}\gamma^{\mu}\partial_{\mu}-m)\psi(x)=0 \tag{4.72}$$

在新坐标系中变成

$$(\mathrm{i}\gamma^{\mu}\partial'_{\mu}-m)\psi'(x')=0 \tag{4.73}$$

注意，这里使用了相同的 γ 矩阵 (一般来说，γ 矩阵的不同形式可以通过相似变换联系起来，所以它们是等价的 ——泡利定理)。假设 $\psi'(x')$ 与 $\psi(x)$ 由一个线性变换联系起来：

$$\psi'(x')=S\psi(x) \tag{4.74}$$

我们需要找到算符 S 的具体形式。利用洛伦兹逆变换

$$x^{\gamma}=\Lambda^{\gamma}_{\mu}x'^{\mu}\quad\Longrightarrow\quad\frac{\partial}{\partial x'^{\mu}}=\frac{\partial}{\partial x^{\gamma}}\frac{\partial x^{\gamma}}{\partial x'^{\mu}}=\Lambda^{\gamma}_{\mu}\frac{\partial}{\partial x^{\gamma}} \tag{4.75}$$

那么式 (4.73) 成为

$$(\mathrm{i}\gamma^{\mu}\Lambda^{\alpha}_{\mu}\partial_{\alpha}-m)S\psi(x)=0 \quad 或 \quad \left[\mathrm{i}(S^{-1}\gamma^{\mu}S)\Lambda^{\alpha}_{\mu}\partial_{\alpha}-m\right]\psi(x)=0 \tag{4.76}$$

为了使这个方程等价于原来的狄拉克方程 (4.72)，要求

$$(S^{-1}\gamma^{\mu}S)\Lambda^{\alpha}_{\mu}=\gamma^{\alpha} \quad 或 \quad S^{-1}\gamma^{\mu}S=\Lambda^{\mu}_{\alpha}\gamma^{\alpha} \tag{4.77}$$

为了求得 S, 考虑无穷小洛伦兹变换

$$\Lambda^{\mu}_{\nu}=g^{\mu}_{\nu}+\epsilon^{\mu}_{\nu}+\mathrm{O}(\epsilon^2), \quad |\epsilon^{\mu}_{\nu}|\ll 1 \tag{4.78}$$

代入赝正交关系式 (3.25) 可得

$$g_{\mu\nu}(g^{\mu}_{\alpha}+\epsilon^{\mu}_{\alpha})(g^{\nu}_{\beta}+\epsilon^{\nu}_{\beta})=g_{\alpha\beta} \tag{4.79}$$

或者

$$\epsilon_{\alpha\beta}+\epsilon_{\beta\alpha}=0 \quad \Longrightarrow \quad \epsilon_{\alpha\beta}\ 反对称 \tag{4.80}$$

将 S 写为

$$S=1-\frac{\mathrm{i}}{4}\sigma_{\mu\nu}\epsilon^{\mu\nu}+\mathrm{O}(\epsilon^2) \tag{4.81}$$

可有

$$S^{-1}=1+\frac{\mathrm{i}}{4}\sigma_{\mu\nu}\epsilon^{\mu\nu} \tag{4.82}$$

其中，$\sigma_{\mu\nu}$ 是待定的 4×4 矩阵。将其代入式 (4.77)，可得

$$\left(1+\frac{\mathrm{i}}{4}\sigma_{\alpha\beta}\epsilon^{\alpha\beta}\right)\gamma^{\mu}\left(1-\frac{\mathrm{i}}{4}\sigma_{\alpha\beta}\epsilon^{\alpha\beta}\right)=(g^{\mu}_{\alpha}+\epsilon^{\mu}_{\alpha})\gamma^{\alpha}$$

或者

$$\epsilon^{\alpha\beta}\frac{\mathrm{i}}{4}[\sigma_{\alpha\beta},\,\gamma^{\mu}]=\epsilon^{\mu}_{\alpha}\gamma^{\alpha}=\frac{1}{2}\epsilon^{\alpha\beta}(g^{\mu}_{\alpha}\gamma_{\beta}-g^{\mu}_{\beta}\gamma_{\alpha})$$

比较等式两边 $\epsilon^{\alpha\beta}$ 的系数，有

$$[\sigma_{\alpha\beta},\,\gamma_{\mu}]=2\mathrm{i}(g_{\beta\mu}\gamma_{\alpha}-g_{\alpha\mu}\gamma_{\beta}) \tag{4.83}$$

可以证明由下式给出的 $\sigma_{\alpha\beta}$ 满足式 (4.83)：

$$\sigma_{\alpha\beta}=\frac{\mathrm{i}}{2}[\gamma_{\alpha},\,\gamma_{\beta}] \tag{4.84}$$

式中虚数 i 是必需的，以保证生成转动的 σ_{ij} 是厄米的，而 $[\gamma_i,\,\gamma_j]$ 是反厄米的。利用恒等式

$$[AB,\ C] = A\{B,\ C\} - \{A,\ C\}B \tag{4.85}$$

来计算

$$\begin{aligned}[\sigma_{\alpha\beta}, \gamma_\mu] &= \frac{\mathrm{i}}{2}[(\gamma_\alpha\gamma_\beta - \gamma_\beta\gamma_\alpha), \gamma_\mu] = \frac{\mathrm{i}}{2}\left(\gamma_\alpha\{\gamma_\beta,\ \gamma_\mu\} - \{\gamma_\alpha, \gamma_\mu\}\gamma_\beta - (\alpha \leftrightarrow \beta)\right) \\ &= \frac{\mathrm{i}}{2}\left(2\gamma_\alpha g_{\beta\mu} - 2g_{\alpha\mu}\gamma_\beta\right) \times 2 = 2\mathrm{i}(g_{\beta\mu}\gamma_\alpha - g_{\alpha\mu}\gamma_\beta)\end{aligned}$$

至于有限的洛伦兹变换，它可以从无穷小洛伦兹变换通过指数映射 (exponential map) 得到，即有如下形式：

$$S = \exp\left(-\frac{\mathrm{i}}{4}\sigma_{\mu\nu}\epsilon^{\mu\nu}\right) \tag{4.86}$$

注意，

$$\sigma_{\mu\nu}^\dagger = \gamma_0\sigma_{\mu\nu}\gamma_0, \quad S^\dagger = \gamma^0 S^{-1}\gamma^0 \tag{4.87}$$

所以 S 不是幺正矩阵。由 $\psi'(x') = S\psi$ 可得

$$\psi'^\dagger(x') = \psi^\dagger S^\dagger = \psi^\dagger\gamma^0 S^{-1}\gamma^0 \quad 或 \quad \bar{\psi}'(x') = \bar{\psi}(x)S^{-1} \tag{4.88}$$

这表明 $\bar{\psi}$ 有简单的变换性质，且

$$S^{-1}\gamma^\mu S = \Lambda^\mu_\nu\gamma^\nu \tag{4.89}$$

一般来说，若 $D(A)$ 是群 G 的一个表示，即

$$D(A)D(B) = D(AB) \tag{4.90}$$

那么 $D^*(A)$ 也是一个表示，因为它也满足

$$D^*(A)D^*(B) = D^*(AB) \tag{4.91}$$

对上面的例子，有

$$S(\Lambda) = \exp\left(-\frac{\mathrm{i}}{4}\sigma_{\mu\nu}\epsilon^{\mu\nu}\right) \tag{4.92}$$

则有

$$S^*(\Lambda) = \exp\left(\frac{\mathrm{i}}{4}\sigma^*_{\mu\nu}\epsilon^{\mu\nu}\right) \tag{4.93}$$

费米双线性型

如式 (4.86) 所示，尽管狄拉克波函数 ψ 在洛伦兹变换下的变换相当复杂，但是费米双线性型 $\bar{\psi}_\alpha(x)\psi_\beta(x)$ 却有非常简单的变换行为。例如，

$$\bar{\psi}'(x')\psi'(x') = \bar{\psi}(x)S^{-1}S\psi(x) = \bar{\psi}(x)\psi(x) \tag{4.94}$$

这说明组合 $\bar{\psi}(x)\psi(x)$ 是一个洛伦兹不变量。类似地，还可以找到其他双线性型：

$$\begin{array}{ll} \bar{\psi}\gamma_\mu\psi & \text{四矢量} \\ \bar{\psi}\gamma_\mu\gamma_5\psi & \text{轴矢量 (axial vector)} \\ \bar{\psi}\sigma_{\mu\nu}\psi & \text{二阶反对称张量} \\ \bar{\psi}\gamma_5\psi & \text{赝标量 (pseudo scalar)} \end{array} \tag{4.95}$$

其中，$\gamma_5 = \mathrm{i}\gamma^0\gamma^1\gamma^2\gamma^3$。

空穴理论

为了解决负能量态的问题，狄拉克于 1930 年提出，真空实际上是 $E<0$ 的态全部被填满而 $E>0$ 的态全空的状态。这样，泡利不相容原理就会阻止一个电子跃迁到 $E<0$ 的态。在这个图景中，负能量海 (negative energy sea) 里的一个空穴 (hole)，即带电量为 $-|e|$，能量为 $-|E|$ 的电子的空缺，就等价于带电量为 $+|e|$，能量为 $|E|$ 的新粒子的出现，这个新粒子称为“正电子”(positron)，有时也称为反粒子 (antiparticle)。粒子与反粒子之间的对应关系称为电荷共轭 (charge conjugation)。电子的反粒子称为正电子。1932 年，安德森 (Anderson) 通过观察分析宇宙射线穿过带有铅板的威尔逊 (Wilson) 云室里的行为发现了正电子。

尽管空穴理论优美地解决了负能量态的问题，但它把对单个相对论性粒子的描述转成了多粒子系统，其中真空态包含无穷多的负电粒子。只有在量子场论框架中，才能对狄拉克方程有一个合理的处理，其中正电子被看成是一个粒子而非电子的空缺。

第5章　量子电动力学

场论发展的早期，最成功的理论当属量子电动力学 (quantum electrodynamics，QED)，它为在场论框架中研究高能物理现象树立了信心。之后场论的发展不仅证实了这个期望，而且量子电动力学中的局域对称性已逐步演变成一个强大的原理，使我们能够利用具有局域对称性的场论来描述强相互作用和弱相互作用。

下面讨论量子电动力学的一些简单但重要的特性。考虑具有如下形式的拉格朗日 (Lagrange) 量密度：

$$\mathcal{L} = \bar{\psi}(x)\gamma^{\mu}\left(\mathrm{i}\partial_{\mu} - eA_{\mu}\right)\psi(x) - m\bar{\psi}(x)\psi(x) - \frac{1}{4}F_{\mu\nu}F^{\mu\nu} \tag{5.1}$$

相应的运动方程为

$$\left(\mathrm{i}\gamma^{\mu}\partial_{\mu} - m\right)\psi(x) = eA_{\mu}\gamma^{\mu}\psi$$

$$\partial_{\nu}F^{\mu\nu} = e\bar{\psi}\gamma^{\mu}\psi$$

这些方程是非线性耦合方程组，很难求解，需求助于微扰论。

将拉格朗日量密度 (5.1) 写为

$$\mathcal{L} = \mathcal{L}_0 + \mathcal{L}_{\text{int}}$$

其中，

$$\mathcal{L}_0 = \bar{\psi}\left(\mathrm{i}\gamma^{\mu}\partial_{\mu} - m\right)\psi - \frac{1}{4}F_{\mu\nu}F^{\mu\nu}$$

$$\mathcal{L}_{\text{int}} = -e\bar{\psi}\gamma^{\mu}\psi A_{\mu}$$

这里 $\mathcal{L}_0$ 是自由场的拉格朗日量，$\mathcal{L}_{\text{int}}$ 是相互作用部分。利用产生算符 (creation operator) $d^{\dagger}$, $b^{\dagger}$, $a^{\dagger}$ 和相应的湮灭算符 (annihilation operator) d, b, a，对费米场 $\psi(x)$ 和矢量场 $\boldsymbol{A}(x)$ 按运动方程的平面波解 $\mathrm{e}^{\mathrm{i}p\cdot x}$ 进行展开，有

$$\psi(\boldsymbol{x},t) = \sum_{s}\int\frac{\mathrm{d}^3p}{\sqrt{2E_p(2\pi)^3}}\left[b(p,s)\,u(p,s)\,\mathrm{e}^{-\mathrm{i}p\cdot x} + d^{\dagger}(p,s)\,v(p,s)\,\mathrm{e}^{\mathrm{i}p\cdot x}\right]$$

$$\psi^{\dagger}(\boldsymbol{x},t) = \sum_{s}\int\frac{\mathrm{d}^3p}{\sqrt{2E_p(2\pi)^3}}\left[b^{\dagger}(p,s)\,u^{\dagger}(p,s)\,\mathrm{e}^{\mathrm{i}p\cdot x} + d(p,s)\,v^{\dagger}(p,s)\,\mathrm{e}^{-\mathrm{i}p\cdot x}\right]$$

$$A_i(\boldsymbol{x},t) = \int\frac{\mathrm{d}^3k}{\sqrt{2\omega(2\pi)^3}}\sum_{\lambda}\epsilon_i(\boldsymbol{k},\lambda)[a(k,\lambda)\mathrm{e}^{-\mathrm{i}k\cdot x} + a^{\dagger}(k,\lambda)\mathrm{e}^{\mathrm{i}k\cdot x}],\quad w = k_0 = |\boldsymbol{k}|$$

其中 $u(p,s)$, $v(p,s)(s=1,\ 2)$ 是动量空间中狄拉克方程的旋量解，$\epsilon_i(k,\lambda)(\lambda = 1,\ 2)$ 是光子的极化，在辐射规范 $\boldsymbol{\nabla}\cdot\boldsymbol{A} = 0$ 中，电磁场只有两个独立自由度，满足 $\boldsymbol{k}\cdot\boldsymbol{\epsilon}(k,\lambda) = 0$。

将它们代入 $\mathcal{L}_{\text{int}}$ 中会出现如下形式的项：

$$bb^{\dagger}a,\quad bb^{\dagger}a^{\dagger},\quad dd^{\dagger}a,\quad dd^{\dagger}a^{\dagger}$$

它们涉及三个粒子在一点的相互作用，包含电子或正电子与光子的相互作用。

我们可以用费恩曼 (Feynman) 图来描述这些基本相互作用。图 5.1 中的实线代表电子或正电子。利用此顶角 (vertex) 可以构造物理过程的费恩曼图。下面举例说明。

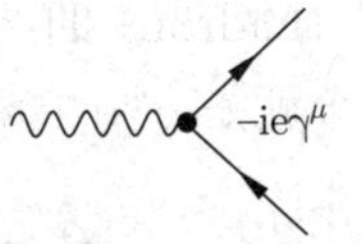

图 5.1　顶角图

5.1　e^+e^- 湮灭

5.1.1　$e^+\,e^- \longrightarrow \mu^+\,\mu^-$

电子与正电子碰撞后湮灭成一个虚光子 (virtual photon)，然后该虚光子转变成末态 $\mu^+\,\mu^-$，此过程的动量标记为

$$e^+\,(p') + e^-\,(p) \longrightarrow \mu^+\,(k') + \mu^-\,(k)$$

相应的费恩曼图见图 5.2。

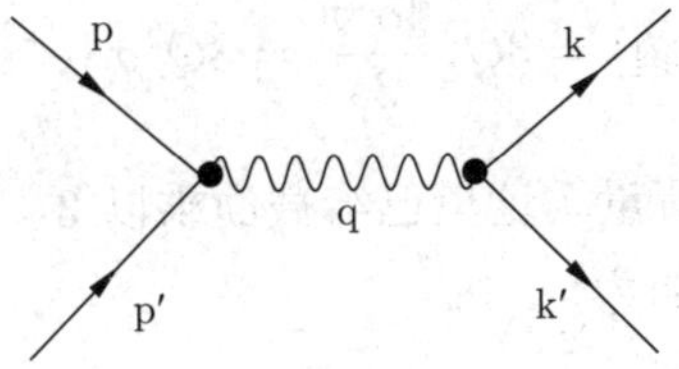

图 5.2　$e^+\,e^- \longrightarrow \mu^+\,\mu^-$ 的费恩曼图

略掉详细的计算过程，直接给出总截面为

$$\sigma\left(e^+e^- \longrightarrow \mu^+\mu^-\right) = \frac{\alpha^2\pi}{3E^2} \tag{5.2}$$

其中，E 是质心系中 e^+ 或 e^- 的能量，$\alpha = \dfrac{1}{137}$ 是精细结构常数。或者

$$\sigma\left(e^+e^- \longrightarrow \mu^+\mu^-\right) = \frac{4\alpha^2\pi}{3s},\quad s = (p_1 + p_2)^2 = 4E^2 \tag{5.3}$$

这个散射截面在测量 e^+e^- 碰撞的其他过程中常被用作参考单位。注意，这个散射截面会随着入射粒子能量的增大而减小，在极高能量时将会变得相当小。

在这个过程中，初态和末态的粒子都是轻子，它们不参与强相互作用，而且它们与光子的相互作用可以用量子电动力学很好地描述。因此，对此过程的实验测量可以检验量子电动力学的准确性。毫无疑问，理论计算与实验结果符合得相当好。

5.1.2 $e^+e^- \longrightarrow$ 强子

轻子 (如电子、μ 子) 与光子的相互作用在量子电动力学框架里已经被很好地理解，所以可以用来了解强子 (hadron) 的结构，强子因参与强相互作用而很难分析。此类反应中很重要的一个就是 e^+e^- 湮灭成强子，即

$$e^+e^- \longrightarrow \text{强子}$$

它将为我们提供有关强子结构的信息。这个过程看起来很复杂，因为末态可以包含多个强子，以致分析必定非常困难。但在某些特殊情况下，对所有可能的强子末态进行求和后，描述反而变得十分简单。正如后面将要讨论的，按照量子色动力学 (一种强相互作用理论)，这个过程先是产生 $q\bar{q}$，即

$$e^+e^- \longrightarrow q\bar{q}$$

然后 $q\bar{q}$ 再变成强子。光子与夸克的相互作用非常简单，因为光子只“识别”夸克的电荷。假设光子与 $q\bar{q}$ 和 $\mu^+\mu^-$ 之间的耦合差异仅源于不同的电荷，那么 $q\bar{q}$ 的截面可以写为

$$\sigma\left(e^+e^- \longrightarrow q\bar{q}\right) = 3Q_q^2\frac{4\alpha^2\pi}{3s} = 3Q_q^2\sigma\left(e^+e^- \longrightarrow \mu^+\mu^-\right) \tag{5.4}$$

其中，Q_q 是夸克 q 的电荷量。这里已给截面乘以 3，因为每个夸克都有 3 种颜色。于是，产生强子的截面为

$$R = \frac{\sigma\left(e^+e^- \longrightarrow \text{强子}\right)}{\sigma\left(e^+e^- \longrightarrow \mu^+\mu^-\right)} = 3\sum_i Q_i^2 \tag{5.5}$$

求和是对能量所允许的所有夸克进行的。这里我们将 $e^+e^- \longrightarrow$ 强子的截面用其与 $\sigma\left(e^+e^- \longrightarrow \mu^+\mu^-\right)$ 的截面之比表示出来，这样 R 就是一个与能量无关的数。若反应能量低于粲 (c) 夸克的能量，那么只需包括上 (u)、下 (d)、奇 (s) 夸克：

$$\frac{\sigma\left(e^+e^- \longrightarrow \text{强子}\right)}{\sigma\left(e^+e^- \longrightarrow \mu^+\mu^-\right)} = 3\left[\left(\frac{2}{3}\right)^2 + \left(\frac{1}{3}\right)^2 + \left(\frac{1}{3}\right)^2\right] = 2 \tag{5.6}$$

这与实验数据符合较好，如图 5.3 所示。

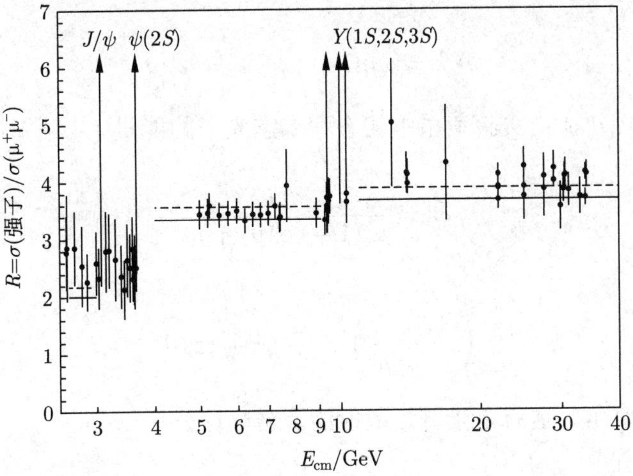

图 5.3 $e^+e^- \longrightarrow$ 强子的散射截面与 $e^+e^- \longrightarrow \mu^+\mu^-$ 的散射截面之比

5.2 康普顿散射

在量子力学早期建立电磁波的粒子观的过程中，康普顿散射是最重要的支持之一。假定光子携带能量和动量，那么利用能量和动量守恒，可以计算出光子被电子散射后的频率移动 (frequency shift)。实验上观察到频移，从而确定了光子的粒子性。

γ 和 e 的动量标记如下：

$$\gamma(k) + \mathrm{e}(p) \longrightarrow \gamma(k') + \mathrm{e}(p')$$

考虑微扰中对 e 的最低阶，则有两个费恩曼图 (图 5.4) 对此散射有贡献。
其振幅为

$$M(\gamma\mathrm{e} \to \gamma\mathrm{e}) = \bar{u}(p')(-\mathrm{i}e\gamma^\mu)\varepsilon'_\mu(k')\frac{\mathrm{i}}{\not{p} + \not{k} - m}(-\mathrm{i}e\gamma^\nu)\varepsilon_\nu(k)u(p) +$$
$$\bar{u}(p')(-\mathrm{i}e\gamma^\mu)\varepsilon_\mu(k)\frac{\mathrm{i}}{\not{p} - \not{k}' - m}(-\mathrm{i}e\gamma^\nu)\varepsilon'_\nu(k')u(p)$$

对电子和光子的自旋求和是直接但冗长的，结果是

$$\frac{1}{2}\sum_{\text{自旋}}|M|^2 = 2e^4\left[\frac{p\cdot k'}{p\cdot k} + \frac{p\cdot k}{p\cdot k'} + 2m^2\left(\frac{1}{p\cdot k} - \frac{1}{p\cdot k'}\right) + m^4\left(\frac{1}{p\cdot k} - \frac{1}{p\cdot k'}\right)^2\right]$$

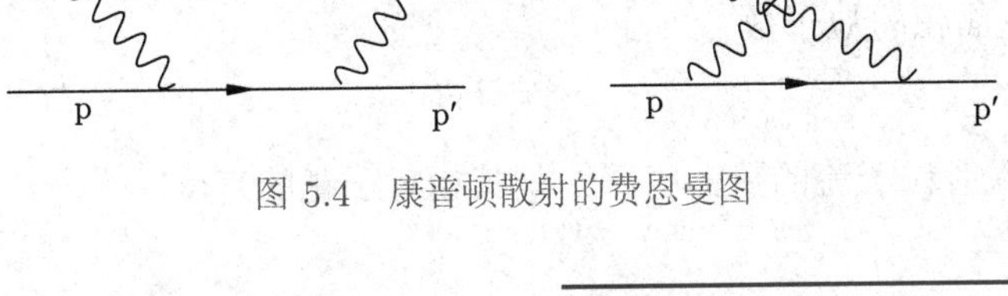

图 5.4 康普顿散射的费恩曼图

在实验室系中，有

$$p \cdot k = \omega m, \qquad p \cdot k' = \omega' m$$

其中，ω 和 ω' 分别是实验室系中初态和末态光子的能量 (或频率)，它们之间的关系是

$$\omega' = \frac{m\omega}{\omega(1-\cos\theta)+m} \tag{5.7}$$

或写成

$$\left(\frac{1}{\omega'}-\frac{1}{\omega}\right) = \frac{1}{m}(1-\cos\theta) \tag{5.8}$$

其中，θ 是散射角。这就是康普顿散射的著名频移公式。

微分截面是

$$\frac{\mathrm{d}\sigma}{\mathrm{d}\Omega} = \frac{\alpha^2}{2m^2}\left(\frac{\omega'}{\omega}\right)^2\left(\frac{\omega'}{\omega}+\frac{\omega}{\omega'}-\sin^2\theta\right) \tag{5.9}$$

这是克莱因-仁科 (Klein-Nishima) 关系。在 $\omega \to 0$ 的低能极限下，有 $\dfrac{\omega}{\omega'} \to 1$，由此可得经典汤姆孙散射的微分截面：

$$\frac{\mathrm{d}\sigma}{\mathrm{d}\Omega} = \frac{\alpha^2}{2m^2}(1+\cos^2\theta) \tag{5.10}$$

总截面为

$$\sigma_{总} = \frac{8\pi\alpha^2}{3m^2} \tag{5.11}$$

注意，α/m 就是经典电子半径。这个简单公式可以用来确定精细结构常数 α 的数值。

在高能极限时，有

$$\sigma = \frac{\pi\alpha^2}{\omega m}\left[\ln\frac{2\omega}{m}+\frac{1}{2}+\mathrm{O}\left(\frac{m}{\omega}\ln\frac{m}{\omega}\right)\right] \tag{5.12}$$

5.3 散射截面

散射实验和测量散射截面是高能物理实验中经常用到的手段。在一个典型实验中，将一束粒子流轰击到一个靶上，然后探测末态中不同粒子的产生概率。显然，这个概率正比于：

(1) N——被轰击的靶粒子数；

(2) J——入射粒子流密度，即单位时间通过垂直于入射粒子流方向且相对于靶静止的单位面积的粒子数

$$J = n_b v_{\mathrm{i}} \tag{5.13}$$

式中，n_b 是入射粒子流的数密度，v_{i} 是其相对于靶的速度。

因此，一个特定反应 r 在特定实验中发生的概率 W_r 为

$$W_r = JN\sigma_r \tag{5.14}$$

式中，σ_r 是比例常数，称为反应 r 的散射截面，简称截面。如果入射粒子束的横截面积为 S，那么它的总强度是

$$I = JS \tag{5.15}$$

式 (5.14) 可以写成

$$W_r = N\sigma_r I/S = I\sigma_r n_t t \tag{5.16}$$

其中，n_t 是靶的粒子数密度，t 是靶的厚度。如果靶由质量为 M_{A}(原子质量单位)的成分组成，那么

$$n_t = \frac{\rho N_{\mathrm{A}}}{M_{\mathrm{A}}} \tag{5.17}$$

其中，ρ 是靶密度，N_{A} 是阿伏伽德罗 (Avogadro) 常量。于是有

$$W_r = I\sigma_r\,(\rho t)\,\frac{N_{\mathrm{A}}}{M_{\mathrm{A}}} \tag{5.18}$$

其中，ρt 表征靶中物质的多少，单位为质量/面积。这里

$$L \equiv JN \tag{5.19}$$

称为照度 (luminosity)。

微分截面 $\dfrac{\mathrm{d}\sigma\,(\theta,\phi)}{\mathrm{d}\Omega}$ 定义为

$$\mathrm{d}W_r \equiv JN\frac{\mathrm{d}\sigma\,(\theta,\phi)}{\mathrm{d}\Omega}\mathrm{d}\Omega \tag{5.20}$$

其中，$\mathrm{d}W_r$ 是单位时间射入 (θ,ϕ) 方向上的立体角 $\mathrm{d}\Omega = \mathrm{d}\,(\cos\theta)\,\mathrm{d}\phi$ (图 5.5) 内的粒子数。

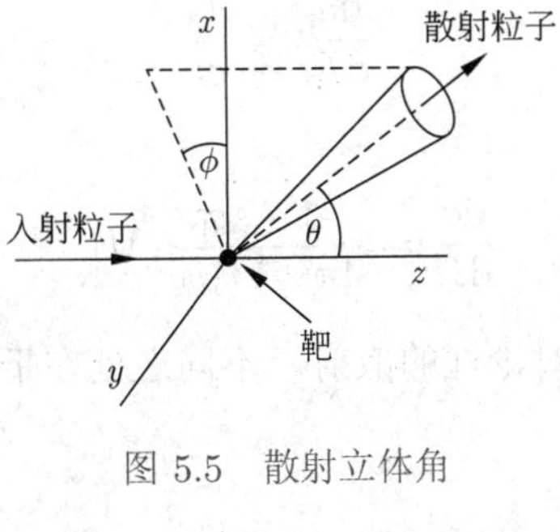

图 5.5　散射立体角

现在将 $\mathrm{d}W_r$ 与散射振幅 M 关联起来。考虑一个非相对论性的粒子在势 $V(r)$ 上的散射。为方便起见，只考虑一束入射粒子与靶体积 V 内的一个靶粒子的相互作用。入射粒子的流量是

$$J = n_b v_{\mathrm{i}} = \frac{v_{\mathrm{i}}}{V} \tag{5.21}$$

靶粒子的数量是 $N=1$，那么微分截面为

$$\mathrm{d}W_r = \frac{v_{\mathrm{i}}}{V}\frac{\mathrm{d}\sigma(\theta,\phi)}{\mathrm{d}\Omega}\mathrm{d}\Omega \tag{5.22}$$

在量子力学的微扰论中，跃迁概率在玻恩 (Born) 近似下为

$$\mathrm{d}W_r = \frac{2\pi}{\hbar}\left|\int \mathrm{d}^3 r \psi_{\mathrm{f}}^* V(\boldsymbol{r})\psi_{\mathrm{i}}\right|^2 \rho(E_{\mathrm{f}}) \tag{5.23}$$

其中，$\rho(E_{\mathrm{f}})$ 是末态密度

$$\psi_{\mathrm{i}} = \frac{1}{\sqrt{V}}\mathrm{e}^{\mathrm{i}\boldsymbol{p}_{\mathrm{i}}\cdot\boldsymbol{r}}, \quad \psi_{\mathrm{f}} = \frac{1}{\sqrt{V}}\mathrm{e}^{\mathrm{i}\boldsymbol{p}_{\mathrm{f}}\cdot\boldsymbol{r}} \tag{5.24}$$

于是，微分截面可以写为

$$\mathrm{d}W_r = \frac{2\pi}{\hbar V^2}|M|^2\rho(E_{\mathrm{f}}) \tag{5.25}$$

其中，

$$M = \int \mathrm{d}^3 r\, \psi_{\mathrm{f}}^* V(\boldsymbol{r})\psi_{\mathrm{i}} = \int \mathrm{d}^3 r\, V(\boldsymbol{r})\exp(\mathrm{i}\boldsymbol{q}\cdot\boldsymbol{r}) \tag{5.26}$$

$\boldsymbol{q}$ 是初态与末态的动量差，末态密度 $\rho(E_{\mathrm{f}})$ 是能量在 E_{f} 和 $E_{\mathrm{f}}+\mathrm{d}E_{\mathrm{f}}$ 间所有可能末态的数目，它由下式给出

$$\rho(E_{\mathrm{f}}) = \frac{V}{(2\pi\hbar)^3}q_{\mathrm{f}}^2\frac{\mathrm{d}q_{\mathrm{f}}}{\mathrm{d}E_{\mathrm{f}}}\mathrm{d}\Omega \tag{5.27}$$

对非相对论性粒子，有

$$\frac{\mathrm{d}q_{\mathrm{f}}}{\mathrm{d}E_{\mathrm{f}}} = \frac{1}{v_{\mathrm{f}}} \tag{5.28}$$

因此可得

$$\frac{\mathrm{d}\sigma}{\mathrm{d}\Omega} = \frac{1}{4\pi^2\hbar^4}\frac{q_{\mathrm{f}}^2}{v_{\mathrm{i}}v_{\mathrm{f}}}|M|^2 \tag{5.29}$$

相同的公式可以推广到相对论性的散射，不同之处在于矩阵元不再是势函数的傅里叶变换。

第6章　对称性和群论

6.1 群论

群论是研究对称性最为有效的数学工具。最简单且最有用的群是三维转动群 O(3) 和二维特殊幺正群 SU(2)。首先，我们简要介绍一下群论的基础知识和常用术语，然后讨论 O(3) 的表示及其与 SU(2) 的表示之间的联系。

6.1.1 群论简介

群 G 是一些元素 $\{a, b, c, \cdots\}$ 的集合，元素之间定义了乘法运算，并满足如下性质。

(1) 封闭性：如果 $a, b \in G$，那么 $c = ab \in G$；

(2) 结合律：$a(bc) = (ab)c$；

(3) 单位元：对任一元素 $a \in G$，存在 $e \in G$，使得 $a = ea = ae$；

(4) 逆元：对任一元素 $a \in G$，存在 $a^{-1} \in G$，使得 $aa^{-1} = e = a^{-1}a$。

物理学中经常用到的群有以下几种。

(1) 阿贝尔群 (Abel group)：乘法可交换的群，即对任意两元素 $a, b \in G$，有 $ab = ba$。例如，n 阶循环群 $Z_n = \{a, a^2, a^3, \cdots, a^n = e\}$。

(2) 正交群 (orthogonal group)：全体 $n \times n$ 正交矩阵的集合，即 $RR^{\mathrm{T}} = R^{\mathrm{T}}R = 1$，其中，$R$ 是 $n \times n$ 矩阵，上标 T 代表转置。例如，二维转动群 O(2) 的元素为

$$R(\theta) = \begin{pmatrix} \cos\theta & -\sin\theta \\ \sin\theta & \cos\theta \end{pmatrix} \tag{6.1}$$

其中，θ 是转角。

(3) 幺正群 (unitary group)：全体 $n \times n$ 幺正矩阵的集合，即 $UU^\dagger = U^\dagger U = 1$，其中，$U$ 是 $n \times n$ 矩阵，† 代表厄米共轭 (Hermite conjugation)。

1. 直积群

将小的群直积起来以构造较大的群，称为直积群 (direct product group)。设有两个群，$G = \{\cdots, g_i, \cdots\}$ 和 $H = \{\cdots, h_\alpha, \cdots\}$，若 G 中的全部元素与 H 的全部元素对易，即 $g_i h_\alpha = h_\alpha g_i$，那么可以通过 $G \times H = \{\cdots, g_i h_\alpha, \cdots\}$ 定义一个直积群，其群元素满足乘法关系：

$$(g_i h_\alpha)(g_j h_\beta) = (g_i g_j)(h_\alpha h_\beta) \tag{6.2}$$

2. 群表示

在物理应用中，群表示是描述物理系统的对称性最重要的概念之一。考虑一个群 $G = \{\cdots, g_i, \cdots\}$, 若对任一群元素 g_i，都存在一个 $n \times n$ 矩阵 $D(g_i)$ 与之对应，并且它也满足群的乘法，即

$$D(g_i)D(g_j) = D(g_ig_j), \quad \forall g_i, g_j \in G \tag{6.3}$$

那么 $D(G) = \{\cdots, D(g_i), \cdots\}$ 称为群 G 的一个 n 维表示 (representation)，称 $g_i \longrightarrow D(g_i)$ 为同态映射 (homomorphism)。若存在一个同阶的非奇异矩阵 M，使得这个表示中的所有矩阵都可以对角块化：

$$MD(g)M^{-1} = \begin{pmatrix} D_1(g) & 0 & 0 \\ 0 & D_2(g) & 0 \\ 0 & 0 & \ddots \end{pmatrix}, \quad \forall g \in G \tag{6.4}$$

那么称 $D(G)$ 为可约表示 (reducible representation)。若一个表示是不可对角块化的，则称它为不可约表示 (irreducible representation)。

3. 连续群

由一组连续变化的实参数刻画的群。

例如，二维转动群的群元素 $R(\theta)$ 用一个实参数 ——转角 θ 来描述，且满足

$$R(\theta_1)R(\theta_2) = R(\theta_1 + \theta_2) \tag{6.5}$$

这是一个阿贝尔群，它的所有不可约表示都是一维的，即

$$R(\theta) = \mathrm{e}^{in\theta}, \quad n = 0, \pm1, \pm2, \cdots \tag{6.6}$$

n 的每个取值都对应一个不可约表示。

该群的另一个较常用的二维表示是 2×2 的转动矩阵式 (6.1)，容易验证它也满足乘法关系式 (6.5)。进一步可以证明 $R(\theta)$ 能被对角化：

$$S^{-1}\begin{pmatrix} \cos\theta & -\sin\theta \\ \sin\theta & \cos\theta \end{pmatrix} S = \begin{pmatrix} \mathrm{e}^{\mathrm{i}\theta} & 0 \\ 0 & \mathrm{e}^{-\mathrm{i}\theta} \end{pmatrix}$$

其中，

$$S = \frac{1}{\sqrt{2}}\begin{pmatrix} 1 & 1 \\ -\mathrm{i} & \mathrm{i} \end{pmatrix}$$

它是由 $R(\theta)$ 的本征矢量组成的。这个二维表示 $R(\theta)$ 是可约的，因为它是两个一维不可约表示 (即 $\mathrm{e}^{\mathrm{i}\theta}$ 和 $\mathrm{e}^{-\mathrm{i}\theta}$) 的直和。

6.1.2 SU(2) 群

全体行列式为 1 的 2×2 幺正矩阵的集合构成 SU(2) 群。

$n\times n$ 幺正矩阵 U 一般可以写成

$$U=\mathrm{e}^{\mathrm{i}H} \tag{6.7}$$

其中，H 是一个 $n\times n$ 厄米矩阵。利用公式

$$\det U=\mathrm{e}^{\mathrm{i}\,\mathrm{tr}H} \tag{6.8}$$

$\det U=1$ 要求

$$\mathrm{tr}H=0 \tag{6.9}$$

所以，幺正矩阵可以用零迹厄米矩阵来表示。

三个泡利矩阵为

$$\sigma_1=\begin{pmatrix}0&1\\1&0\end{pmatrix},\quad \sigma_2=\begin{pmatrix}0&-\mathrm{i}\\\mathrm{i}&0\end{pmatrix},\quad \sigma_3=\begin{pmatrix}1&0\\0&-1\end{pmatrix} \tag{6.10}$$

它们构成 2×2 零迹厄米矩阵的完备集，因此可以用于描述 SU(2) 矩阵。

定义 $J_i=\dfrac{1}{2}\sigma_i$，直接计算对易子可得

$$[J_1,\,J_2]=\mathrm{i}J_3,\quad [J_2,\,J_3]=\mathrm{i}J_1,\quad [J_3,\,J_1]=\mathrm{i}J_2 \tag{6.11}$$

这就是 SU(2) 群的李代数。它与量子力学中角动量算符有完全相同的对易关系。

1. SU(2) 代数的不可约表示

现在研究 SU(2) 代数的表示，即找到一个满足式 (6.11) 的矩阵集合。定义总角动量算符的平方为

$$\boldsymbol{J}^2=J_1^2+J_2^2+J_2^3 \tag{6.12}$$

容易证明

$$[\boldsymbol{J}^2,\,J_i]=0,\quad i=1,2,3 \tag{6.13}$$

即 $\boldsymbol{J}^2$ 与 SU(2) 代数的全部生成元对易，称为 SU(2) 的开西米尔 (Casimir) 算符。

定义

$$J_\pm=J_1\pm \mathrm{i}J_2 \tag{6.14}$$

那么，对易关系式 (6.11) 变为

$$[J_3,\,J_\pm]=\pm J_\pm,\quad [J_+,\,J_-]=2J_3 \tag{6.15}$$

开西米尔算符可以写为

$$\boldsymbol{J}^2=\frac{1}{2}(J_+J_-+J_-J_+)+J_3^2 \tag{6.16}$$

因为 $\boldsymbol{J}^2$ 与 J_3 对易，即 $[\boldsymbol{J}^2, J_3]=0$，因此它们有共同的本征态 $|\lambda,m\rangle$，其中，λ, m 分别是 $\boldsymbol{J}^2$ 和 J_3 的本征值，即分别满足

$$\boldsymbol{J}^2|\lambda,m\rangle=\lambda|\lambda,m\rangle,\quad J_3|\lambda,m\rangle=m|\lambda,m\rangle \tag{6.17}$$

把式 (6.15) 中的第一个对易子作用到 $|\lambda,m\rangle$ 上，可得

$$(J_3J_\pm-J_\pm J_3)|\lambda,m\rangle=\pm J_\pm|\lambda,m\rangle \tag{6.18}$$

整理后为

$$J_3(J_\pm|\lambda,m\rangle)=(m\pm1)(J_\pm|\lambda,m\rangle) \tag{6.19}$$

即 $J_\pm|\lambda,m\rangle$ 也是 J_3 的属于本征值 $m\pm1$ 的本征态，即

$$J_\pm|j,m\rangle\sim|j,m\pm1\rangle$$

此式表明：J_+ 使本征值 m 增加 1，故称为升算符 (raising operator)；J_- 使本征值 m 减小 1，称为降算符 (lowering operator)。将“$\sim$”换成“$=$”，则上式可以写成

$$J_\pm|j,m\rangle=C_\pm(j,m)|j,m\pm1\rangle \tag{6.20}$$

其中，$C_\pm(j,m)$ 由归一化条件决定。由于

$$\boldsymbol{J}^2\geqslant J_3^2 \tag{6.21}$$

在本征态 $|\lambda,m\rangle$ 上，式 (6.21) 给出

$$\lambda-m^2\geqslant0 \tag{6.22}$$

这说明 m 有最大值和最小值。令 j 是 m 的最大值，则有

$$J_+|\lambda,j\rangle=0 \tag{6.23}$$

用 J_- 从左边作用到式 (6.23) 两边，并利用式 (6.16)，可得

$$0=J_-J_+|\lambda,j\rangle=(\boldsymbol{J}^2-J_3^2-J_3)|\lambda,j\rangle=(\lambda-j^2-j)|\lambda,j\rangle \tag{6.24}$$

由此给出

$$\lambda=j(j+1) \tag{6.25}$$

类似地，令 j' 是 m 的最小值，则有

$$J_-|\lambda,j'\rangle=0 \tag{6.26}$$

以及

$$\lambda = j'(j'-1) \tag{6.27}$$

联立式 (6.25) 和式 (6.27)，可得如下方程：

$$j(j+1) = j'(j'-1) \tag{6.28}$$

它的两个解为

$$j' = -j, \quad j' = j+1 \tag{6.29}$$

由于第二个解与 j 是 m 的最大值的假设相矛盾，所以只取第一个解。这样，有

$$j - j' = 2j = 整数 \tag{6.30}$$

因此 j 必须是整数或半整数。下面用 j, m 来标记态。

本征态 $|j,m\rangle$ 的正交归一化为

$$\langle j,m|j,m'\rangle = \delta_{mm'} \tag{6.31}$$

计算 J_-J_+ 在 $|j,m\rangle$ 下的期望值，利用式 (6.20)，可得

$$\langle j,m|J_-J_+|j,m\rangle = |C_+(j,m)|^2 \tag{6.32}$$

又因为

$$\langle j,m|J_-J_+|j,m\rangle = \langle j,m|(\boldsymbol{J}^2 - J_3^2 - J_3)|j,m\rangle = j(j+1) - m^2 - m \tag{6.33}$$

联立式 (6.32) 和式 (6.33)，直接给出

$$C_+(j,m) = \sqrt{(j-m)(j+m+1)} \tag{6.34}$$

类似地，有

$$C_-(j,m) = \sqrt{(j+m)(j-m+1)} \tag{6.35}$$

注意，在式 (6.34) 和式 (6.35) 中，开根号时已取正号。

所以，在这个不可约表示中，本征态 $|j,m\rangle$ 有如下性质：

$$\begin{cases} J_3|j,m\rangle = m|j,m\rangle \\ J_\pm|j,m\rangle = \sqrt{(j\mp m)(j\pm m+1)}|jm\pm 1\rangle \\ \boldsymbol{J}^2|j,m\rangle = j(j+1)|j,m\rangle \end{cases} \tag{6.36}$$

称 $|j,m\rangle$ $(m=-j, -j+1, \cdots, j)$ 为 SU(2) 群不可约表示的基。利用式 (6.36)可

以给出具体的表示矩阵，举例如下。

例 6.1　$j=\frac{1}{2}, m=\pm\frac{1}{2}$。

由式 (6.36) 直接计算可得

$$J_3\left|\frac{1}{2},\pm\frac{1}{2}\right\rangle=\pm\frac{1}{2}\left|\frac{1}{2},\pm\frac{1}{2}\right\rangle$$
$$J_+\left|\frac{1}{2},\frac{1}{2}\right\rangle=0,\quad J_+\left|\frac{1}{2},-\frac{1}{2}\right\rangle=\left|\frac{1}{2},\frac{1}{2}\right\rangle$$
$$J_-\left|\frac{1}{2},\frac{1}{2}\right\rangle=\left|\frac{1}{2},-\frac{1}{2}\right\rangle,\quad J_-\left|\frac{1}{2},-\frac{1}{2}\right\rangle=0$$

若将本征态写成列矩阵形式

$$\left|\frac{1}{2},\frac{1}{2}\right\rangle=\alpha=\begin{pmatrix}1\\0\end{pmatrix},\quad \left|\frac{1}{2},-\frac{1}{2}\right\rangle=\beta=\begin{pmatrix}0\\1\end{pmatrix} \tag{6.37}$$

那么三个生成元 J_i 的矩阵形式为

$$J_3=\frac{1}{2}\begin{pmatrix}1&0\\0&-1\end{pmatrix},\quad J_+=\begin{pmatrix}0&1\\0&0\end{pmatrix},\quad J_-=\begin{pmatrix}0&0\\1&0\end{pmatrix}$$

$$J_1=\frac{1}{2}(J_++J_-)=\frac{1}{2}\begin{pmatrix}0&1\\1&0\end{pmatrix},\quad J_2=\frac{1}{2\mathrm{i}}(J_+-J_-)=\frac{1}{2}\begin{pmatrix}0&-\mathrm{i}\\\mathrm{i}&0\end{pmatrix}$$

略去因子 1/2，它们正是泡利矩阵。

例 6.2　$j=1, m=-1,0,1$。

令

$$|1,1\rangle=\begin{pmatrix}1\\0\\0\end{pmatrix},\quad |1,0\rangle=\begin{pmatrix}0\\1\\0\end{pmatrix},\quad |1,-1\rangle=\begin{pmatrix}0\\0\\1\end{pmatrix}$$

那么由

$$J_3\,|1,\pm1\rangle=\pm\,|1,\pm1\rangle,\quad J_3\,|1,0\rangle=0$$

可得 J_3 的矩阵

$$J_3=\begin{pmatrix}1&0&0\\0&0&0\\0&0&-1\end{pmatrix}$$

从

$$J_+\,|1,1\rangle=0,\quad J_+\,|1,0\rangle=\sqrt{2}\,|1,1\rangle,\quad J_+\,|1,-1\rangle=\sqrt{2}\,|1,0\rangle$$

可得 J_+ 的矩阵

$$J_+ = \begin{pmatrix} 0 & \sqrt{2} & 0 \\ 0 & 0 & \sqrt{2} \\ 0 & 0 & 0 \end{pmatrix}$$

同理，可得 J_- 的矩阵

$$J_- = \begin{pmatrix} 0 & 0 & 0 \\ \sqrt{2} & 0 & 0 \\ 0 & \sqrt{2} & 0 \end{pmatrix} = (J_+)^\dagger$$

换成笛卡儿分量，有

$$J_x = \frac{1}{2}(J_+ + J_-) = \frac{1}{\sqrt{2}}\begin{pmatrix} 0 & 1 & 0 \\ 1 & 0 & 1 \\ 0 & 1 & 0 \end{pmatrix}$$

$$J_y = \frac{1}{2\mathrm{i}}(J_+ - J_-) = \frac{1}{\sqrt{2}}\begin{pmatrix} 0 & -\mathrm{i} & 0 \\ \mathrm{i} & 0 & -\mathrm{i} \\ 0 & \mathrm{i} & 0 \end{pmatrix}$$

若 j 是整数，则可将生成元写成微分形式，它们就是我们所熟悉的角动量算符的定义 $\boldsymbol{J} = \boldsymbol{r} \times \boldsymbol{p}$，即

$$\begin{aligned} J_1 &= -\mathrm{i}\left(x_2\frac{\partial}{\partial x_3} - x_3\frac{\partial}{\partial x_2}\right) \\ J_2 &= -\mathrm{i}\left(x_3\frac{\partial}{\partial x_1} - x_1\frac{\partial}{\partial x_3}\right) \\ J_3 &= -\mathrm{i}\left(x_1\frac{\partial}{\partial x_2} - x_2\frac{\partial}{\partial x_1}\right) \end{aligned} \tag{6.38}$$

将 J_3 作用到坐标 x_1, x_2, x_3 上，可得

$$J_3x_1 = \mathrm{i}x_2, \quad J_3x_2 = -\mathrm{i}x_1, \quad J_3x_3 = 0 \tag{6.39}$$

于是有

$$J_3(x_1 + \mathrm{i}x_2) = (x_1 + \mathrm{i}x_2), \quad J_3(x_1 - \mathrm{i}x_2) = -(x_1 - \mathrm{i}x_2) \tag{6.40}$$

类似地，有

$$J_1(x_1 + \mathrm{i}x_2) = -x_3, \quad J_1(x_1 - \mathrm{i}x_2) = x_3 \tag{6.41}$$

与前面已得到的 J_1, J_2, J_3 的表示矩阵对比可知，标准表示的基是

$$x_+ = -\frac{1}{\sqrt{2}}(x_1 + \mathrm{i}x_2), \quad x_3, \quad x_- = \frac{1}{\sqrt{2}}(x_1 - \mathrm{i}x_2) \tag{6.42}$$

总结：

(1) 生成元中只有 J_3 是对角化的，所以 SU(2) 是秩为 1 的群；

(2) 不可约表示用 j 来标记，表示的维数是 $2j+1$；

(3) 荷载不可约表示的基是 $|j,m\rangle$ $(m = j, j-1, \cdots, -j)$，表示矩阵为

$$\begin{cases} J_3|j,m\rangle = m|j,m\rangle \\ J_\pm|j,m\rangle = \sqrt{(j \mp m)(j \pm m + 1)}|j, m \pm 1\rangle \end{cases} \tag{6.43}$$

2. 直积表示

在 SU(2) 群的物理应用中，经常需要处理直积表示。例如，对自旋为 1/2 的双粒子系统，我们想知道两个单粒子波函数相乘后的总自旋 J，其结果是：$J=0$ 或 1。现在用群论来研究这个问题。第一个粒子的自旋向上的态和自旋向下的态分别记为 r_1 和 r_2。第二个粒子的自旋向上和向下的态分别记为 s_1 和 s_2。在 SU(2) 矩阵作用下，它们分别按照如下方式进行变换：

$$r'_i = U(\boldsymbol{\epsilon})_{ij} r_j, \quad s'_k = U(\boldsymbol{\epsilon})_{kl} s_l \tag{6.44}$$

式中，

$$U(\boldsymbol{\epsilon}) = \exp(\mathrm{i}\boldsymbol{\epsilon} \cdot \boldsymbol{J}), \quad \text{其中 } \boldsymbol{J} = \frac{\boldsymbol{\sigma}}{2} \tag{6.45}$$

那么乘积 $r_i s_k$ 的变换方式为

$$(r'_i s'_k) = U(\boldsymbol{\epsilon})_{ij} U(\boldsymbol{\epsilon})_{kl} (r_j s_l) = D(\boldsymbol{\epsilon})_{ik,jl} (r_j s_l) \tag{6.46}$$

其中，

$$D(\boldsymbol{\epsilon})_{ik,jl} = U(\boldsymbol{\epsilon})_{ij} U(\boldsymbol{\epsilon})_{kl} \tag{6.47}$$

一般来说，$D(\boldsymbol{\epsilon})$ 是可约的。为了了解它可以分解为哪些不可约表示，利用生成元是比较方便的，直接取 $\epsilon_i \ll 1$，式 (6.44) 中两个方程分别变成

$$r'_i \approx (1 + \mathrm{i}\boldsymbol{\epsilon} \cdot \boldsymbol{J})_{ij} r_j = \left(1 + \mathrm{i}\boldsymbol{\epsilon} \cdot \boldsymbol{J}^{(1)}\right)_{ij} r_j \tag{6.48}$$

$$s'_k \approx (1 + \mathrm{i}\boldsymbol{\epsilon} \cdot \boldsymbol{J})_{kl} s_l = \left(1 + \mathrm{i}\boldsymbol{\epsilon} \cdot \boldsymbol{J}^{(2)}\right)_{kl} s_l \tag{6.49}$$

其中，$\boldsymbol{J}^{(1)}$ 定义为仅作用于 r_i 但不影响 s_k，$\boldsymbol{J}^{(2)}$ 仅作用于 s_i 但不影响 r_k。定义总角动量算符为

$$\boldsymbol{J} = \boldsymbol{J}^{(1)} + \boldsymbol{J}^{(2)} \tag{6.50}$$

下面我们采用更熟悉的符号：令 α_i 和 β_i 分别代表第 i 个粒子的自旋向上的态和自旋向下的态。双粒子态有四种形式，分别是：$\alpha_1\alpha_2$, $\alpha_1\beta_2$, $\beta_1\alpha_2$ 和 $\beta_1\beta_2$。为了

得到总角动量，我们从 $\boldsymbol{J}_3$ 的本征值为最大值的态 $|\alpha_1\alpha_2\rangle$ 开始：

$$\boldsymbol{J}_3|\alpha_1\alpha_2\rangle = \boldsymbol{J}_3^{(1)}|\alpha_1\alpha_2\rangle + \boldsymbol{J}_3^{(2)}|\alpha_1\alpha_2\rangle = |\alpha_1\alpha_2\rangle \tag{6.51}$$

把

$$\boldsymbol{J}^2 = \left(\boldsymbol{J}^{(1)}\right)^2 + \left(\boldsymbol{J}^{(2)}\right)^2 + \left[\left(J_+^{(1)}J_-^{(2)} + J_-^{(1)}J_+^{(2)}\right) + 2J_3^{(1)}J_3^{(2)}\right] \tag{6.52}$$

作用在态 $|\alpha_1\alpha_2\rangle$ 上，利用式 (6.36) 和式 (6.37)，可得

$$\boldsymbol{J}^2|\alpha_1\alpha_2\rangle = 2|\alpha_1\alpha_2\rangle \tag{6.53}$$

式(6.51) 和式 (6.53) 说明态 $|\alpha_1\alpha_2\rangle$ 有 $J=1$ 和 $J_3=1$。它们也可以用来标记这个态，即

$$|1,1\rangle = |\alpha_1\alpha_2\rangle \tag{6.54}$$

利用降算符 $J_- = J_-^{(1)} + J_-^{(2)}$，能够得到属于 $J=1$ 不可约表示的其他态：

$$J_-|1,1\rangle = J_-|\alpha_1\alpha_2\rangle = \left(J_-^{(1)} + J_-^{(2)}\right)|\alpha_1\alpha_2\rangle = |\alpha_1\beta_2\rangle + |\beta_1\alpha_2\rangle$$

另外，式 (6.36) 直接给出

$$J_-|1,1\rangle = \sqrt{2}|1,0\rangle$$

联立上两式可得

$$|1,0\rangle = \frac{1}{\sqrt{2}}\left(|\alpha_1\beta_2\rangle + |\beta_1\alpha_2\rangle\right) \tag{6.55}$$

类似地，可以写出

$$|1,-1\rangle = |\beta_1\beta_2\rangle \tag{6.56}$$

它是 J_3 的本征值为最小值 (即 -1) 的态。

剩下的 $J=0$ 态可以通过其与态 $|1,0\rangle$(见式 (6.55)) 的正交关系来得到：

$$|0,0\rangle = \frac{1}{\sqrt{2}}\left(|\alpha_1\beta_2\rangle - |\beta_1\alpha_2\rangle\right) \tag{6.57}$$

总之，总角动量 $J=1$ 的态是三重的，且对交换 $1\leftrightarrow 2$ 是对称的；而 $J=0$ 是单态，且对交换 $1\leftrightarrow 2$ 是反对称的。

更一般地，直积态 $|j_1,m_1\rangle\times|j_2,m_2\rangle$ 可以组合成总角动量 $\boldsymbol{J}=\boldsymbol{J}^{(1)}+\boldsymbol{J}^{(2)}$ 的本征态 $|J,M\rangle$：

$$|J,M\rangle = \sum_{m_1,m_2}|j_1,m_1\rangle|j_2,m_2\rangle\langle j_1,m_1,j_2,m_2|J,M\rangle \tag{6.58}$$

展开系数 $\langle j_1,m_1,j_2,m_2|J,M\rangle$ 称为克莱布许-高登 (Clebsch-Gordon) 系数，简称

CG 系数。对上面的例子，可以从式 (6.54) 和式 (6.55) 直接读出

$$\left\langle \frac{1}{2},\frac{1}{2},\frac{1}{2},\frac{1}{2}\middle| 1,1\right\rangle = 1,\quad \left\langle \frac{1}{2},\frac{1}{2},\frac{1}{2},-\frac{1}{2}\middle| 1,0\right\rangle = \frac{1}{\sqrt{2}}$$

$$\left\langle \frac{1}{2},-\frac{1}{2},\frac{1}{2},\frac{1}{2}\middle| 1,0\right\rangle = \frac{1}{\sqrt{2}}$$

注意，J_3 的量子数是相加性的：

$$M = m_1 + m_2 \tag{6.59}$$

将直积表示分解为不可约表示的过程总结如下：

(1) 从 J_3 的本征值为最大值的直积态开始，它也是总角动量 $\boldsymbol{J}$ 的属于最大本征值的本征态；

(2) 利用降算符 $J_- = J_-^{(1)} + J_-^{(2)}$ 得到在同一个不可约表示中的其他态；

(3) 找到与 $|J_m, J_m - 1\rangle$ 正交的态，其中，J_m 是在直积态中 J 的最大值。这个正交态应该是 $|J_m - 1, J_m - 1\rangle$，这样，利用降算符可以从这个正交态得到 $J = J_m - 1$ 的其他态；

(4) 重复以上步骤，直到得到 $J = |j_1 - j_2|$ 的所有态为止。

6.1.3 三维转动群 O(3)

在经典力学和量子力学中，转动操作通过在空间坐标 (x, y, z) 上的线性算符来描述：

$$x_i \longrightarrow x_i' = R_{ij} x_j \tag{6.60}$$

其中，R 是正交矩阵，即满足 $RR^{\mathrm{T}} = R^{\mathrm{T}}R = 1$。例如，绕 z 轴按顺时针转 θ 角的转动操作是

$$R_z(\theta) = \begin{pmatrix} \cos\theta & \sin\theta & 0 \\ -\sin\theta & \cos\theta & 0 \\ 0 & 0 & 1 \end{pmatrix} \tag{6.61}$$

所有这些转动的集合构成了三维转动群 O(3)。为了研究 O(3) 群的结构，考虑无穷小转动，即将转动矩阵元写成

$$R_{ij} = \delta_{ij} + \epsilon_{ij}, \quad |\epsilon_{ij}| \ll 1 \tag{6.62}$$

其中，ϵ_{ij} 是无穷小参数。于是

$$x_i' = x_i + \epsilon_{ij} x_j \tag{6.63}$$

R 的正交性要求

$$\delta_{jk} = R_{ij}R_{ik} = (\delta_{ij} + \epsilon_{ij})(\delta_{ik} + \epsilon_{ik}) \quad \Longrightarrow \quad \epsilon_{jk} = -\epsilon_{kj} \tag{6.64}$$

即 ϵ_{ij} 是反对称的。例如，绕 z 轴的无穷小转动 $(\theta \ll 1)$

$$R_z(\theta) \longrightarrow \begin{pmatrix} 1 & \theta & 0 \\ -\theta & 1 & 0 \\ 0 & 0 & 1 \end{pmatrix} \quad \Longrightarrow \quad \epsilon_{12} = -\epsilon_{21} = \theta \tag{6.65}$$

则有

$$x_1' = x_1 + \theta x_2, \quad x_2' = x_2 - \theta x_1, \quad x_3' = x_3 \tag{6.66}$$

这里 $\epsilon_{12} = \theta$ 对应绕 z 轴的无穷小转动。类似地，ϵ_{23} 对应绕 x 轴的无穷小转动；ϵ_{31} 对应绕 y 轴的无穷小转动。

考虑任一函数 $f(x_i) = f(x_1, x_2, x_3)$ 在无穷小转动 $R_z(\theta)$ 下的变化

$$f(x_i) \to f(x_i') \approx f(x_i) - \theta\left(x_1\frac{\partial}{\partial x_2} - x_2\frac{\partial}{\partial x_1}\right)f(x_i) + \cdots \tag{6.67}$$

引入算符 L_3 来表示这个变化

$$f(x_i') = f(x_i) - \mathrm{i}\theta L_3 f(x_i) + \cdots \tag{6.68}$$

那么

$$L_3 = -\mathrm{i}\left(x_1\frac{\partial}{\partial x_2} - x_2\frac{\partial}{\partial x_1}\right) \tag{6.69}$$

对于绕其他轴的转动，同样有

$$L_1 = -\mathrm{i}\left(x_2\frac{\partial}{\partial x_3} - x_3\frac{\partial}{\partial x_2}\right), \quad L_2 = -\mathrm{i}\left(x_3\frac{\partial}{\partial x_1} - x_1\frac{\partial}{\partial x_3}\right) \tag{6.70}$$

实际上，L_i 就是式 (6.38) 给出的算符。显然，L_i 使坐标的平方和 $x_1^2 + x_2^2 + x_3^2$ 保持不变。

利用式 (6.69) 和式 (6.70)，容易证明算符 L_i 满足

$$[L_i, L_j] = \mathrm{i}\varepsilon_{ijk}L_k \tag{6.71}$$

其中，ε_{ijk} 是三维莱维-齐维塔符号。对易关系式 (6.71) 与式 (6.11) 给出的 SU(2) 代数的对易关系相同。

SU(2) 群和 O(3) 群的联系

尽管转动群 O(3) 和幺正群 SU(2) 是两个不同的群，但它们的代数结构是相同的。现在讨论二者间的联系。

SU(2) 群的生成元是泡利矩阵 (6.10)。令 $\boldsymbol{r}=(x,y,z)$ 是三维欧几里得空间 R_3 中的任一矢量。利用泡利矩阵构造一个 2×2 矩阵：

$$h=\boldsymbol{\sigma}\cdot\boldsymbol{r}=\begin{pmatrix} z & x-\mathrm{i}y \\ x+\mathrm{i}y & -z \end{pmatrix} \tag{6.72}$$

它有如下性质：

(1) $h^\dagger=h$;

(2) $\mathrm{tr}\,h=0$;

(3) $\det h=-(x^2+y^2+z^2)$。

令 U 是一个 2×2 幺正矩阵，且 $\det U=1$，考虑变换

$$h\to h'=UhU^\dagger \tag{6.73}$$

容易证明新矩阵 h' 与 h 有相同的性质，即

(1) $h'^\dagger=h'$;

(2) $\mathrm{tr}\,h'=0$;

(3) $\det h'=\det h$。

性质 (1) 和性质 (2) 意味着 h' 也可以用泡利矩阵展开，即

$$h'=\boldsymbol{r}'\cdot\boldsymbol{\sigma}=\begin{pmatrix} z' & x'-\mathrm{i}y' \\ x'+\mathrm{i}y' & -z' \end{pmatrix} \tag{6.74}$$

其中，$\boldsymbol{r}'=(x',y',z')$ 是展开系数。再由性质 (3) 可知

$$x'^2+y'^2+z'^2=x^2+y^2+z^2 \tag{6.75}$$

因此 $\boldsymbol{r}$ 和 $\boldsymbol{r}'$ 之间的关系实际上就是一个转动。这意味着任一 2×2 幺正矩阵 U 都能诱导出 R_3 中的一个转动。这样就建立了 SU(2) 和 O(3) 之间的对应关系。又因为 U 和 $-U$ 给出同一转动，所以，这种对应关系是二对一的同态映射。

例 6.3 U 是对角矩阵。

取 U 的形式为

$$U=\begin{pmatrix} \mathrm{e}^{\mathrm{i}\alpha/2} & 0 \\ 0 & \mathrm{e}^{-\mathrm{i}\alpha/2} \end{pmatrix}$$

由矩阵 h 可得 h' 的矩阵形式为

$$\begin{aligned} h'=UhU^\dagger &=\begin{pmatrix} \mathrm{e}^{\mathrm{i}\alpha/2} & 0 \\ 0 & \mathrm{e}^{-\mathrm{i}\alpha/2} \end{pmatrix}\begin{pmatrix} z & x-\mathrm{i}y \\ x+\mathrm{i}y & -z \end{pmatrix}\begin{pmatrix} \mathrm{e}^{-\mathrm{i}\alpha/2} & 0 \\ 0 & \mathrm{e}^{\mathrm{i}\alpha/2} \end{pmatrix} \\ &=\begin{pmatrix} z & (x-\mathrm{i}y)\,\mathrm{e}^{\mathrm{i}\alpha} \\ (x+\mathrm{i}y)\,\mathrm{e}^{-\mathrm{i}\alpha} & -z \end{pmatrix}=\begin{pmatrix} z' & x'-\mathrm{i}y' \\ x'+\mathrm{i}y' & -z' \end{pmatrix} \end{aligned}$$

因此新坐标 (x',y',z') 与旧坐标 (x,y,z) 之间的关系是

$$\begin{aligned}x' &= x\cos\alpha + y\sin\alpha \\ y' &= -x\sin\alpha + y\cos\alpha \\ z' &= z\end{aligned}$$

这显然是一个绕 z 轴按顺时针转 α 角的转动。

例 6.4 U 为实矩阵。

取

$$U = \begin{pmatrix} \cos(\beta/2) & -\sin(\beta/2) \\ \sin(\beta/2) & \cos(\beta/2) \end{pmatrix}$$

那么，h' 为

$$\begin{aligned}h' = UhU^\dagger &= \begin{pmatrix} z\cos\beta - x\sin\beta & x\cos\beta - \mathrm{i}y + z\sin\beta \\ \mathrm{i}y + x\cos\beta + z\sin\beta & x\sin\beta - z\cos\beta \end{pmatrix} \\ &= \begin{pmatrix} z' & x' - \mathrm{i}y' \\ x' + \mathrm{i}y' & -z' \end{pmatrix}\end{aligned}$$

新旧坐标之间的关系是

$$\begin{aligned}x' &= x\cos\beta + z\sin\beta \\ y' &= y \\ z' &= -x\sin\beta + z\cos\beta\end{aligned}$$

它是一个绕 y 轴转 β 角的转动。

6.1.4 转动群和量子力学

现在利用群论来研究量子力学中具有旋转对称性的问题。

R_3 中的转动是对坐标 $\boldsymbol{r} = (x,y,z) = (r_1,r_2,r_3)$ 的线性变换：

$$r_i \to r_i' = R_{ij}r_j, \quad RR^{\mathrm{T}} = R^{\mathrm{T}}R = 1 \tag{6.76}$$

考虑坐标的任一函数 $f(\boldsymbol{r}) = f(x,y,z)$。在转动 R 作用下，f 的变化是

$$f(r_i) \;\longrightarrow\; f(R_{ij}r_j) = f'(r_i) \tag{6.77}$$

若 $f = f'$，则称 f 在转动 R 下是不变的，例如，$f(\boldsymbol{r}) = f(r)$，其中，r 是位矢 $\boldsymbol{r}$

的长度，即 $r=\sqrt{x^2+y^2+z^2}$。

在量子力学中，通过作用到物理态 $|\psi\rangle$ 上的幺正算符 U 来实施对坐标的转动变换。它作用到态 $|\psi\rangle$ 和算符 O 上分别给出

$$|\psi\rangle \to |\psi'\rangle = U|\psi\rangle \tag{6.78}$$

$$O \to O' = UOU^\dagger \tag{6.79}$$

于是有

$$\langle\psi'|O'|\psi'\rangle = \langle\psi|O|\psi\rangle \tag{6.80}$$

这说明物理量 $\langle\psi|O|\psi\rangle$ 与坐标系的取向无关。

若 $O'=O$，则称 O 在转动 U 下是不变的。

$$O = UOU^\dagger \quad \Longrightarrow \quad UO = OU \text{ 或者 } [O, U] = 0 \tag{6.81}$$

即算符 O 的转动不变性意味着它与转动算符 U 对易。利用转动的无穷小生成元 $\boldsymbol{L}$，U 可以写成

$$U = \mathrm{e}^{-\mathrm{i}\theta \boldsymbol{n}\cdot\boldsymbol{L}} \tag{6.82}$$

其中，$\boldsymbol{n}$ 是转动的轴，θ 是绕轴的转角。由 $[O, U]=0$ 可得

$$[L_i, O] = 0, \quad i = 1,2,3 \tag{6.83}$$

若 O 是系统的哈密顿量 H，则有

$$[L_i, H] = 0 \tag{6.84}$$

令 $|\psi\rangle$ 是 H 的属于本征值 E 的本征态

$$H|\psi\rangle = E|\psi\rangle \tag{6.85}$$

那么 H 的转动不变性意味着

$$(L_iH - HL_i)|\psi\rangle = 0 \quad \Rightarrow \quad H(L_i|\psi\rangle) = E(L_i|\psi\rangle) \tag{6.86}$$

即 $L_i|\psi\rangle$ 也是 H 的属于本征值 E 的本征态，所以 $|\psi\rangle$ 与 $L_i|\psi\rangle$ 是简并的。例如，令 $|\psi\rangle = |l,m\rangle$ 是角动量的本征态，若 $|\psi\rangle$ 是 H 的本征态，那么 $L_\pm|j,m\rangle$ 也是 H 的本征态。这意味着对于给定的 l，由于哈密顿量的转动不变性，本征态的简并度为 $2l+1$。以氢原子为例，它的哈密顿量

$$H = -\frac{\hbar^2}{2m}\boldsymbol{\nabla}^2 - \frac{Ze^2}{4\pi\varepsilon_0 r} \tag{6.87}$$

在转动下是不变的，即

$$[L_i, H] = 0 \tag{6.88}$$

于是可知 $l=0$ (s 态) 是非简并的，$l=1$ (p 态) 的简并度为 $2l+1=3$, $l=2$ (d 态) 的简并度为 $2l+1=5, \cdots$。因此不可约表示的维数就是哈密顿量的本征态的简并度。简单来说，由于对称性，哈密顿量不能区分属于同一个不可约表示的不同本征态。

6.1.5 洛伦兹群

在推导狄拉克方程的过程中 (见 4.2 节)，我们并不清楚狄拉克所构造的 γ 矩阵的物理意义。实际上，它们与洛伦兹群的表示有关。

洛伦兹群是时空坐标的线性变换的集合：

$$x^\mu \to x'^\mu = \Lambda^\mu_\nu x^\nu \tag{6.89}$$

它使原时

$$\tau^2 = (x^0)^2 - (\boldsymbol{x})^2 = x^\mu x^\nu g_{\mu\nu} = x^2 \tag{6.90}$$

保持不变。这要求式 (6.89) 中的变换矩阵 Λ 满足赝正交关系 (3.25)。

1. 生成元

对于无穷小变换，有

$$\Lambda^\mu_\alpha = g^\mu_\alpha + \varepsilon^\mu_\alpha, \quad |\varepsilon^\mu_\alpha| \ll 1 \tag{6.91}$$

赝正交关系式 (3.25) 意味着：$\varepsilon^\mu_\alpha = -\varepsilon^\alpha_\mu$。

例如，对于 x 方向上的洛伦兹变换式 (3.23)，当 $v \ll 1$ 时，有

$$\Lambda^\mu_\nu \longrightarrow \begin{pmatrix} 1 & -\beta & 0 & 0 \\ \beta & 1 & 0 & 0 \\ 0 & 0 & 1 & 0 \\ 0 & 0 & 0 & 1 \end{pmatrix} \tag{6.92}$$

因此 $\varepsilon^1_0 = -\beta$ 对应于 x 方向上的无穷小洛伦兹变换。类似地，ε^2_0 和 ε^3_0 分别是 y 和 z 方向上的无穷小洛伦兹变换。

为了找到洛伦兹群的生成元，考虑关于 x^μ 的任一函数 $f(x^\mu)$。在无穷小洛伦兹变换下，f 的改变是

$$\begin{aligned} f(x^\mu) \to f(x'^\mu) = f(x^\mu + \varepsilon^\mu_\alpha x^\alpha) &= f(x^\mu) + \varepsilon_{\alpha\beta} x^\beta \partial^\alpha f(x) + \cdots \\ &= f(x^\mu) + \frac{1}{2}\varepsilon_{\alpha\beta}\left(x^\beta \partial^\alpha - x^\alpha \partial^\beta\right) f(x) + \cdots \end{aligned}$$

引入算符 $M_{\mu\nu}$ 来表示这个改变：

$$f(x') = f(x) - \frac{\mathrm{i}}{2}\varepsilon_{\alpha\beta}M^{\alpha\beta}f(x) + \cdots \tag{6.93}$$

其中，

$$M^{\alpha\beta} = -\mathrm{i}\left(x^\alpha\partial^\beta - x^\beta\partial^\alpha\right) \tag{6.94}$$

$M_{\mu\nu}$ 作用于坐标的函数上，称为洛伦兹群的生成元。对 $\alpha, \beta = 1, 2, 3$，有

$$\begin{cases} M^{12} = -\mathrm{i}\left(x^1\partial^2 - x^2\partial^1\right) \\ M^{23} = -\mathrm{i}\left(x^2\partial^3 - x^3\partial^2\right) \\ M^{31} = -\mathrm{i}\left(x^3\partial^1 - x^1\partial^3\right) \end{cases} \tag{6.95}$$

它们正是角动量算符。

利用式 (6.94) 给出的生成元，可以直接计算它们的对易子

$$[M_{\alpha\beta},\, M_{\gamma\delta}] = -\mathrm{i}\left(g_{\beta\gamma}M_{\alpha\delta} - g_{\alpha\gamma}M_{\beta\delta} - g_{\beta\delta}M_{\alpha\gamma} + g_{\alpha\delta}M_{\beta\gamma}\right) \tag{6.96}$$

定义

$$M_{ij} = \varepsilon_{ijk}J_k, \quad M_{0i} = K_i \tag{6.97}$$

其中，ε_{ijk} 是莱维-齐维塔符号，J_k 对应于通常的三维转动，K_i 是洛伦兹变换算符。由式 (6.97) 中的第一个方程可以反解出:

$$J_i = \frac{1}{2}\varepsilon_{ijk}M_{jk} \tag{6.98}$$

计算 J_i 的对易子:

$$\begin{aligned}
[J_i,\, J_j] &= \left(\frac{1}{2}\right)^2 \varepsilon_{ikl}\varepsilon_{jmn}[M_{kl},\, M_{mn}] \\
&= (-\mathrm{i})\left(\frac{1}{2}\right)^2 \varepsilon_{ikl}\varepsilon_{jmn}(g_{lm}M_{kn} - g_{km}M_{ln} - g_{ln}M_{km} + g_{kn}M_{lm}) \\
&= \left(\frac{1}{2}\right)^2 (-\mathrm{i})\left(-\varepsilon_{ikl}\varepsilon_{jln}M_{kn} + \varepsilon_{ikl}\varepsilon_{jkn}M_{ln} + \varepsilon_{ikl}\varepsilon_{jml}M_{km} - \varepsilon_{ikl}\varepsilon_{jmk}M_{lm}\right)
\end{aligned}$$

利用恒等式

$$\varepsilon_{abc}\varepsilon_{alm} = \delta_{bl}\delta_{cm} - \delta_{bm}\delta_{cl} \tag{6.99}$$

最后可得

$$[J_i,\, J_j] = \mathrm{i}\varepsilon_{ijk}J_k \tag{6.100}$$

所以 J_i 就是角动量算符。

同样可以导出

$$[K_i, K_j] = -\mathrm{i}\varepsilon_{ijk}J_k, \quad [J_i, K_j] = \mathrm{i}\varepsilon_{ijk}K_k \tag{6.101}$$

式 (6.100) 和式 (6.101) 称为洛伦兹代数。

为了简化洛伦兹代数，定义组合

$$A_i = \frac{1}{2}(J_i + \mathrm{i}K_i), \quad B_i = \frac{1}{2}(J_i - \mathrm{i}K_i) \tag{6.102}$$

容易推出它们满足如下对易关系：

$$[A_i, A_j] = \mathrm{i}\varepsilon_{ijk}A_k, \quad [B_i, B_j] = \mathrm{i}\varepsilon_{ijk}B_k, \quad [A_i, B_j] = 0 \tag{6.103}$$

这说明洛伦兹代数可以分解成两个独立的 SU(2) 代数，其一由 A_i 张成，其二由 B_i 张成。洛伦兹群的表示正是两个 SU(2) 代数表示的张量积。因此，可以用 (j_1, j_2) 来标记不可约表示。它在由 A_i 张成的代数作用下按 $2j_1+1$ 维表示变换和在由 B_i 张成的代数作用下按 $2j_2+1$ 维表示变换。

2. 简单表示

(1) (1/2, 0) 表示 χ_a。

这个二分量具有如下性质：

$$A_i\chi_a = \left(\frac{\sigma_i}{2}\right)_{ab}\chi_b \quad \Longrightarrow \quad \frac{1}{2}(J_i + \mathrm{i}K_i)\chi_a = \left(\frac{\sigma_i}{2}\right)_{ab}\chi_b \tag{6.104}$$

$$B_i\chi_a = 0 \quad \Longrightarrow \quad \frac{1}{2}(J_i - \mathrm{i}K_i)\chi_a = 0 \tag{6.105}$$

联立式 (6.104) 和式 (6.105) 可得

$$\boldsymbol{J}\chi = \left(\frac{\boldsymbol{\sigma}}{2}\right)\chi, \quad \boldsymbol{K}\chi = -\mathrm{i}\left(\frac{\boldsymbol{\sigma}}{2}\right)\chi \tag{6.106}$$

(2) (0, 1/2) 表示 η_a。

类似地，可以得到

$$A_i\eta_a = 0 \quad \Longrightarrow \quad \frac{1}{2}(J_i + \mathrm{i}K_i)\eta_a = 0 \tag{6.107}$$

$$B_i\eta_a = \left(\frac{\sigma_i}{2}\right)_{ab}\eta_b \quad \Longrightarrow \quad \frac{1}{2}(J_i - \mathrm{i}K_i)\eta_a = \left(\frac{\sigma_i}{2}\right)_{ab}\eta_b \tag{6.108}$$

从而有

$$\boldsymbol{J}\eta = \left(\frac{\boldsymbol{\sigma}}{2}\right)\eta, \quad \boldsymbol{K}\eta = \mathrm{i}\left(\frac{\boldsymbol{\sigma}}{2}\right)\eta \tag{6.109}$$

若将这两个表示放在一起来定义一个四分量的 ψ：

$$\psi = \begin{pmatrix} \chi \\ \eta \end{pmatrix} \tag{6.110}$$

那么洛伦兹生成元作用到它上面可得

$$\boldsymbol{J}\psi = \begin{pmatrix} \dfrac{\boldsymbol{\sigma}}{2} & 0 \\ 0 & \dfrac{\boldsymbol{\sigma}}{2} \end{pmatrix}\psi, \qquad \boldsymbol{K}\psi = \begin{pmatrix} -\mathrm{i}\dfrac{\boldsymbol{\sigma}}{2} & 0 \\ 0 & \mathrm{i}\dfrac{\boldsymbol{\sigma}}{2} \end{pmatrix}\psi \tag{6.111}$$

ψ 可以与之前研究过的四分量的狄拉克场联系起来，只是 γ 矩阵不同而已。下面将会看到。

考虑具有如下形式的狄拉克矩阵：

$$\gamma^\mu = \begin{pmatrix} 0 & \sigma^\mu \\ \bar{\sigma}^\mu & 0 \end{pmatrix}, \quad \sigma^\mu = (1, \boldsymbol{\sigma}), \quad \bar{\sigma}^\mu = (1, -\boldsymbol{\sigma}) \tag{6.112}$$

具体地有

$$\gamma^0 = \begin{pmatrix} 0 & 1 \\ 1 & 0 \end{pmatrix}, \quad \boldsymbol{\gamma} = \begin{pmatrix} 0 & \boldsymbol{\sigma} \\ -\boldsymbol{\sigma} & 0 \end{pmatrix} \tag{6.113}$$

直接计算可得

$$\gamma_5 = \mathrm{i}\gamma^0\gamma^1\gamma^2\gamma^3 = \begin{pmatrix} 1 & 0 \\ 0 & -1 \end{pmatrix} \tag{6.114}$$

通常我们把 γ_5 的本征值为 $+1$ 的态称为右手性，而本征值为 -1 的态称为左手性。所以在四分量场 $\psi = \begin{pmatrix} \chi \\ \eta \end{pmatrix}$ 中，χ 是右手性的，η 是左手性的。在这个表示中，很容易计算：

$$\sigma_{0i} = \mathrm{i}\gamma_0\gamma_i = \begin{pmatrix} -\mathrm{i}\sigma^i & 0 \\ 0 & \mathrm{i}\sigma^i \end{pmatrix} \tag{6.115}$$

$$\sigma_{ij} = \mathrm{i}\gamma_i\gamma_j = \varepsilon_{ijk}\begin{pmatrix} \sigma_k & 0 \\ 0 & \sigma_k \end{pmatrix} \tag{6.116}$$

狄拉克场在洛伦兹变换 (式 (4.86)) 下有

$$\psi'(x') = S\psi = \exp\left(-\frac{\mathrm{i}}{4}\sigma_{\mu\nu}\varepsilon^{\mu\nu}\right)\psi = \exp\left[-\frac{\mathrm{i}}{4}\left(2\sigma_{0i}\varepsilon^{0i} + \sigma_{ij}\varepsilon^{ij}\right)\right]\psi \tag{6.117}$$

令 $\varepsilon^{0i} = \beta^i$, $\varepsilon^{ij} = \varepsilon^{ijk}\theta^k$，则有

$$\sigma_{ij}\varepsilon^{ij} = \varepsilon^{ijk}\theta^k\varepsilon_{ijl}\begin{pmatrix} \sigma_l & 0 \\ 0 & \sigma_l \end{pmatrix} = 2\begin{pmatrix} \boldsymbol{\sigma}\cdot\boldsymbol{\theta} & 0 \\ 0 & \boldsymbol{\sigma}\cdot\boldsymbol{\theta} \end{pmatrix} \tag{6.118}$$

$$\sigma_{0i}\varepsilon^{0i} = \begin{pmatrix} -\mathrm{i}\boldsymbol{\sigma}\cdot\boldsymbol{\beta} & 0 \\ 0 & \mathrm{i}\boldsymbol{\sigma}\cdot\boldsymbol{\beta} \end{pmatrix} \tag{6.119}$$

将式 (6.118) 和式 (6.119) 代入式 (6.117) 给出

$$\psi'(x') = S\psi = \exp\left[-\frac{\mathrm{i}}{2}\begin{pmatrix} \boldsymbol{\sigma}\cdot\boldsymbol{\theta} - \mathrm{i}\boldsymbol{\sigma}\cdot\boldsymbol{\beta} & 0 \\ 0 & \boldsymbol{\sigma}\cdot\boldsymbol{\theta} + \mathrm{i}\boldsymbol{\sigma}\cdot\boldsymbol{\beta} \end{pmatrix}\right]\psi \tag{6.120}$$

如果将洛伦兹变换写成生成元的形式：

$$L = \exp(-\mathrm{i}M_{\mu\nu}\varepsilon^{\mu\nu}) \tag{6.121}$$

则有

$$L = \exp\left[-\mathrm{i}\left(\boldsymbol{J}\cdot\boldsymbol{\theta} + \boldsymbol{K}\cdot\boldsymbol{\beta}\right)\right] \tag{6.122}$$

从式 (6.120) 可以看到，对于 ψ，生成元 $\boldsymbol{J}$ 和 $\boldsymbol{K}$ 取下面的形式：

$$\boldsymbol{J} = \frac{1}{2}\begin{pmatrix} \boldsymbol{\sigma} & 0 \\ 0 & \boldsymbol{\sigma} \end{pmatrix}, \quad \boldsymbol{K} = \frac{1}{2}\begin{pmatrix} -\mathrm{i}\boldsymbol{\sigma} & 0 \\ 0 & \mathrm{i}\boldsymbol{\sigma} \end{pmatrix} \tag{6.123}$$

它们与式 (6.111) 一致。这说明满足狄拉克方程的波函数正是洛伦兹群下的表示 $(1/2, 0) \oplus (0, 1/2)$。更进一步，右手分量像 $(1/2, 0)$ 表示一样进行变换，左手分量像 $(0, 1/2)$ 表示一样进行变换。

另一种选择是用 ψ_{R} 和它的复共轭 ψ_{R}^*，而不用 ψ_{R} 和 ψ_{L}。由于

$$\boldsymbol{J}\psi_{\mathrm{R}} = \left(\frac{\boldsymbol{\sigma}}{2}\right)\psi_{\mathrm{R}}, \quad \boldsymbol{K}\psi_{\mathrm{R}} = -\mathrm{i}\left(\frac{\boldsymbol{\sigma}}{2}\right)\psi_{\mathrm{R}} \tag{6.124}$$

对于复共轭，有

$$\boldsymbol{J}\psi_{\mathrm{R}}^* = \left(\frac{\boldsymbol{\sigma}^*}{2}\right)\psi_{\mathrm{R}}^*, \quad \boldsymbol{K}\psi_{\mathrm{R}}^* = \mathrm{i}\left(\frac{\boldsymbol{\sigma}^*}{2}\right)\psi_{\mathrm{R}}^* \tag{6.125}$$

用其他记法来代替 ψ_{R}^* 会更简洁些：

$$\boldsymbol{J}\chi = \left(\frac{\boldsymbol{\sigma}^*}{2}\right)\chi, \quad \boldsymbol{K}\chi = \mathrm{i}\left(\frac{\boldsymbol{\sigma}^*}{2}\right)\chi \tag{6.126}$$

那么

$$\boldsymbol{A}\chi = \frac{1}{2}(\boldsymbol{J} + \mathrm{i}\boldsymbol{K})\chi = 0, \quad \boldsymbol{B}\chi = \frac{1}{2}(\boldsymbol{J} - \mathrm{i}\boldsymbol{K})\chi = \left(\frac{\boldsymbol{\sigma}^*}{2}\right)\chi \tag{6.127}$$

确实，χ 属于不可约表示 $(0,1/2)$。

(3) (1/2, 1/2) 表示 $V_{\alpha\beta}$。

$V_{\alpha\beta}$ 是一个 2×2 厄米矩阵，计算可得

$$A_iV_{\alpha\beta}=\left(\frac{\sigma_i}{2}\right)_{\alpha\gamma}V_{\gamma\beta}\quad\Longrightarrow\quad\frac{1}{2}(\boldsymbol{J}+\mathrm{i}\boldsymbol{K})V_{\alpha\beta}=\left(\frac{\boldsymbol{\sigma}}{2}\right)_{\alpha\gamma}V_{\gamma\beta}\tag{6.128}$$

$$B_iV_{\alpha\beta}=-V_{\alpha\gamma}\left(\frac{\sigma_i}{2}\right)_{\gamma\beta}\quad\Longrightarrow\quad\frac{1}{2}(\boldsymbol{J}-\mathrm{i}\boldsymbol{K})V_{\alpha\beta}=-V_{\alpha\gamma}\left(\frac{\boldsymbol{\sigma}}{2}\right)\tag{6.129}$$

两式相加减分别给出

$$\boldsymbol{J}V=\left(\frac{\boldsymbol{\sigma}}{2}\right)V-V\left(\frac{\boldsymbol{\sigma}}{2}\right),\quad \boldsymbol{K}V=\frac{1}{\mathrm{i}}\left[\left(\frac{\boldsymbol{\sigma}}{2}\right)V+V\left(\frac{\boldsymbol{\sigma}}{2}\right)\right]\tag{6.130}$$

将 V 用泡利矩阵展开：

$$V=x^0+\boldsymbol{x}\cdot\boldsymbol{\sigma}\tag{6.131}$$

我们得到

$$\boldsymbol{J}x^0=0,\quad J_ix_k=\mathrm{i}\varepsilon_{ijk}x_j,\quad K_ix_0=-\mathrm{i}x_i,\quad K_ix_j=-\mathrm{i}\delta_{ij}x_0\tag{6.132}$$

这正是我们所期待的时空坐标变换。表示 $V_{\alpha\beta}$ 对应于像四维时空坐标 x^μ 一样的四矢量。

6.1.6 SU(3) 群

应用 SU(3) 群的例子是介子和重子的八重法，而且它是粒子物理学中夸克模型的基础。

1. SU(3) 代数

我们可以用参数 $\alpha_i\,(i=1,2,\cdots,8)$ 来描述这个群，将群元素写为

$$U(\alpha_i)=\exp(\mathrm{i}\alpha_i\lambda_i)\tag{6.133}$$

其中，λ_i 是 3×3 无迹厄米矩阵，其标准形式首先是由盖尔曼 (Gell-Mann) 给出的。

$$\lambda_1=\begin{pmatrix}0&1&0\\1&0&0\\0&0&0\end{pmatrix},\quad \lambda_2=\begin{pmatrix}0&-\mathrm{i}&0\\\mathrm{i}&0&0\\0&0&0\end{pmatrix},\quad \lambda_3=\begin{pmatrix}1&0&0\\0&-1&0\\0&0&0\end{pmatrix}$$

$$\lambda_4=\begin{pmatrix}0&0&1\\0&0&0\\1&0&0\end{pmatrix},\quad \lambda_5=\begin{pmatrix}0&0&-\mathrm{i}\\0&0&0\\\mathrm{i}&0&0\end{pmatrix},\quad \lambda_6=\begin{pmatrix}0&0&0\\0&0&1\\0&1&0\end{pmatrix}$$

$$\lambda_7=\begin{pmatrix}0&0&0\\0&0&-\mathrm{i}\\0&\mathrm{i}&0\end{pmatrix},\quad \lambda_8=\sqrt{\frac{1}{3}}\begin{pmatrix}1&0&0\\0&1&0\\0&0&-2\end{pmatrix}$$

它们可以归一化：

$$\mathrm{tr}\,(\lambda_i\lambda_j)=2\delta_{ij} \tag{6.134}$$

这些矩阵的对易子 (即李代数的结构) 为

$$\left[\frac{\lambda_i}{2},\,\frac{\lambda_j}{2}\right]=\mathrm{i}f_{ijk}\left(\frac{\lambda_k}{2}\right) \tag{6.135}$$

其中，f_{ijk} 是全反对称的结构常数，它的非零值有

$$\begin{aligned}&f_{123}=1,\ f_{147}=-f_{156}=f_{246}=f_{257}=f_{345}=-f_{367}=\frac{1}{2}\\&f_{458}=f_{678}=\frac{\sqrt{3}}{2}\end{aligned} \tag{6.136}$$

因此，SU(3) 群的生成元 F_i 满足与 λ_i 相同的对易关系：

$$[F_i,\,F_j]=\mathrm{i}f_{ijk}F_k \tag{6.137}$$

注意，λ_3 和 λ_8 是对角的，因此有

$$[\lambda_3,\,\lambda_8]=0 \tag{6.138}$$

这意味着

$$[F_3,\,F_8]=0 \tag{6.139}$$

即 F_3 和 F_8 能被同时对角化，它们的共同本征值 (除某个标度因子) 可以用来标记表示的态。相互对易的生成元的最大数目称为李代数的秩 (rank)。例如，SU(3) 的秩为 2，SU(2) 的秩为 1。秩也是用于标记给定不可约表示的态所需要本征值的个数。

2. SU(3) 的表示

定义升算符和降算符：

$$T_\pm=F_1\pm\mathrm{i}F_2,\quad U_\pm=F_6\pm\mathrm{i}F_7,\quad V_\pm=F_4\pm\mathrm{i}F_5 \tag{6.140}$$

再令 $T_3=F_3, Y=\dfrac{2}{\sqrt{3}}F_8$，其中，$T_3$ 是通常的同位旋 (isospin) 的第三分量，Y 是超荷，那么这些算符之间的对易子是

$$\begin{aligned}&[T_3,T_\pm]=\pm T_\pm,\quad &&[Y,T_\pm]=0,\quad &&[T_+,T_-]=2T_3\\&[T_3,U_\pm]=\mp\frac{1}{2}U_\pm,\quad &&[Y,U_\pm]=\pm U_\pm,\quad &&[U_+,U_-]=\frac{3}{2}Y-T_3\equiv 2U_3\\&[T_3,V_\pm]=\pm\frac{1}{2}V_\pm,\quad &&[Y,V_\pm]=\pm V_\pm,\quad &&[V_+,V_-]=\frac{3}{2}Y+T_3\equiv 2V_3\\&[T_+,V_+]=0,\quad &&[T_+,U_-]=0,\quad &&[U_+,V_+]=0\\&[T_+,V_-]=-U_-,\quad &&[T_+,U_+]=V_+,\quad &&[U_+,V_-]=T_-\end{aligned} \tag{6.141}$$

显然，这些升算符和降算符可以移动 (T_3, Y) 面内的态 (图 6.1)：

$$
\begin{array}{ll}
T_+ & \text{提升}\,T_3\,\text{以 1 个单位，且保持}\,Y\,\text{不变；} \\
U_+ & \text{降低}\,T_3\,\text{以}\,\frac{1}{2}\,\text{个单位，且提升}\,Y\,\text{以 1 单位；} \\
V_+ & \text{提升}\,T_3\,\text{以}\,\frac{1}{2}\,\text{个单位，且提升}\,Y\,\text{以 1 单位；} \\
\vdots & \vdots
\end{array}
$$

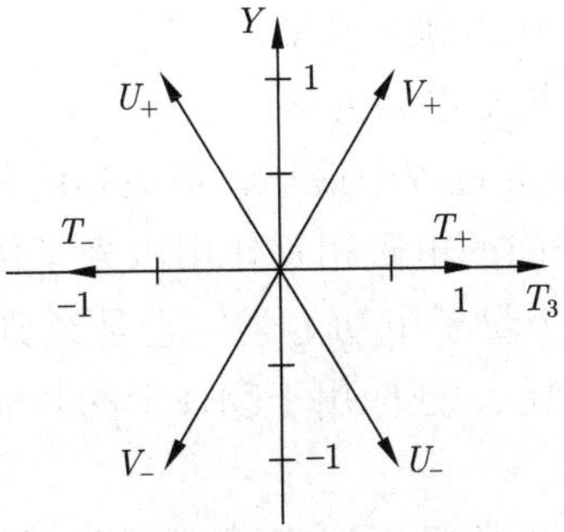

图 6.1　SU(3) 升降算符的作用图

SU(3) 的每个表示都可以用两个整数 (p, q) 来刻画。用图来表示，它们在 (T_3, Y) 面上构成一个六边形，其中的三个边长的单位长度为 p，其他边长的单位长度为 q。当 p 和 q 任一个为 0 时，六边形就退化成一个等边三角形。

常用的 SU(3) 的不可约表示有以下几种：三维 (triplet)、八维 (octet) 和十维 (decuplet)。它们分别列于图 6.2 中。

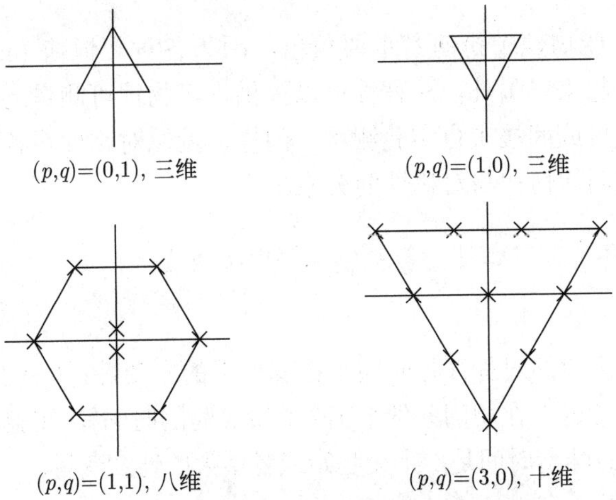

图 6.2　SU(3) 的低维不可约表示

6.2 对称性和守恒量

6.2.1 基本的相互作用

(1) 强相互作用——量子色动力学

这是一个基于局域 SU(3) 色对称性的规范理论，强子的基本组分夸克间的相互作用由胶子传递。这个理论有一个不同寻常的特征：在相对大的尺度 (核子的大小)，它的作用力很大，但在非常小的尺度 (远小于质子的大小)，它的作用力就变得很小。该现象称为渐近自由 (asymptotic freedom)，它可以解释 20 世纪 60 年代在弹性 ep 散射实验中观察到的现象。

(2) 电磁相互作用——量子电动力学

量子电动力学是场论发展过程中最早、最成功的理论。该理论的对称性是局域 U(1) 对称性，荷电粒子间的电磁相互作用由光子传递。实际上，局域对称性 (或规范对称性) 的概念源于量子电动力学，它是经典麦克斯韦理论量子化的结果。目前，局域对称性原理已广泛应用于物理学的其他领域。

(3) 弱相互作用

弱相互作用理论的发展是经历诸多不成功尝试后的重大胜利。它是基于 $\mathrm{SU(2)\times U(1)}$ 对称性的局域对称理论，其中包含了量子电动力学理论。此外，该理论利用了对称性自发破缺，使得传递弱相互作用的 W 玻色子和 Z 玻色子是有质量的。该理论有时也称为电弱理论 (electro-weak theory)。

(4) 引力

爱因斯坦的广义相对论利用广义坐标变换的局域对称性来描述引力相互作用。

6.2.2 守恒律

对称性在高能物理中扮演着重要角色，因为各种守恒律 (conservation law) 能用对称性建立起来。另外，对称性可以提供许多物理可测量之间的关系，所有这些关系可以直接或间接来自实验测量。同样，近似对称性在各种现象中也是有用的。下面来说明守恒律与对称性的关系。

1. 精确守恒——守恒律对各种相互作用都成立

(1) 能量守恒

描述能量守恒律的对称性是时间平移变换下的不变性：$t \to t+a$，其中 a 是一个常数。换句话说，在相同条件下 (除了做实验的时间)，实验应给出相同的结果。直觉上，这意味着时间是一个无起始或者结束的连续变量。

(2) 动量守恒

动量守恒来自空间平移变换下的对称性：$\boldsymbol{r} \to \boldsymbol{r}+\boldsymbol{b}$，其中 $\boldsymbol{b}$ 是一个常矢量。这意味着空间是均匀的，即每个空间点与该空间的其他点并无不同，以致在相同条件下，在不同空间点上做实验应该得到相同的结果。

(3) 电荷守恒

这个守恒律很久以前就已经发现，但在时空流形上没有可行的对称变换能与该守恒律联系起来。为了将电荷守恒与对称变换联系起来，我们想象这个变换发生在某个抽象空间，它与我们生活的时空流形无关。有时称之为内部对称性 (internal symmetry)。对电荷来说，这个对称变换是一个抽象空间的 U(1) 相位变换。

(4) 重子 (baryon) 数守恒

我们目前所知道的几乎所有粒子都是不稳定的。对少数不发生衰变的粒子，我们需要发现使它们稳定的原因。最初引入重子数守恒是为了解释为什么质子是稳定的。探索质子衰变已有多年，但什么也没有看到。质子寿命的下限是 10^{31} 年。

2. 近似守恒——守恒律仅对某些相互作用成立，对另外一些相互作用不成立

(1) 宇称 (parity)

这个对称性是空间反射变换下的不变性：$\boldsymbol{r} \to -\boldsymbol{r}$。起初，物理学家们相信它是一个精确对称性，直到 20 世纪 50 年代观察到宇称在弱相互作用中被破坏。但宇称守恒在强相互作用和电磁相互作用中继续保持。

(2) 电荷共轭

电荷共轭是粒子与其反粒子间的对称性。其对称变换是：粒子 $\leftrightarrow$ 反粒子。早先，电荷共轭对称性被认为是一个精确对称性，直到 20 世纪 50 年代观察到宇称不守恒时，发现粒子反粒子对称性也被破坏。

(3) 轻子数

最初引入轻子数守恒是为了解释存在两种不同类型的中微子 ν_e, ν_μ，但它们之间没有跃迁。后来观察到中微子振荡 $\nu_e \leftrightarrow \nu_\mu$，表明轻子数守恒被破坏了。但除了中微子振荡，轻子数守恒在其他反应中依然成立。

(4) 同位旋

当初引入同位旋是为了解释强相互作用中中子与质子间的相似性。但我们知道中子与质子的确有不同的电磁相互作用，并确信其效应比较小。这样从一开始我们就知道同位旋对称性不是精确的，有一个微小的破坏。

3. 外部对称性 ——四维时空中的对称变换

例 6.5 能量守恒。

牛顿方程为

$$m\frac{\mathrm{d}^2\boldsymbol{r}}{\mathrm{d}t^2} = \boldsymbol{f}(\boldsymbol{r},t)$$

对称性要求：若 $\boldsymbol{f}(\boldsymbol{r},t)$ 与时间 t 无关，即在时间平移下不变，且是保守的，即有 $\boldsymbol{f}(\boldsymbol{r},t) = -\boldsymbol{\nabla}V(\boldsymbol{r})$，那么把它代入上式，并乘以 $\dfrac{\mathrm{d}\boldsymbol{r}}{\mathrm{d}t}$，则有

$$m\frac{\mathrm{d}^2\boldsymbol{r}}{\mathrm{d}t^2}\cdot\frac{\mathrm{d}\boldsymbol{r}}{\mathrm{d}t}=-\boldsymbol{\nabla}V(\boldsymbol{r})\cdot\frac{\mathrm{d}\boldsymbol{r}}{\mathrm{d}t}\quad\Longrightarrow\quad\frac{\mathrm{d}}{\mathrm{d}t}\left[\frac{1}{2}m\left(\frac{\mathrm{d}\boldsymbol{r}}{\mathrm{d}t}\right)^2+V\right]=0$$

即动能 $\frac{1}{2}m\left(\frac{\mathrm{d}\boldsymbol{r}}{\mathrm{d}t}\right)^2$ 和势能 V 之和与时间无关。这就是能量守恒的内涵。

例 6.6 角动量守恒。

设 $V(\boldsymbol{r})$ 是旋转不变的：$V(\boldsymbol{r})=V(r)$。牛顿方程变为

$$m\frac{\mathrm{d}^2\boldsymbol{r}}{\mathrm{d}t^2}=-\boldsymbol{\nabla}V(r)$$

或

$$\frac{\mathrm{d}\boldsymbol{p}}{\mathrm{d}t}=-\boldsymbol{\nabla}V(r)=-\frac{\mathrm{d}V}{\mathrm{d}r}\frac{\boldsymbol{r}}{r}$$

用 $\boldsymbol{r}$ 叉乘后得

$$\boldsymbol{r}\times\frac{\mathrm{d}\boldsymbol{p}}{\mathrm{d}t}=-\frac{\mathrm{d}V}{\mathrm{d}r}\frac{\boldsymbol{r}\times\boldsymbol{r}}{r}=0$$

于是

$$\frac{\mathrm{d}}{\mathrm{d}t}(\boldsymbol{r}\times\boldsymbol{p})=\frac{\mathrm{d}\boldsymbol{r}}{\mathrm{d}t}\times\boldsymbol{p}+\boldsymbol{r}\times\frac{\mathrm{d}\boldsymbol{p}}{\mathrm{d}t}=0$$

因此，由于旋转不变性，角动量 $\boldsymbol{r}\times\boldsymbol{p}$ 是守恒的。

例 6.7 动量守恒。

设有两个相互作用的粒子，它们满足的牛顿方程分别是

$$\frac{\mathrm{d}\boldsymbol{p}_1}{\mathrm{d}t}=-\boldsymbol{\nabla}_1V(\boldsymbol{r}_1-\boldsymbol{r}_2)$$

$$\frac{\mathrm{d}\boldsymbol{p}_2}{\mathrm{d}t}=-\boldsymbol{\nabla}_2V(\boldsymbol{r}_1-\boldsymbol{r}_2)$$

其中，$V(\boldsymbol{r}_1-\boldsymbol{r}_2)$ 是势能，那么

$$\frac{\mathrm{d}}{\mathrm{d}t}(\boldsymbol{p}_1+\boldsymbol{p}_2)=-(\boldsymbol{\nabla}_1+\boldsymbol{\nabla}_2)V(\boldsymbol{r}_1-\boldsymbol{r}_2)=0$$

这意味着总动量 $\boldsymbol{p}_1+\boldsymbol{p}_2$ 守恒。它是空间平移不变性的结果，$\boldsymbol{r}_1\to\boldsymbol{r}_1+\boldsymbol{a}$，$\boldsymbol{r}_2\to\boldsymbol{r}_2+\boldsymbol{a}$，其中 $\boldsymbol{a}$ 是一个常数矢量。

6.2.3 对称性与诺特定理

1. 作用量原理

1) 质点力学

利用作用量原理 (action principle) 可以重塑全部经典力学。作用量原理是说一个粒子的实际路径是使其作用量最小的那条路径。作用量原理的优点是对称性

的方便使用。

考虑一个简单的例子。一个粒子从状态 (x_1, t_1) 运动到状态 (x_2, t_2)，它的作用量为

$$S = \int_{t_1}^{t_2} L(x, \dot{x})\, \mathrm{d}t \tag{6.142}$$

其中，L 是拉格朗日量。那么，最小作用量 (least action)

$$\delta S = 0 \tag{6.143}$$

将给出运动方程。为了得到最小作用量，可对路径 $x(t)$ 做一个微小改变：

$$x(t) \to x'(t) = x(t) + \delta x(t) \tag{6.144}$$

但两端点固定，即

$$\delta x(t_1) = \delta x(t_2) = 0 \tag{6.145}$$

称此式为初始条件。由于是函数 (这里是 S 和 x) 的改变，故称 δ 为变分运算 (variation)。于是，作用量 S 的变分为

$$\delta S = \int_{t_1}^{t_2} \left(\frac{\partial L}{\partial x} \delta x + \frac{\partial L}{\partial \dot{x}} \delta \dot{x} \right) \mathrm{d}t \tag{6.146}$$

注意到

$$\delta \dot{x} = \dot{x}'(t) - \dot{x}(t) = \frac{\mathrm{d}}{\mathrm{d}t}(\delta x) \tag{6.147}$$

即时间导数的变分等于变分的时间导数。换言之，时间全导数运算 $\dfrac{\mathrm{d}}{\mathrm{d}t}$ 与变分运算 δ 可以交换。这样，式 (6.146) 可写为

$$\delta S = \int_{t_1}^{t_2} \left[\frac{\partial L}{\partial x} \delta x + \frac{\partial L}{\partial \dot{x}} \frac{\mathrm{d}}{\mathrm{d}t}(\delta x) \right] \mathrm{d}t = \int_{t_1}^{t_2} \left[\frac{\partial L}{\partial x} - \frac{\mathrm{d}}{\mathrm{d}t} \left(\frac{\partial L}{\partial \dot{x}} \right) \right] \delta x \, \mathrm{d}t \tag{6.148}$$

其中，第二个等式利用了分部积分和初始条件 (6.145)。S 为最小 ($\delta S = 0$) 要求

$$\frac{\partial L}{\partial x} - \frac{\mathrm{d}}{\mathrm{d}t} \left(\frac{\partial L}{\partial \dot{x}} \right) = 0 \tag{6.149}$$

它正是欧拉-拉格朗日 (Euler-Lagrange) 方程。共轭动量定义为

$$p = \frac{\partial L}{\partial \dot{x}} \tag{6.150}$$

用勒让德 (Legendre) 变换定义哈密顿量为

$$H(p, q) = p\dot{x} - L(x, \dot{x}) \tag{6.151}$$

2) 场论

场论可以看成是质点力学的自由度为无限大时的极限情况。考虑一个简单的情况，用一个连续函数 $\phi(\boldsymbol{x},t)$ 来描述这个系统。相应的作用量为

$$S=\int\mathcal{L}(\phi(\boldsymbol{x},t),\partial_\mu\phi)\,\mathrm{d}^3x\mathrm{d}t \tag{6.152}$$

其中，$\mathcal{L}$ 称为拉格朗日量密度。对作用量 S 做变分给出

$$\begin{aligned}\delta S&=\int\left[\frac{\partial\mathcal{L}}{\partial\phi}\delta\phi+\frac{\partial\mathcal{L}}{\partial(\partial_\mu\phi)}\delta(\partial_\mu\phi)\right]\mathrm{d}^4x\\&=\int\left[\frac{\partial\mathcal{L}}{\partial\phi}-\partial_\mu\left(\frac{\partial\mathcal{L}}{\partial(\partial_\mu\phi)}\right)\right]\delta\phi\,\mathrm{d}^4x\end{aligned}$$

其中利用了 $\delta(\partial_\mu\phi)=\partial_\mu(\delta\phi)$ 以及分部积分。$\delta S=0$ 给出欧拉-拉格朗日方程

$$\frac{\partial\mathcal{L}}{\partial\phi}=\partial_\mu\left(\frac{\partial\mathcal{L}}{\partial(\partial_\mu\phi)}\right) \tag{6.153}$$

共轭动量密度定义为

$$\pi(\boldsymbol{x},t)=\frac{\partial\mathcal{L}}{\partial(\partial_0\phi)} \tag{6.154}$$

哈密顿量密度为

$$\mathcal{H}=\pi\dot{\phi}-\mathcal{L} \tag{6.155}$$

直接推广到多场的情况：

$$\phi(\boldsymbol{x},t)\to\phi_i(\boldsymbol{x},t),\quad i=1,2,\cdots,n \tag{6.156}$$

运动方程是

$$\frac{\partial\mathcal{L}}{\partial\phi_i}=\partial_\mu\left(\frac{\partial\mathcal{L}}{\partial(\partial_\mu\phi_i)}\right),\quad i=1,2,\cdots,n \tag{6.157}$$

共轭动量为

$$\pi_i(\boldsymbol{x},t)=\frac{\partial\mathcal{L}}{\partial(\partial_0\phi_i)} \tag{6.158}$$

哈密顿量密度为

$$\mathcal{H}=\pi_i\dot{\phi}_i-\mathcal{L} \tag{6.159}$$

2. 质点力学中的诺特 (Noether) 定理

设作用量

$$S=\int L(q_i,\dot{q}_i)\,\mathrm{d}t \tag{6.160}$$

在如下某个连续对称变换下是不变的：

$$q_i \to q_i' = f_i(q_j) \tag{6.161}$$

其中，$f_i(q_j)$ 仅是 q_j 的函数，明显与时间无关。考虑无穷小变换

$$q_i \to q_i' \approx q_i + \delta q_i \tag{6.162}$$

在此变换下，S 的变分为

$$\delta S = \int \delta L \mathrm{d}t = \int \left[\frac{\partial L}{\partial q_i}\delta q_i + \frac{\partial L}{\partial \dot{q}_i}\delta \dot{q}_i\right] \mathrm{d}t \tag{6.163}$$

利用 $\delta \dot{q}_i = \dfrac{\mathrm{d}}{\mathrm{d}t}(\delta q_i)$，并代入运动方程

$$\frac{\partial L}{\partial q_i} = \frac{\mathrm{d}}{\mathrm{d}t}\left(\frac{\partial L}{\partial \dot{q}_i}\right)$$

式 (6.163) 变为

$$\begin{aligned}\delta S &= \int \left[\frac{\mathrm{d}}{\mathrm{d}t}\left(\frac{\partial L}{\partial \dot{q}_i}\right)\delta q_i + \frac{\partial L}{\partial \dot{q}_i}\frac{\mathrm{d}}{\mathrm{d}t}(\delta q_i)\right]\mathrm{d}t \\ &= \int \left[\frac{\mathrm{d}}{\mathrm{d}t}\left(\frac{\partial L}{\partial \dot{q}_i}\delta q_i\right)\right]\mathrm{d}t \\ &= \int \delta L \,\mathrm{d}t\end{aligned} \tag{6.164}$$

由 $\delta L = 0$ 可得

$$\frac{\mathrm{d}}{\mathrm{d}t}\left(\frac{\partial L}{\partial \dot{q}_i}\delta q_i\right) = 0 \tag{6.165}$$

这表明力学量

$$A = \frac{\partial L}{\partial \dot{q}_i}\delta q_i \tag{6.166}$$

是一个守恒量。

注意，即使 δL 在变换下不为零，而是改变某量的时间全导数，比如 $\delta L = \dfrac{\mathrm{d}}{\mathrm{d}t}K$，那么仍然可以得到守恒律，即

$$\frac{\mathrm{d}}{\mathrm{d}t}\left(\frac{\partial L}{\partial \dot{q}_i}\delta q_i - K\right) = 0 \tag{6.167}$$

因为这个作用量也是不变的。例如，对时间平移：$t \to t + \epsilon$，其中 ϵ 是一个无穷小参数，则有

$$q_i(t+\epsilon) = q_i(t) + \epsilon\frac{\mathrm{d}q_i}{\mathrm{d}t} \quad \Longrightarrow \quad \delta q_i = \epsilon\frac{\mathrm{d}q_i}{\mathrm{d}t} \tag{6.168}$$

类似地，有

$$\delta L = \epsilon\frac{\mathrm{d}L}{\mathrm{d}t} \tag{6.169}$$

即 $K = \epsilon L$，将它与 $\delta q_i = \epsilon\frac{\mathrm{d}q_i}{\mathrm{d}t}$ 代入式 (6.167)，可得到

$$\frac{\mathrm{d}}{\mathrm{d}t}\left(\frac{\partial L}{\partial \dot{q}_i}\dot{q}_i - L\right) = 0 \tag{6.170}$$

或者写为

$$\frac{\mathrm{d}H}{\mathrm{d}t} = 0 \tag{6.171}$$

其中，

$$H = \frac{\partial L}{\partial \dot{q}_i}\dot{q}_i - L \tag{6.172}$$

是系统的哈密顿量。

例 6.8 三维转动对称性。

设作用量

$$S = \int L(\boldsymbol{x}, \dot{\boldsymbol{x}})\,\mathrm{d}t = \int L(x_i, \dot{x}_i)\,\mathrm{d}t \tag{6.173}$$

在如下三维转动 (见 6.1.3 节) 下是不变的：

$$x_i \to x_i' = R_{ij}x_j \tag{6.174}$$

其中，R 是一个正交矩阵。对无穷小转动，R 的形式为

$$R_{ij} = \delta_{ij} + \epsilon_{ij}, \quad \text{其中}\,|\epsilon_{ij}| \ll 1, \ \epsilon_{jk} = -\epsilon_{kj}$$

式 (6.174) 的无穷小形式为

$$x_i \to x_i' = x_i + \epsilon_{ij}x_j$$

由此可得 $\delta x_i = \epsilon_{ij}x_j$。

对于一般情况，计算守恒量：

$$J = \frac{\partial L}{\partial \dot{x}_i}\delta x_i = \frac{\partial L}{\partial \dot{x}_i}\epsilon_{ij}x_j = \epsilon_{ij}p_i x_j \tag{6.175}$$

其明显形式为

$$J = \epsilon_{12}(p_1x_2 - p_2x_1) + \epsilon_{23}(p_2x_3 - p_3x_2) + \epsilon_{13}(p_1x_3 - p_3x_1) \tag{6.176}$$

如果令

$$\epsilon_{12}=-\theta_3,\quad \epsilon_{23}=-\theta_1,\quad \epsilon_{31}=-\theta_2 \tag{6.177}$$

或者简记为

$$\epsilon_{ij}=-\varepsilon_{ijk}\theta_k \tag{6.178}$$

其中，ε_{ijk} 是莱维-齐维塔符号。那么 J 可以写成

$$J=-\theta_k\varepsilon_{ijk}p_ix_j=\theta_kJ_k \tag{6.179}$$

其中，

$$J_k=\varepsilon_{ijk}x_ip_j \tag{6.180}$$

或者

$$J_1=(x_2p_3-x_3p_2),\quad J_2=(x_3p_1-x_1p_3),\quad J_3=(x_1p_2-x_2p_1) \tag{6.181}$$

正是通常的角动量矢量的笛卡儿 (Descarts) 分量。

3. 场论中的诺特定理

前面的讨论可以直接推广到场论。设作用量为

$$S=\int\mathcal{L}(\phi,\partial_\mu\phi)\,\mathrm{d}^4x \tag{6.182}$$

考虑对称变换

$$\phi(x)\to\phi'(x') \tag{6.183}$$

其中包含了坐标变化

$$x^\mu\to x'^\mu \tag{6.184}$$

对于无穷小变换，有

$$\delta\phi=\phi'\left(x'\right)-\phi\left(x\right),\qquad \delta x'^\mu=x'^\mu-x^\mu \tag{6.185}$$

对包含了坐标改变的变换，需要在体积元中包含这个改变：

$$\mathrm{d}^4x'=J\mathrm{d}^4x \tag{6.186}$$

其中，

$$J=\left|\frac{\partial(x'^0,x'^1,x'^2,x'^3)}{\partial(x^0,x^1,x^2,x^3)}\right| \tag{6.187}$$

是坐标变换的雅可比 (Jacobi) 行列式。对于无穷小变换，我们有

$$J=\left|\frac{\partial x'^{\mu}}{\partial x^{\nu}}\right|\approx\left|g^{\mu}_{\nu}+\frac{\partial(\delta x^{\mu})}{\partial x^{\nu}}\right|\approx 1+\partial_{\mu}(\delta x^{\mu}) \tag{6.188}$$

其中已经利用了关系

$$\det(1+\epsilon)\approx 1+\operatorname{tr}(\epsilon),\quad 当\,|\epsilon|\ll 1 \tag{6.189}$$

那么

$$\mathrm{d}^4x'=\mathrm{d}^4x(1+\partial_{\mu}(\delta x^{\mu})) \tag{6.190}$$

于是，作用量的变分为

$$\delta S=\int\left[\frac{\partial\mathcal{L}}{\partial\phi}\delta\phi+\frac{\partial\mathcal{L}}{\partial(\partial_{\mu}\phi)}\delta(\partial_{\mu}\phi)+\mathcal{L}\partial_{\mu}(\delta x^{\mu})\right]\mathrm{d}^4x \tag{6.191}$$

定义 x^{μ} 为固定时 ϕ 的变分是有用的：

$$\begin{aligned}\bar{\delta}\phi(x)&=\phi'(x)-\phi(x)=\phi'(x)-\phi'(x')+\phi'(x')-\phi(x)\\&=\phi'(x)-(\phi'(x)+(\partial_{\mu}\phi')\delta x^{\mu})+\delta\phi\\&=-(\partial_{\mu}\phi')\delta x^{\mu}+\delta\phi\end{aligned} \tag{6.192}$$

即

$$\delta\phi=\bar{\delta}\phi+(\partial_{\mu}\phi)\delta x^{\mu} \tag{6.193}$$

类似地，有

$$\delta(\partial_{\mu}\phi)=\bar{\delta}(\partial_{\mu}\phi)+\partial_{\nu}(\partial_{\mu}\phi)\delta x^{\nu} \tag{6.194}$$

这样，

$$\delta S=\int\left[\frac{\partial\mathcal{L}}{\partial\phi}(\bar{\delta}\phi+(\partial_{\mu}\phi)\delta x^{\mu})+\frac{\partial\mathcal{L}}{\partial(\partial_{\mu}\phi)}(\bar{\delta}(\partial_{\mu}\phi)+\partial_{\nu}(\partial_{\mu}\phi)\delta x^{\nu})+\mathcal{L}\partial_{\mu}(\delta x^{\mu})\right]\mathrm{d}^4x \tag{6.195}$$

利用欧拉-拉格朗日运动方程

$$\frac{\partial\mathcal{L}}{\partial\phi}=\partial_{\mu}\left(\frac{\partial\mathcal{L}}{\partial(\partial_{\mu}\phi)}\right) \tag{6.196}$$

式 (6.195) 中的两项为

$$\begin{aligned}\frac{\partial\mathcal{L}}{\partial\phi}\bar{\delta}\phi+\frac{\partial\mathcal{L}}{\partial(\partial_{\mu}\phi)}\bar{\delta}(\partial_{\mu}\phi)&=\partial_{\mu}\left(\frac{\partial\mathcal{L}}{\partial(\partial_{\mu}\phi)}\right)\bar{\delta}\phi+\frac{\partial\mathcal{L}}{\partial(\partial_{\mu}\phi)}\partial_{\mu}(\bar{\delta}\phi)\\&=\partial_{\mu}\left[\frac{\partial\mathcal{L}}{\partial(\partial_{\mu}\phi)}\bar{\delta}\phi\right]\end{aligned} \tag{6.197}$$

注意，这里变分运算 $\bar{\delta}$ 与微分运算 ∂_{μ} 是可交换的：

$$\partial_\mu(\bar{\delta}\phi) = \bar{\delta}(\partial_\mu\phi) \tag{6.198}$$

合并式 (6.195) 中剩下的三项可得

$$\begin{aligned}
&\left[\frac{\partial\mathcal{L}}{\partial\phi}(\partial_\nu\phi) + \frac{\partial\mathcal{L}}{\partial(\partial_\mu\phi)}\partial_\nu(\partial_\mu\phi)\right]\delta x^\nu + \mathcal{L}\partial_\nu(\delta x^\nu) \\
&= (\partial_\nu\mathcal{L})\delta x^\nu + \mathcal{L}\partial_\nu(\delta x^\nu) \\
&= \partial_\nu(\mathcal{L}\delta x^\nu)
\end{aligned} \tag{6.199}$$

于是有

$$\delta S = \int \mathrm{d}^4x\,\partial_\mu\left[\frac{\partial\mathcal{L}}{\partial(\partial_\mu\phi)}\bar{\delta}\phi + \mathcal{L}\delta x^\mu\right] \tag{6.200}$$

如果在场的对称变换下，有 $\delta S = 0$，那么

$$\partial_\mu J^\mu = \partial_\mu\left[\frac{\partial\mathcal{L}}{\partial(\partial_\mu\phi)}\bar{\delta}\phi + \mathcal{L}\delta x^\mu\right] = 0 \tag{6.201}$$

即 J^μ 流守恒。

例 6.9 时空平移。

坐标变换是

$$x^\mu \to x'^\mu = x^\mu + a^\mu \Longrightarrow \phi'(x+a) = \phi(x) \tag{6.202}$$

于是

$$\bar{\delta}\phi = -a'_\mu\partial^\mu\phi \tag{6.203}$$

守恒律取如下形式:

$$\partial_\mu\left[\frac{\partial\mathcal{L}}{\partial(\partial_\mu\phi)}(-a_\nu\partial^\nu\phi) + \mathcal{L}a^\mu\right] = -\partial_\mu(T^{\mu\nu}a_\nu) = 0 \tag{6.204}$$

其中，

$$T^{\mu\nu} = \frac{\partial\mathcal{L}}{\partial(\partial_\mu\phi)}\partial^\nu\phi - g^{\mu\nu}\mathcal{L} \tag{6.205}$$

是能量动量张量。实际上，

$$T^{0i} = \frac{\partial\mathcal{L}}{\partial(\partial_0\phi)}\partial^i\phi \tag{6.206}$$

和

$$P^i = \int \mathrm{d}^3x T^{0i} = \int \mathrm{d}^3x\frac{\partial\mathcal{L}}{\partial(\partial_0\phi)}\partial^i\phi \tag{6.207}$$

是场的总动量。而且，

$$T^{00} = \frac{\partial\mathcal{L}}{\partial(\partial_0\phi)}\partial^0\phi - \mathcal{L} \tag{6.208}$$

是哈密顿量密度，

$$E = \int \mathrm{d}^3 x T^{00} \tag{6.209}$$

是总能量。

例 6.10 内部对称性。

考虑一个包含两个场 ϕ_1 和 ϕ_2 的系统，其拉格朗日量为

$$\mathcal{L} = \frac{1}{2}\left[(\partial_\mu \phi_1)^2 + (\partial_\mu \phi_2)^2\right] - \frac{\mu^2}{2}\left(\phi_1^2 + \phi_2^2\right) \tag{6.210}$$

它在 (ϕ_1, ϕ_2) 面中的转动下是不变的，即具有 O(2) 对称性：

$$\begin{pmatrix} \phi_1 \\ \phi_2 \end{pmatrix} \longrightarrow \begin{pmatrix} \phi_1' \\ \phi_2' \end{pmatrix} = \begin{pmatrix} \cos\theta & -\sin\theta \\ \sin\theta & \cos\theta \end{pmatrix} \begin{pmatrix} \phi_1 \\ \phi_2 \end{pmatrix} \tag{6.211}$$

其中，θ 不依赖于 x^μ。为了计算诺特流，可利用对称变换的无穷小形式，即 $\theta \ll 1$，此时有

$$\phi_1' = \phi_1 - \theta\phi_2, \quad \phi_2' = \phi_2 + \theta\phi_1 \tag{6.212}$$

即

$$\delta\phi_1 = -\theta\phi_2, \quad \delta\phi_2 = \theta\phi_1 \tag{6.213}$$

可得诺特流为

$$J^\mu = \frac{\partial \mathcal{L}}{\partial(\partial_\mu \phi_i)}\delta\phi_i = (\partial^\mu \phi_1)\phi_2 - (\partial^\mu \phi_2)\phi_1 \tag{6.214}$$

其中已去掉了不重要的参数 θ。可以证明这个流是守恒的：

$$\partial_\mu J^\mu = 0 \tag{6.215}$$

利用运动方程

$$(\Box + \mu^2)\phi_1 = 0, \quad (\Box + \mu^2)\phi_2 = 0 \tag{6.216}$$

计算流 J^μ 的散度

$$\partial_\mu J^\mu = (\Box\phi_1)\phi_2 - (\Box\phi_2)\phi_1 = -\mu^2\phi_1\phi_2 + \mu^2\phi_1\phi_2 = 0 \tag{6.217}$$

注意，流守恒是 ϕ_1 和 ϕ_2 质量相等的结果。

6.2.4 离散对称性

到目前为止，我们所讨论的都是在连续变换下的对称性，它们通过诺特定理给出守恒流。另一类对称性源于离散变换，它的重要结果是：虽然有对称性，但没有守恒流。下面依次讨论。

1. 宇称

宇称对称性来自空间反演变换。空间反演变换 P 定义为空间矢量反号的变换，即

$$P:\ \boldsymbol{r} \to -\boldsymbol{r} \tag{6.218}$$

实际上，做反演变换后，再将右手坐标系变成左手坐标系，其总效果等价于通过镜面的反射操作。所以反演不变 (即宇称对称) 等价于镜像对称 (mirror symmetry)。宇称对称在经典力学和经典电磁学中精确成立，在非相对论量子力学中也适用，以至于物理学家相信宇称对称在所有相互作用中普遍成立，直到 1956 年在弱作用中发现宇称对称破缺。后面将详细讨论。

为了更好地理解这种对称性，先讨论它在一些物理应用中的情况。

1) 经典力学

首先考虑一个简单的例子：三维各向同性谐振子，其运动方程为

$$m\frac{\mathrm{d}^2\boldsymbol{r}}{\mathrm{d}t^2} = -m\omega^2\boldsymbol{r}$$

其中，ω 是频率，m 是质量。该运动方程在宇称变换 P 下保持不变。但这并不意味该方程的所有解都具有这种对称性。它仅说明如果已有一个解 $\boldsymbol{r}(t) = \boldsymbol{g}(t)$ (其中 $\boldsymbol{g}(t)$ 是某个函数)，那么此对称性保证 $\boldsymbol{r}(t) = -\boldsymbol{g}(t)$ 也是一个解，但此解是否也是粒子的运动轨迹，将由初始条件判断。在经典力学中，所有的物理量都可以用坐标 $\boldsymbol{x}$ 表达。宇称守恒意味所有物理量在宇称变换下要么是奇的 (odd)，要么是偶的 (even)，但奇的物理量与偶的物理量的线性组合则没有物理意义。利用坐标的宇称变换，可以得到其他物理量的变换性质。例如，以下物理量在宇称变换下是奇的：

$$\text{动量 } \boldsymbol{p} = \frac{\mathrm{d}\boldsymbol{r}}{\mathrm{d}t},\quad \text{加速度 } \frac{\mathrm{d}^2\boldsymbol{r}}{\mathrm{d}t^2},\ \cdots$$

偶宇称物理量有：

$$\text{能量 } E = \frac{\boldsymbol{p}^2}{2m},\quad \text{角动量 } \boldsymbol{L} = \boldsymbol{r}\times\boldsymbol{p},\ \cdots$$

2) 电磁理论

麦克斯韦方程组为

$$\nabla\cdot\boldsymbol{E} = \frac{\rho}{\varepsilon_0},\quad \nabla\cdot\boldsymbol{B} = 0,$$

$$\nabla\times\boldsymbol{E} + \frac{\partial\boldsymbol{B}}{\partial t} = 0,\quad \frac{1}{\mu_0}\nabla\times\boldsymbol{B} = \varepsilon_0\frac{\partial\boldsymbol{E}}{\partial t} + \boldsymbol{J}$$

为了得到电磁场在宇称变换下的变换方式，假设麦克斯韦方程组在宇称变换下是

不变的。这将给出如下变换结果：

$$\boldsymbol{E} \to -\boldsymbol{E}, \quad \boldsymbol{B} \to \boldsymbol{B}, \quad \rho \to \rho, \quad \boldsymbol{J} \to -\boldsymbol{J}$$

电磁场中带电粒子的运动方程是

$$m\frac{\mathrm{d}^2\boldsymbol{r}}{\mathrm{d}t^2} = e(\boldsymbol{E} + \boldsymbol{v} \times \boldsymbol{B})$$

它给出的电磁场的宇称变换与前面得到的结果相同。利用这些结果，可以得到其他物理量的宇称：

坡印亭 (Poynting) 矢量 $\boldsymbol{S} = \boldsymbol{E} \times \boldsymbol{B}$: 奇宇称，　矢量势 $\boldsymbol{A}$: 奇宇称, $\cdots$

3) 量子力学

量子力学系统由哈密顿量 $H(\boldsymbol{r})$ 来描述。在宇称变换 P 下，若 $H(-\boldsymbol{r}) = H(\boldsymbol{r})$，则称 $H(\boldsymbol{r})$ 具有宇称对称性。薛定谔方程是

$$H(\boldsymbol{r})\psi(\boldsymbol{r}) = E\psi(\boldsymbol{r}) \tag{6.219}$$

在宇称变换 P 下，它变成

$$H(-\boldsymbol{r})\psi(-\boldsymbol{r}) = H(\boldsymbol{r})\psi(-\boldsymbol{r}) = E\psi(-\boldsymbol{r})$$

说明波函数 $\psi(-\boldsymbol{r})$ 与 $\psi(\boldsymbol{r})$ 有相同的能量。因此可以将它们作线性组合：

$$\psi_{\pm}(\boldsymbol{r}) = \frac{1}{\sqrt{2}}[\psi(\boldsymbol{r}) \pm \psi(-\boldsymbol{r})] \tag{6.220}$$

使得 $\psi_{\pm}$ 是宇称算符的本征态：

$$P\psi_{\pm}(\boldsymbol{r}) = \pm\psi_{\pm}(\boldsymbol{r}) \tag{6.221}$$

换言之，在宇称变换下，所有波函数都可以选择是奇的或者偶的。同样，算符也可以选择是奇的或者偶的，即

$$PO_{\pm}P^{-1} = \pm O_{\pm} \tag{6.222}$$

例如，角动量算符 $\boldsymbol{L} = \boldsymbol{r} \times \boldsymbol{p}$ 在宇称变换下，有

$$P\boldsymbol{L}P^{-1} = \boldsymbol{L} \tag{6.223}$$

注意，即便自旋算符 $\boldsymbol{S}$ 不能用坐标表达出来，仍然可以假设它与轨道角动量有相

同的变换方式，即

$$PSP^{-1} = S \tag{6.224}$$

奇宇称算符有一个简单的结果：它的期望值总是零。这是因为

$$\langle\psi_+|O_-|\psi_+\rangle = \langle P\psi_+|PO_-P^{-1}|P\psi_+\rangle = -\langle\psi_+|O_-|\psi_+\rangle$$

$$\Longrightarrow \quad \langle\psi_+|O_-|\psi_+\rangle = 0$$

类似地，有

$$\langle\psi_-|O_-|\psi_-\rangle = 0$$

例如，算符 $\boldsymbol{S}\cdot\boldsymbol{p}$ 在宇称变换下是奇的，它的期望值为零，即 $\langle\psi|\boldsymbol{S}\cdot\boldsymbol{p}|\psi\rangle = 0$。

4) 相对论场论

首先为每个粒子引入内秉宇称的概念，因为在量子场论中，粒子的产生与湮灭会使其自身发生改变，所以需要考虑相关联的粒子。对每个粒子，都有一个场算符 ψ，它是时空坐标 $(t,\boldsymbol{r})$ 的函数。场算符按洛伦兹变换性质进行分类。例如，光子场 $A_\mu = (A_0(\boldsymbol{r}), \boldsymbol{A}(\boldsymbol{r}))$ 按四维矢量进行变换，在宇称变换 P 下，有

$$P:\ A_\mu \rightarrow (A_0(\boldsymbol{r}), -\boldsymbol{A}(\boldsymbol{r}))$$

此外，这些场算符可以按照它们的内秉宇称做些改变。这些内秉宇称是假定产生粒子的强相互作用中的宇称守恒，以及借助洛伦兹不变性和其他已知的对称性来确定的。确定过程是复杂和冗长的。例如，最轻的介子 $\boldsymbol{\pi}^{\pm}, \boldsymbol{\pi}^0$ 已由多个实验测量确定具有负宇称，因此称为赝标量粒子。一般来说，费米子的内秉宇称与其反粒子的相反，而玻色子的内秉宇称与其反粒子的相同。

2. 电荷共轭

在电子的相对论波动方程 (狄拉克方程) 中，负能解的存在导致电子不稳定，因为处在正能态的电子倾向跃迁到负能态而放出能量，而负能态的分布包括延伸到负无穷大的连续谱，这个释放能量的跃迁过程可以持续不断地进行下去，这显然在物理上是不合理的。为克服这个困难，狄拉克引入了“负能海”(之后也称为狄拉克海) 的概念。在“负能海”中，所有负能态都填满了电子，以致泡利不相容原理将阻止处在正能量态的电子跃迁到负能量态上，因而是稳定的。狄拉克方程的负能解导致了对应于负能态的反粒子的概念。之后，反粒子的概念被推广到所有基本粒子。反粒子的定义是它具有与原粒子相同的质量，且二者所携带的全部相加性量子数 (如电荷、重子数、轻子数、奇异数等) 大小相等，但符号相反。例如，质子 p 的反粒子称为反质子，记为 $\bar{\text{p}}$，它与质子有相同的质量，但有不同的负的电荷量和强子数等。粒子与反粒子间的对应关系称为电荷共轭。引入一个算符 C，称为电荷共轭变换或者 C 变换，它把所有粒子转换成其相应的反粒子：

$$C|\mathrm{A}\rangle = |\bar{\mathrm{A}}\rangle \tag{6.225}$$

其中，A 是任一粒子，$\bar{\mathrm{A}}$ 是其反粒子。很明显，算符 C 有如下性质：

$$C^2 = 1 \tag{6.226}$$

所以 C 的本征值为 ± 1，而相应的本征态一定是中性粒子 (neutral particle)，因为它们不含其他非零的相加性量子数，即中性粒子的反粒子是其本身，例如，$\pi^0, \eta, \eta', \rho^0, \phi, \omega, \psi$ 等。算符 C 的本征值也称为 C 宇称，或 C 量子数。C 量子数是相乘性的。强相互作用和电磁相互作用在 C 变换下不变。因此，对于参与强相互作用或电磁相互作用的过程来说，如果初态是 C 变换的本征态，即有确定的 C 宇称，那么末态也是 C 变换的本征态，且与初态有相同的 C 宇称，称为 C 宇称守恒。

光子 (γ) 是电磁场的量子，它是一个中性粒子。光子的运动状态由电磁场的四维矢量 A_μ 描述，与它相关联的电荷和电流在 C 的作用下变号，所以光子在 C 的作用下也变号，即 $C(\gamma) = -1$，称光子为奇 C 态。其他中性粒子的电荷共轭性则由实验观察并结合理论分析来得到。一个简单的例子是 π^0 介子。它通过电磁相互作用衰变成两个 γ：

$$\pi^0 \to \gamma + \gamma \tag{6.227}$$

因为 γ 是奇 C 态，那么由该过程的 C 守恒可以推知 π^0 是偶 C 态 (本征值 $+1$)，而且 π^0 不能衰变成三个 γ。

除了中性粒子，对其他系统也可以定义电荷共轭，只要它们没有非零的相加性量子数，即为中性系统。例如，电子偶素 (positronium) 是一个中性系统，它包括一个电子 (e^-) 和一个正电子 (e^+)，二者相互绕另一方运动，因此很像氢原子。利用质心坐标 $\boldsymbol{R}$ 和相对坐标 $\boldsymbol{r}$：

$$\boldsymbol{R} = \frac{1}{2}(\boldsymbol{r}_1 + \boldsymbol{r}_2), \quad \boldsymbol{r} = \boldsymbol{r}_1 - \boldsymbol{r}_2 \tag{6.228}$$

其中，$\boldsymbol{r}_1, \boldsymbol{r}_2$ 分别是 e^- 和 e^+ 的坐标，可以把电子偶素的空间波函数写成

$$\Psi(\boldsymbol{r}_1, \boldsymbol{r}_2) = \psi(\boldsymbol{R})\varphi(\boldsymbol{r}) \tag{6.229}$$

因为质心坐标系不受外力，所以 $\psi(\boldsymbol{R})$ 就是自由粒子的平面波函数。对于波函数 $\varphi(\boldsymbol{r})$，假设它有确定的轨道角动量。在 C 变换下，e^- 与 e^+ 互换，且有 $\boldsymbol{r} \to -\boldsymbol{r}$，这就产生一个因子 $(-1)^l$。前面讨论过自旋为 1/2 的双粒子系统，对于总自旋为 $S = 1$ 的态，交换两粒子，其自旋波函数是对称的；对于总自旋为 $S = 0$ 的态，其自旋波函数是反对称的，所以 C 变换又给出因子 $(-1)^{S+1}$。此外，当交换 e^- 和 e^+ 时，相应地产生算符反对易，又将贡献一个 $(-)$ 号。把这些因子合起来，便得到总因子为 $(-1)^{l+(S+1)+1} = (-1)^{l+S}$。这说明电子偶素在 C 变换下具有确定的 C 宇称 $(-1)^{l+S}$。

3. CP 破坏

K^0 粒子与其反粒子 $\bar{K}^0$ 由电荷共轭联系起来。因为它们是赝标量粒子，在宇称变换 (P) 下，有

$$P\left|K^0\right\rangle = -\left|K^0\right\rangle, \qquad P\left|\bar{K}^0\right\rangle = -\left|\bar{K}^0\right\rangle \tag{6.230}$$

在 C 变换下，

$$C\left|K^0\right\rangle = \left|\bar{K}^0\right\rangle, \qquad C\left|\bar{K}^0\right\rangle = \left|K^0\right\rangle \tag{6.231}$$

于是得到

$$CP\left|K^0\right\rangle = -\left|\bar{K}^0\right\rangle, \qquad CP\left|\bar{K}^0\right\rangle = -\left|K^0\right\rangle \tag{6.232}$$

这样，CP 的本征态是

$$\left|K_1\right\rangle = \frac{1}{\sqrt{2}}\left(\left|K^0\right\rangle - \left|\bar{K}^0\right\rangle\right), \qquad \left|K_2\right\rangle = \frac{1}{\sqrt{2}}\left(\left|K^0\right\rangle + \left|\bar{K}^0\right\rangle\right) \tag{6.233}$$

它们满足

$$CP\left|K_1\right\rangle = \left|K_1\right\rangle, \qquad CP\left|K_2\right\rangle = -\left|K_2\right\rangle \tag{6.234}$$

假设 CP 守恒，那么 K_1 仅能衰变成 $CP=+1$ 的态，而 K_2 仅能衰变成 $CP=-1$ 的态。典型的衰变为

$$K_1 \to 2\pi, \quad K_2 \to 3\pi \tag{6.235}$$

双 π 介子衰变比较快，因为其释放的能量比较大，因此有时称 K_1 为短寿命态，记为 K_S；称 K_2 为长寿命态，记为 K_L。

1964 年, 克罗宁 (Cronin) 和菲奇 (Fitch) 发现 K_L 可以衰变成两个 π 介子，这显然违反了 CP 守恒。对它的通常解释是，K_L 不再是 CP 的完美本征态，而是包含了一个 K_1 的小混合：

$$\left|K_L\right\rangle = \frac{1}{\sqrt{1+|\varepsilon|^2}}\left(\left|K_2\right\rangle + \varepsilon\left|K_1\right\rangle\right) \tag{6.236}$$

实验测量值是

$$|\varepsilon| \approx 2.3 \times 10^{-3} \tag{6.237}$$

第 7 章　局域对称性和对称性破缺

7.1　对称性概论

对称性在构建高能物理的理论框架中起到了重要作用。最初，除了电磁相互作用外，我们对各种相互作用的动力学并不是很了解。整体对称性 (global symmetry) 可以把性质相似的粒子联系起来，除此之外，它也为我们理解守恒律提供了基础。但上述关系都是静态的约束，并不能告诉我们粒子之间是如何相互作用的。后来，基于局域对称性 (local symmetry) 的理论逐渐发展起来，为我们理解各种相互作用的本质提供了非常有价值的信息。到目前为止，已知的大多数相互作用，包括电磁相互作用、弱相互作用和强相互作用，都是由基于某种局域对称性的理论来描述的。

7.2　场论中的整体对称性和局域对称性

7.2.1　整体对称性

首先讨论具有整体对称性的理论。整体对称性是指对称变换参数不依赖于时空坐标。许多严格的或者近似的守恒律，比如重子数守恒、轻子数守恒等，都可以用这种对称性来描述。下面举例说明这种对称性的重要特征。

例 7.1　具有 O(2) 对称性的自相互作用标量场。

考虑拉格朗日量：

$$\mathcal{L}=\frac{1}{2}\left[(\partial_\mu\phi_1)^2+(\partial_\mu\phi_2)^2\right]-\frac{\mu^2}{2}\left(\phi_1^2+\phi_2^2\right)-\frac{\lambda}{4}\left(\phi_1^2+\phi_2^2\right)^2 \tag{7.1}$$

它在 (ϕ_1,ϕ_2) 平面内的转动下是不变的，即具有 O(2) 对称性。O(2) 对称变换是

$$\begin{pmatrix}\phi_1\\ \phi_2\end{pmatrix}\longrightarrow\begin{pmatrix}\phi_1'\\ \phi_2'\end{pmatrix}=\begin{pmatrix}\cos\theta & -\sin\theta\\ \sin\theta & \cos\theta\end{pmatrix}\begin{pmatrix}\phi_1\\ \phi_2\end{pmatrix} \tag{7.2}$$

其中，转角 θ 与 x^μ 无关，即它在任何地方都一样，因此称为整体对称变换。这类似于经典力学中的刚体转动。这个对称性的出现是因为拉格朗日量式 (7.1) 中的场是以 $\phi_1^2+\phi_2^2$ 的组合形式出现的，该组合是我们所能构造出来的唯一的 O(2) 不变量。这个对称性导致了如下结果：

(1) 质量简并 (mass degenercy)。这里 ϕ_1^2 和 ϕ_2^2 前面的系数总是相同的，即这两个场的质量相等。这个性质从实验上很容易验证。换句话说，若某些粒子在任何时候都被观察到有相等的或近似相等的质量，那么就可以用整体或者近似整体对称性来描述这些特征。

(2) 耦合常数之间的关系。一般来说，四次项 ϕ_1^4, ϕ_2^4 和 $\phi_1^2\phi_2^2$ 可以有不同的系数。但 O(2) 对称性可将它们关联起来，组合成 $(\phi_1^2+\phi_2^2)^2$。于是，该对称性提供了一个简化方法，使我们研究这个例子时仅用一个耦合常数，而不是三个耦合常数。

这些就是拉格朗日量的对称性导致的典型结果。总之，对称性减少了拉格朗日量中参数的数量。反过来，如果实验中观测到质量简并或者不同耦合常数之间的关系，就可以寻找某种对称性来解释这些关系。实际上，质量简并或者近似简并在实验上比较容易观测到。

现在讨论对称性理论的其他一些有趣的性质。如前所述，对称性与守恒律通过诺特定理紧密地联系在一起。为了找到诺特流，在式 (7.2) 中取 $\theta \ll 1$，于是，无穷小变换为

$$\delta\phi_1 = -\theta\phi_2, \quad \delta\phi_2 = \theta\phi_1 \tag{7.3}$$

这样守恒流 (conserved current) 为

$$\theta J_\mu \sim \frac{\partial \mathcal{L}}{\partial^\mu \phi_i}\delta\phi_i = -\theta\left[\left(\partial_\mu\phi_1\right)\phi_2 - \left(\partial_\mu\phi_2\right)\phi_1\right] \tag{7.4}$$

满足

$$\partial_\mu J^\mu = 0 \tag{7.5}$$

荷由下式给出：

$$Q = \int \mathrm{d}^3 x J^0 = -\mathrm{i}\int \mathrm{d}^3 x \left[\left(\partial_0\phi_1\right)\phi_2 - \left(\partial_0\phi_2\right)\phi_1\right] \tag{7.6}$$

它是守恒的，因为

$$\frac{\mathrm{d}Q}{\mathrm{d}t} = \int_V \mathrm{d}^3 x \frac{\partial J^0}{\partial t} = -\int_V \mathrm{d}^3 x \boldsymbol{\nabla}\cdot\boldsymbol{J} = -\oint_S \mathrm{d}\boldsymbol{s}\cdot\boldsymbol{J} = 0 \tag{7.7}$$

这里我们利用高斯定理把对体积 V 的积分变作对表面积 S 的积分。

计算荷与场的对易子：

$$\begin{aligned}
[Q,\, \phi_1(x)] &= -\mathrm{i}\int \mathrm{d}^3 y \left[\left(\partial_0\phi_1(y)\right)\phi_2(y) - \left(\partial_0\phi_2(y)\right)\phi_1(y),\, \phi_1(x)\right] \\
&= -\int \mathrm{d}^3 y \phi_2(y)\delta^3\left(x-y\right) = -\phi_2(x)
\end{aligned}$$

其中使用了正则对易关系

$$[\pi_i(y),\, \phi_j(x)] = \left[\partial_0\phi_i(y),\, \phi_j(x)\right]_{x_0=y_0} = -\mathrm{i}\delta_{ij}\delta^3\left(x-y\right) \tag{7.8}$$

由于荷 Q 守恒，且与时间无关，所以式 (7.8) 中取时间分量 $y_0 = x_0$。类似地，

$$[Q, \phi_2(x)] = \phi_1(x) \tag{7.9}$$

我们看到这些对易子对应于式 (7.3) 给出的对称变换，即

$$\delta\phi_1(x) = [Q, \phi_1(x)] = -\phi_2(x), \quad \delta\phi_2(x) = [Q, \phi_2(x)] = \phi_1(x) \tag{7.10}$$

这是对称性理论的一个普遍性质，即荷与场的对易子给出该场在对称变换下的变化量。

描述这个对称性的另一种方法是把 ϕ_1 和 ϕ_2 组合成一个复数场：

$$\phi = \frac{1}{\sqrt{2}}\left(\phi_1 + \mathrm{i}\phi_2\right) \tag{7.11}$$

此时拉格朗日量变为

$$\mathcal{L} = \partial_\mu\phi^\dagger\partial_\mu\phi - \mu^2\phi^\dagger\phi - \lambda\left(\phi^\dagger\phi\right)^2 \tag{7.12}$$

现在，对称变换就是一个相位变换：

$$\phi \longrightarrow \phi' = \mathrm{e}^{-\mathrm{i}\theta}\phi \tag{7.13}$$

称为 U(1) 对称性。诺特流变成

$$j_\mu = \frac{\partial\mathcal{L}}{\partial\left(\partial^\mu\phi\right)}\delta\phi + \frac{\partial\mathcal{L}}{\partial\left(\partial^\mu\phi^\dagger\right)}\delta\phi^\dagger = \mathrm{i}[\left(\partial_\mu\phi^\dagger\right)\phi - \left(\partial_\mu\phi\right)\phi^\dagger] \tag{7.14}$$

因此荷守恒是一个可以用 U(1) 对称性来描述的例子。

例 7.2 汤川 (Yukawa) 相互作用——标量场 ϕ 与费米场 ψ 的相互作用。

汤川相互作用的拉格朗日量为

$$\mathcal{L} = \bar{\psi}(\mathrm{i}\gamma^\mu\partial_\mu - m)\psi + \frac{1}{2}\left(\partial_\mu\phi\right)^2 - \frac{\mu^2}{2}\phi^2 - \frac{\lambda}{4}\phi^4 + g\bar{\psi}\gamma_5\psi\phi \tag{7.15}$$

它在如下 U(1) 变换下是不变的：

$$\psi \to \psi' = \mathrm{e}^{-\mathrm{i}\alpha}\psi, \quad \phi \to \phi' = \phi \tag{7.16}$$

相应的诺特流为

$$j_\mu \sim \frac{\partial\mathcal{L}}{\partial\left(\partial^\mu\psi\right)}\delta\psi + \frac{\partial\mathcal{L}}{\partial\left(\partial^\mu\psi^\dagger\right)}\delta\psi^\dagger \sim \bar{\psi}\gamma_\mu\psi \tag{7.17}$$

守恒荷 (conserved charge) 为

$$Q = \int \mathrm{d}^3 x\, j_0(x) = \int \mathrm{d}^3 x\, \psi^\dagger \psi \tag{7.18}$$

这正是费米子数算符。荷与场的对易子为

$$[Q,\, \psi(x)] = \int \mathrm{d}^3 y [\psi^\dagger(y)\psi(y),\, \psi(x)]_{x_0=y_0} = -\psi(x) \tag{7.19}$$

其中利用了公式

$$[AB,\, C] = A\{B,\, C\} - \{A, C\}\, B \tag{7.20}$$

类似地，有

$$\left[Q,\, \psi^\dagger(x)\right]_{x_0=y_0} = \psi^\dagger(x) \tag{7.21}$$

如果有两个这样的费米场 ψ_1和ψ_2，它们满足相同的变换关系，那么汤川相互作用可写为

$$\mathcal{L}_{\mathrm{Y}} = g_1 \bar{\psi}_1 \gamma_5 \psi_1 \phi + g_2 \bar{\psi}_2 \gamma_5 \psi_2 \phi \tag{7.22}$$

即需要两个相互独立的耦合常数 g_1 和 g_2 来分别描述这两个费米场。

例 7.3 整体非阿贝尔对称性。

考虑 SU(2) 的一个二重态 $\psi = \begin{pmatrix} \psi_1 \\ \psi_2 \end{pmatrix}$ 和一个单重态 ϕ。SU(2) 对称变换为

$$\psi \rightarrow \psi' = \exp\left[-\mathrm{i}\left(\frac{\boldsymbol{\tau}\cdot\boldsymbol{\alpha}}{2}\right)\right]\psi, \quad \phi \rightarrow \phi' = \phi \tag{7.23}$$

其中，$\boldsymbol{\alpha} = (\alpha_1, \alpha_2, \alpha_3)$ 是实参数，$\boldsymbol{\tau} = (\tau_1, \tau_2, \tau_3)$ 是泡利矩阵。

在 SU(2) 对称变换下，拉格朗日量

$$\mathcal{L} = \bar{\psi}(\mathrm{i}\gamma^\mu \partial_\mu - m)\psi + \frac{1}{2}\left(\partial_\mu \phi\right)^2 - \frac{\mu^2}{2}\phi^2 - \frac{\lambda}{4}\phi^4 + g\bar{\psi}\psi\phi \tag{7.24}$$

是不变的，即该拉格朗日量具有 SU(2) 对称性。为了证明这一点，$\psi^\dagger$ 的变换是

$$\psi^\dagger \longrightarrow \psi^{\dagger\prime} = \psi^\dagger \exp\left[\mathrm{i}\left(\frac{\boldsymbol{\tau}\cdot\boldsymbol{\alpha}}{2}\right)\right] \tag{7.25}$$

我们有

$$\bar{\psi}\psi \longrightarrow \bar{\psi}'\psi' = \bar{\psi}\exp\left[\mathrm{i}\left(\frac{\boldsymbol{\tau}\cdot\boldsymbol{\alpha}}{2}\right)\right]\exp\left[-\mathrm{i}\left(\frac{\boldsymbol{\tau}\cdot\boldsymbol{\alpha}}{2}\right)\right]\psi = \bar{\psi}\psi \tag{7.26}$$

$$\bar{\psi}'(\mathrm{i}\gamma^\mu\partial_\mu)\psi' = \bar{\psi}(\mathrm{i}\gamma^\mu\partial_\mu)\psi \tag{7.27}$$

事实上, 拉格朗日量式(7.24) 也可以由例 7.2 最后所提到的两个费米场的情形得到，只需令两个费米场的质量 m_1, m_2 和耦合常数 g_1, g_2 分别相等。这个例子显示出了基于对称性的理论与没有对称性的理论之间的差异。

诺特流为

$$\boldsymbol{J}^{\mu}=\bar{\psi}\left(\gamma^{\mu}\frac{\boldsymbol{\tau}}{2}\right)\psi \tag{7.28}$$

守恒荷是

$$Q^{i}=\int \mathrm{d}^{3}x\,\psi^{\dagger}\left(\frac{\tau_{i}}{2}\right)\psi \tag{7.29}$$

这里有三个守恒荷，它们正好对应于对称性 O(3) 的三个生成元。荷与场的对易子为

$$\left[Q^{i},\,\psi(x)\right]=\int \mathrm{d}^{3}y\left[\psi^{\dagger}(y)\left(\frac{\tau_{i}}{2}\right)\psi(y),\,\psi(x)\right]_{x_{0}=y_{0}}=-\left(\frac{\tau_{i}}{2}\right)\psi(x) \tag{7.30}$$

以及

$$\left[Q^{i},\,\psi^{\dagger}(x)\right]=\psi^{\dagger}(x)\left(\frac{\tau_{i}}{2}\right) \tag{7.31}$$

这些对易子再次给出费米场在对称变换下的变换性质。现在有多个荷，计算它们之间的对易子：

$$\begin{aligned}\left[Q^{i},\,Q^{j}\right]&=\int \mathrm{d}^{3}x\mathrm{d}^{3}y\left[\psi^{\dagger}(x)\left(\frac{\tau_{i}}{2}\right)\psi(x),\;\psi^{\dagger}(y)\left(\frac{\tau_{j}}{2}\right)\psi(y)\right]_{x_{0}=y_{0}}\\&=\int \mathrm{d}^{3}x\mathrm{d}^{3}y\,\delta^{3}(x-y)\left[\psi^{\dagger}(x)\left(\frac{\tau_{i}}{2}\right)\left(\frac{\tau_{j}}{2}\right)\psi(y)-\psi^{\dagger}(y)\left(\frac{\tau_{j}}{2}\right)\left(\frac{\tau_{i}}{2}\right)\psi(x)\right]\\&=\int \mathrm{d}^{3}x\,\psi^{\dagger}(x)\left[\frac{\tau_{i}}{2},\,\frac{\tau_{j}}{2}\right]\psi(x)=\mathrm{i}\varepsilon^{ijk}Q^{k}\end{aligned}$$

这正是 SU(2) 代数。计算过程中用到了等式：

$$[AB,CD]=A\{B,C\}D-C\{A,D\}B,\quad \text{若 } \{A,C\}=\{B,D\}=0 \tag{7.32}$$

我们看到，荷的对易子也给出了相应对称群的代数，这也是一个普遍性质。

7.2.2 局域对称性

局域对称性是指对称变换依赖于时空坐标 x^{μ}。换言之，在每一个时空点 x_{μ} 上可进行独立的对称变换。局域对称性在构建描述基本相互作用的理论框架中扮演了非常重要的角色。我们已在第 1 章中讨论过电磁相互作用里的局域对称性的来源，这里再简述一下要点。

为了求解麦克斯韦方程，通常引入标量势 ϕ 和矢量势 $\boldsymbol{A}$：

$$\boldsymbol{B}=\boldsymbol{\nabla}\times\boldsymbol{A},\quad \boldsymbol{E}=-\boldsymbol{\nabla}\phi-\frac{\partial\boldsymbol{A}}{\partial t}$$

但其解并不唯一，因为作规范变换：

$$\phi\rightarrow\phi-\frac{\partial\alpha}{\partial t},\quad \boldsymbol{A}\rightarrow\boldsymbol{A}+\boldsymbol{\nabla}\alpha$$

仍然可以得到相同的电磁场。规范变换可以方便地写成四矢量的形式：

$$A^\mu \to A^\mu - \partial^\mu \alpha, \quad 其中\ A^\mu = (\phi, \boldsymbol{A}), \quad \partial^\mu = (\partial_t, -\boldsymbol{\nabla}) \tag{7.33}$$

描述带电粒子在电磁场中运动的薛定谔方程为

$$\left[\frac{1}{2m}\left(\frac{\hbar}{\mathrm{i}}\boldsymbol{\nabla} - e\boldsymbol{A}\right)^2 - e\phi\right]\psi = \mathrm{i}\hbar\frac{\partial\psi}{\partial t}$$

电磁势 A^μ 的规范依赖性必然导致薛定谔方程的解与规范有关，但在对电磁势作规范变换的同时，对波函数也作一个局域变换：:

$$\psi \to \psi' = \exp\left[\mathrm{i}\frac{e}{\hbar}\alpha(x)\right]\psi$$

那么就能得到相同的薛定谔方程。

这就是规范理论的出发点。它的对称变换参数 $\alpha(x)$ 与时空坐标有关，通常称为局域对称变换。这样，规范变换就与 (局域的) 对称变换联系起来。组合 $\left(\boldsymbol{\nabla} - \frac{\mathrm{i}}{\hbar}e\boldsymbol{A}\right)\psi$，$\left(\frac{\partial}{\partial t} - \frac{\mathrm{i}}{\hbar}e\phi\right)\psi$ 都与波函数 ψ 类似，在变换中会改变一个相位，通常称它们为协变导数。

现在将此局域对称性推广到场论中。为此，需要找到一个途径来创建具有局域对称性的理论，而不采用对电磁作用比较特殊的麦克斯韦方程。下面的讨论中将广泛使用协变导数的概念。

事实表明，局域阿贝尔对称性和非阿贝尔对称性非常不同，下面将分开讨论。

1. 阿贝尔对称性

这里的思路是从整体对称性出发，然后引入规范场来构造协变导数。因为协变导数在局域对称变换下有简单的变换性质，可以用它们来构造局域变换下的拉格朗日不变量。首先考虑一个只有标量场的简单情形。

先讨论阿贝尔对称性。具有整体的 U(1) 对称性的拉格朗日量可以写为

$$\mathcal{L} = (\partial_\mu\phi)^\dagger(\partial^\mu\phi) + \mu^2\phi^\dagger\phi - \lambda\left(\phi^\dagger\phi\right)^2 \tag{7.34}$$

U(1) 是一个相位变换：

$$\phi \to \phi' = \mathrm{e}^{-\mathrm{i}g\alpha}\phi \tag{7.35}$$

其中，α 是不依赖于时空坐标 x^μ 的常数，因此这个变换是整体性的。显然，$\mathcal{L}$ 在相位变换下保持不变。

现在设相位变换依赖于坐标 x^μ，即

$$\phi \to \phi' = \mathrm{e}^{-\mathrm{i}g\alpha(x)}\phi \tag{7.36}$$

式 (7.34) 中不含导数的项在此局域变换下依然保持不变，但含有导数的项则按如下方式进行变换：

$$\partial^\mu \phi \to \partial^\mu \phi' = \mathrm{e}^{-\mathrm{i}\alpha(x)} \left[\partial^\mu \phi - \mathrm{i}g\left(\partial^\mu \alpha\right)\phi\right] \tag{7.37}$$

这不是一个对称变换。与麦克斯韦理论类似，引入规范场 A^μ，其变换为

$$A^\mu \to A'^\mu = A^\mu - \partial^\mu \alpha \tag{7.38}$$

依此来定义协变导数：

$$D^\mu \phi \equiv \left(\partial^\mu - \mathrm{i}gA^\mu\right)\phi \tag{7.39}$$

它与场有相同的变换方式，即

$$\begin{aligned}(D^\mu \phi)' &= \left(\partial^\mu - \mathrm{i}gA'^\mu\right)\phi' \\ &= \mathrm{e}^{-\mathrm{i}g\alpha(x)}[\partial^\mu - \mathrm{i}g\partial^\mu\alpha - \mathrm{i}g\left(A^\mu - \partial^\mu\alpha\right)]\phi \\ &= \mathrm{e}^{-\mathrm{i}g\alpha(x)}\left(\partial^\mu - \mathrm{i}gA^\mu\right)\phi\end{aligned} \tag{7.40}$$

或写成

$$(D^\mu \phi)' = \mathrm{e}^{-\mathrm{i}g\alpha(x)}\left(D^\mu \phi\right) \tag{7.41}$$

于是组合

$$(D_\mu \phi)^\dagger (D^\mu \phi) \tag{7.42}$$

在局域相位变换下保持不变。

为了描述规范场的传播，我们需要构造包含规范场导数的项，且其在局域对称变换下应有简单的变换方式。由于协变导数在局域对称变换下就有简单的变换性质，所以可用于为规范场按如下组合构造一个反对称张量：

$$\left(D_\mu D_\nu - D_\nu D_\mu\right)\phi = gF_{\mu\nu}\phi \tag{7.43}$$

其中，

$$F_{\mu\nu} = \partial_\mu A_\nu - \partial_\nu A_\mu \tag{7.44}$$

利用协变导数的性质可以证明：

$$F'_{\mu\nu} = F_{\mu\nu} \tag{7.45}$$

现在，一个描述标量场和规范场相互作用的完整的拉格朗日量可以写为

$$\mathcal{L} = (D_\mu \phi)^\dagger (D^\mu \phi) - \frac{1}{4}F_{\mu\nu}F^{\mu\nu} - V(\phi) \tag{7.46}$$

其中，$V(\phi)$ 不包含 ϕ 的导数。这个拉格朗日量在如下局域对称变换下保持不变：

$$\phi \to \phi' = \mathrm{e}^{-\mathrm{i}g\alpha(x)}\phi, \quad A^\mu \to A'^\mu = A^\mu - \partial^\mu \alpha \tag{7.47}$$

讨论：

(1) 质量项 $A^\mu A_\mu$ 不是规范不变的。因此规范场对应于一个零质量粒子，它导致长程力。这使得我们很难将这种理论应用到除量子电动力学外的真实世界中，因为只有量子电动力学中有零质量的光子。

(2) 规范场通过协变导数与其他场进行耦合，这一点是普适的。

2. 非阿贝尔对称性 —— 杨-米尔斯 (Yang-Mills) 场

1954 年，杨振宁和米尔斯将麦克斯韦理论中阿贝尔的 U(1) 局域对称性推广到了同位旋的非阿贝尔的 SU(2) 局域对称性。为了说明这一点，我们考虑一个 SU(2) 的二重态 $\psi=\begin{pmatrix}\psi_1\\ \psi_2\end{pmatrix}$，它在 SU(2) 变换下按如下方式变换：

$$\psi(x)\to\psi'(x)=\exp\left(-\frac{\mathrm{i}\boldsymbol{\tau}\cdot\boldsymbol{\theta}}{2}\right)\psi(x) \tag{7.48}$$

其中，$\boldsymbol{\tau}=(\tau_1,\tau_2,\tau_3)$ 是泡利矩阵，它们满足

$$\left[\frac{\tau_i}{2},\ \frac{\tau_j}{2}\right]=\mathrm{i}\varepsilon_{ijk}\left(\frac{\tau_k}{2}\right) \tag{7.49}$$

对于自由场的拉格朗日量：

$$\mathcal{L}_0=\bar{\psi}(x)(\mathrm{i}\gamma^\mu\partial_\mu-m)\psi(x) \tag{7.50}$$

它在整体 SU(2) 变换下是不变的，其中，$\boldsymbol{\theta}=(\theta_1,\theta_2,\theta_3)$ 与 x_μ 无关。

对于局域对称变换，有

$$\psi(x)\to\psi'(x)=U(\theta)\psi(x) \tag{7.51}$$

其中，

$$U(\theta)=\exp\left[-\frac{\mathrm{i}\boldsymbol{\tau}\cdot\boldsymbol{\theta}(x)}{2}\right] \tag{7.52}$$

导数项的变换为

$$\partial_\mu\psi(x)\to\partial_\mu\psi'(x)=U\partial_\mu\psi+(\partial_\mu U)\psi \tag{7.53}$$

它没有简单的变换形式。引入规范场 $\boldsymbol{A}_\mu$ 来构造协变导数

$$D_\mu\psi\equiv\left(\partial_\mu-\mathrm{i}g\frac{\boldsymbol{\tau}\cdot\boldsymbol{A}_\mu}{2}\right)\psi \tag{7.54}$$

并要求它与 ψ 有相同的变换方式：

$$(D_\mu\psi)'=U(D_\mu\psi) \tag{7.55}$$

式 (7.55) 决定了规范场 $\boldsymbol{A}_\mu$ 的变换性质：

$$\left(\partial_\mu - \mathrm{i}g\frac{\boldsymbol{\tau}\cdot\boldsymbol{A}'_\mu}{2}\right)(U\psi) = U\left(\partial_\mu - \mathrm{i}g\frac{\boldsymbol{\tau}\cdot\boldsymbol{A}_\mu}{2}\right)\psi \tag{7.56}$$

由此可得规范场的具体变换：

$$\frac{\boldsymbol{\tau}\cdot\boldsymbol{A}'_\mu}{2} = U\left(\frac{\boldsymbol{\tau}\cdot\boldsymbol{A}_\mu}{2}\right)U^{-1} - \frac{\mathrm{i}}{g}(\partial_\mu U)U^{-1} \tag{7.57}$$

我们可以用协变导数来构造场张量。含有两个协变导数的项可以写为

$$\begin{aligned}D_\mu D_\nu\psi &= \left(\partial_\mu - \mathrm{i}g\frac{\boldsymbol{\tau}\cdot\boldsymbol{A}_\mu}{2}\right)\left(\partial_\nu - \mathrm{i}g\frac{\boldsymbol{\tau}\cdot\boldsymbol{A}_\nu}{2}\right)\psi \\ &= \partial_\mu\partial_\nu\psi - \mathrm{i}g\left(\frac{\boldsymbol{\tau}\cdot\boldsymbol{A}_\mu}{2}\partial_\nu\psi + \frac{\boldsymbol{\tau}\cdot\boldsymbol{A}_\nu}{2}\partial_\mu\psi\right) - \\ &\quad \mathrm{i}g\partial_\mu\left(\frac{\boldsymbol{\tau}\cdot\boldsymbol{A}_\nu}{2}\right)\psi + (-\mathrm{i}g)^2\left(\frac{\boldsymbol{\tau}\cdot\boldsymbol{A}_\mu}{2}\right)\left(\frac{\boldsymbol{\tau}\cdot\boldsymbol{A}_\nu}{2}\right)\psi\end{aligned}$$

将上式反对称化，可以得到场张量：

$$(D_\mu D_\nu - D_\nu D_\mu)\psi \equiv \mathrm{i}g\left(\frac{\boldsymbol{\tau}\cdot\boldsymbol{F}_{\mu\nu}}{2}\right)\psi \tag{7.58}$$

那么

$$\frac{\boldsymbol{\tau}\cdot\boldsymbol{F}_{\mu\nu}}{2} = \frac{\boldsymbol{\tau}}{2}\cdot(\partial_\mu\boldsymbol{A}_\nu - \partial_\nu\boldsymbol{A}_\mu) - \mathrm{i}g\left[\frac{\boldsymbol{\tau}\cdot\boldsymbol{A}_\mu}{2}, \frac{\boldsymbol{\tau}\cdot\boldsymbol{A}_\nu}{2}\right] \tag{7.59}$$

或者写成分量形式：

$$F^i_{\mu\nu} = \partial_\mu A^i_\nu - \partial_\nu A^i_\mu + g\varepsilon^{ijk}A^i_\mu A^k_\nu \tag{7.60}$$

在非阿贝尔对称性中，A 的二次项是新出现的项，它起因于联系规范场与费米子的耦合是不对易的。在规范变换下，我们有

$$\boldsymbol{\tau}\cdot\boldsymbol{F}'_{\mu\nu} = U(\boldsymbol{\tau}\cdot\boldsymbol{F}_{\mu\nu})U^{-1} \tag{7.61}$$

考虑无穷小变换：$\theta(x) \ll 1$，则有 $U(\theta) \approx 1 - \mathrm{i}\dfrac{\boldsymbol{\tau}\cdot\boldsymbol{\theta}(x)}{2}$，由式 (7.57) 和式 (7.61) 分别可得

$$A'^i_\mu = A^i_\mu + \varepsilon^{ijk}\theta^j A^k_\mu - \frac{1}{g}\partial_\mu\theta^i \tag{7.62}$$

$$F'^i_{\mu\nu} = F^i_{\mu\nu} + \varepsilon^{ijk}\theta^j F^k_{\mu\nu} \tag{7.63}$$

所以，具有非阿贝尔局域对称性的完整拉格朗日量是

$$\mathcal{L} = -\frac{1}{4}F^i_{\mu\nu}F^{i\mu\nu} + \bar{\psi}(x)(\mathrm{i}\gamma^\mu D_\mu - m)\psi \tag{7.64}$$

其中，

$$F^i_{\mu\nu} = \partial_\mu A^i_\nu - \partial_\nu A^i_\mu + g\varepsilon^{ijk}A^i_\mu A^k_\nu, \quad D_\mu = \partial_\mu - \mathrm{i}g\frac{\boldsymbol{\tau}\cdot\boldsymbol{A}_\mu}{2} \tag{7.65}$$

该拉格朗日量在如下局域对称变换下是不变的：

$$A_\mu^i \to A_\mu'^i = A_\mu^i + \varepsilon^{ijk}\theta^j A_\mu^k - \frac{1}{g}\partial_\mu\theta^i \tag{7.66}$$

$$\psi(x) \to \psi'(x) = \exp\left(-\frac{\mathrm{i}\boldsymbol{\tau}\cdot\boldsymbol{\theta}}{2}\right)\psi(x) \tag{7.67}$$

讨论：

(1) 这里 $A_\mu^a A^{a\mu}$ 仍然不是规范不变的，这说明规范玻色子的质量为零，导致长程力。这显然是不对的，因为除了量子电动力学外，没有其他长程力。

(2) 规范玻色子 A_μ^a 并不像光子一样不带电荷，它携带守恒荷——SU(2) 荷。

(3) 场张量 F 中的二次项 AA 仅出现在非阿贝尔对称性中。该特征导致了非常特别的性质，即渐近自由。

这个理论还能够推广到其他对称群 G，其步骤如下：

(1) 写出具有整体对称性的拉格朗日量。

(2) 将普通导数 $\partial_\mu\phi$ 换成协变导数 $D_\mu\phi \sim \left(\partial_\mu - \mathrm{i}gA_\mu^a T^a\right)\phi$，其中，$A_\mu^a(a = 1,2,\cdots,n$, n 是生成元的数目) 是规范场，T^a 是 ϕ 所属群 G 的表示矩阵，且它们构成李代数：

$$\left[T^a, T^b\right] = \mathrm{i}f^{abc}T^c \tag{7.68}$$

式中，f^{abc} 是群 G 的结构常数。

(3) 利用反对称组合 $(D_\mu D_\nu - D_\nu D_\mu)\phi \sim F_{\mu\nu}^a\phi$ 来构造场张量 $F_{\mu\nu}^a$，其形式为

$$F_{\mu\nu}^a = \partial_\mu A_\nu^a - \partial_\nu A_\mu^a + gf^{abc}A_\mu^b A_\nu^c \tag{7.69}$$

(4) 完整的拉格朗日量为

$$\mathcal{L} = -\frac{1}{4}F_{\mu\nu}^a F^{a\mu\nu} + \frac{1}{2}D_\mu\phi D^\mu\phi + V(\phi) \tag{7.70}$$

其中，$V(\phi)$ 是场 ϕ 的整体对称不变的函数，且不包含任何导数项。

量子色动力学的拉格朗日量

能够描述强相互作用的理论是量子色动力学，它基于夸克的局域 SU(3) 色对称性。利用构造具有局域对称性理论的规则，量子色动力学的拉格朗日量可以写为

$$\mathcal{L} = -\frac{1}{4}F_{\mu\nu}^a F^{a\mu\nu} + \bar{q}_i\mathrm{i}\gamma^\mu D_\mu q_i + \bar{q}_i m_i q_i \tag{7.71}$$

其中，

$$F^{a\mu\nu} = \partial^\mu A^{a\nu} - \partial^\nu A^{a\mu} + gf^{abc}A^{b\mu}A^{c\nu} \tag{7.72}$$

$$D_\mu q_i = \left(\partial_\mu - \mathrm{i}gA^{a\mu}\frac{\lambda^a}{2}\right)q_i \tag{7.73}$$

其中，λ^a 是 3×3 零迹厄米矩阵，它们满足 SU(3) 代数 (6.135)；g 是规范耦合常数；q_i $(i=1,2,\cdots,6)$ 是不同味的夸克场算符，且对每个味，它是一个色三重态场；A_μ^a $(a=1,2,\cdots,8)$ 是色胶子场，它们通过协变导数 $D_\mu q_i=\left(\partial_\mu-\mathrm{i}gA^{a\mu}\dfrac{\lambda^a}{2}\right)q_i$ 与夸克场相互作用；m_i $(i=1,2,\cdots)$ 是不同味的夸克的质量。

即使我们相信量子色动力学是研究强相互作用的一个正确理论，但还是不能像在量子电动力学中所做的那样计算更多的物理量。这是因为量子色动力学是夸克和胶子的理论，而不是利用实验中观测到的强子。另外，在某些区域，有效耦合常数很小，满足微扰计算的要求，但在有的区域，有效耦合常数很大，使得计算非常困难。后面，我们将讨论其中一些特点。

7.3 对称性破缺

自然界中有很多对称性不是精确的，而是近似的，但这些近似对称性在理解高能物理中的各种现象时依然十分有用。在不同类型的对称性破缺中，最有趣的是在高能物理中起到重要作用的对称性自发破缺 (spontaneous symmetry breaking，SSB)。它是建立弱电相互作用的标准模型的两个关键要素之一，另一个是局域规范对称性。

7.3.1 维格纳-外尔模式中的对称性

在物理学中，对称性蕴含着守恒律，而守恒律也可以用对称性来解释。通常，我们可以通过研究物理态的简并性来发现物理系统的相互作用的对称性。例如，如果我们观察到 $2l+1$ 的简并度，就可以去寻找球对称性或者类似的对称性。有时候，找到一个系统的正确对称性是要花一番功夫的。例如，氢原子能谱的简并度要高于 O(3) 球对称性所能提供的简并度。事实上，氢原子的库仑势有更高的对称性：四维转动群 O(4)。给定主量子数 n 和不同角量子数 l 的简并度反映了 O(4) 群的表示。另一个例子是三维各向同性谐振子，它有更高的对称性，其简并度与比转动群 O(3) 更大的 SU(3) 群的表示有关。这两个例子都是从态的简并度来推测哈密顿量的对称性。换句话说，态的对称性与相互作用的对称性实际上是相同的。这种揭示对称性的方法有时也称为维格纳-外尔 (Wigner-Weyl) 模式。

7.3.2 南部-戈德斯通模式中的对称性

对于 SSB，相互作用的对称性并不完全表现在系统的物理态上。换句话说，相互作用的对称性要高于物理态的对称性。这使得我们难以从物理态的简并度来得到这种对称性。历史上，SSB 首先是在 1960 年左右由南部阳一郎 (Nambu)

和戈德斯通 (Goldstone) 在研究固体物理的超导现象时发现的。SSB 的结果之一是零质量激发态的出现，称为南部-戈德斯通玻色子，或简称为戈德斯通玻色子。随后，南部阳一郎又将这一想法应用于粒子物理。结合 $\mathrm{SU}(3)\times\mathrm{SU}(3)$ 流代数，SSB 已成功地解释了强相互作用在低能区的近似手征对称性。更重要的是，1964 年希格斯和其他人发现在局域规范对称性中，SSB 能非常神奇地将规范场中的长程力转变为短程力。这样就避免了零质量戈德斯通玻色子和零质量规范玻色子同时出现。温伯格 (Weinberg) 和萨拉姆 (Salam) 利用这一想法建立了一个包含电磁相互作用和弱相互作用的模型。然而，直到胡夫特 ('t Hooft) 于 1971 年证明了该理论可重整化 (renomalizable)，且所有高阶效应都可以计算之后，人们才认识到它的重要意义。从那时起，这个模型在实验上不断取得成功，现在被称为“电弱相互作用的标准模型”。这个模型是未来新物理的基石。

本节将对 SSB 作一个简要介绍，重点是定性的理解，而非完整性和数学上的严格性。尽管 SSB 在解释许多有趣的物理现象都十分成功，但是把它纳入理论框架还是或多或少地带有人为性，而且 SSB 的来源也不清楚。我们还将讨论一些物理上易于处理的非相对论性的例子，以期它们有助于我们理解 SSB 的本质。或许，对 SSB 的真正理解会将它的应用扩展到新的前沿领域。

7.3.3 戈德斯通定理

相互作用的对称性在基态破缺的一个最有名的例子要数居里 (Curie) 温度 T_{C} 附近的铁磁效应 (ferromagnetism)。当 $T>T_{\mathrm{C}}$ 时，处于基态的所有磁偶极子 (magnetic dipole) 都随机取向，因此是旋转不变的。当 $T<T_{\mathrm{C}}$ 时，基态的所有磁偶极子都沿同一方向排列 (自发磁化 (spontaneous magnetization))，因此不是旋转不变的。此现象可以用朗道-金兹伯格 (Laudau-Ginzberg) 平均场理论 (mean field theory) 来描述。当温度接近 T_{C} 时，磁化强度 $\boldsymbol{M}$ 应很小，因此可以将系统的自由能密度 (free energy density) u 按 $\boldsymbol{M}$ 展开，忽略 $\boldsymbol{M}$ 的高阶项，有

$$u(\boldsymbol{M})=(\partial_t\boldsymbol{M})^2+V(\boldsymbol{M}) \tag{7.74}$$

其中，

$$V(\boldsymbol{M})=\alpha_1(T)(\boldsymbol{M}\cdot\boldsymbol{M})+\alpha_2(T)(\boldsymbol{M}\cdot\boldsymbol{M})^2 \tag{7.75}$$

且 $\alpha_1(T)$ 和 $\alpha_2(T)$ 是与 $\boldsymbol{M}$ 无关的参数。u 和 V 显然是旋转不变的。假设 $\boldsymbol{M}$ 缓慢变化，且只保留它对时间的一阶导数。为了使 u 为正，系数为 $\alpha_2>0$ 的四次项也应包含进来。设

$$\alpha_1(T)=\alpha(T-T_{\mathrm{C}}),\quad \alpha>0 \tag{7.76}$$

以致当 T 经过 T_{C} 时，α_1 会变号。由于 $(\partial_t\boldsymbol{M})^2$ 项是非负的，只需令 $V(\boldsymbol{M})$ 取最小值就可以得到基态的磁化强度：

$$\frac{\partial V}{\partial M_i} = 0 \implies M_i \left(\alpha_1 + 2\alpha_2 \boldsymbol{M} \cdot \boldsymbol{M}\right) = 0 \tag{7.77}$$

当 $T > T_{\mathrm{C}}$ ($\alpha_1 > 0$)，其解为 $M_i = 0$，此解给出高温无磁化的特点。当 $T < T_{\mathrm{C}}$ ($\alpha_1 < 0$)，最小值处于

$$|\boldsymbol{M}| = \sqrt{-\frac{\alpha_1}{2\alpha_2}} \tag{7.78}$$

它确定了磁化强度 $\boldsymbol{M}$ 的大小，但方向是任意的。若选定一方向，对低于 T_{C} 的情况，自由能的转动对称性就自发破缺了。

SSB 的一个重要结果是戈德斯通定理，即在场论框架里连续对称性的自发破缺意味着系统存在着某种激发态，它的频率在长波极限时趋近于零。在粒子物理中，即为零质量粒子。历史上，南部阳一郎曾于 1960 年注意到在超导体的 BCS (Bardeen-Cooper-Schrieffer) 理论中，这种集体激发模式在理解该理论的规范不变性中起到关键作用。随后，他将这些想法应用到粒子物理中的手征对称性 (chiral symmetry) 的自发破缺中，并与乔纳-拉希尼欧 (Jona-Lasinio) 利用很特殊的近似，提出了一个模型，发现手征对称性能够自发地破缺。1961 年，戈德斯通给出了更多零质量粒子的范例，并且预言这是 SSB 的普遍特点。后来，戈德斯通, 萨拉姆和温伯格将它变成了一个严格的、更普遍的定理。

为了阐明这个定理，我们从具有连续对称性的相对论系统开始。由诺特定理，连续对称性意味着存在守恒流

$$\partial_\mu J^\mu = 0 \tag{7.79}$$

和守恒荷

$$Q = \int \mathrm{d}^3 x J^0(x), \quad \frac{\mathrm{d}Q}{\mathrm{d}t} = 0 \tag{7.80}$$

在对称变换下，一般的场算子 $\phi(x)$ 会做如下变换：

$$\phi(x) \to \phi'(x) = \mathrm{e}^{\mathrm{i}\varepsilon Q}\phi(x)\mathrm{e}^{-\mathrm{i}\varepsilon Q} = \phi(x) + \mathrm{i}\varepsilon\left[Q, \phi(x)\right] + \cdots \tag{7.81}$$

其中，ε 是一个刻画对称变换的任意参数。流守恒意味着

$$\begin{aligned} 0 &= \int \mathrm{d}^3 x \left[\partial_\mu J^\mu(\boldsymbol{x}, t), \phi(0)\right] \\ &= \partial^0 \int \mathrm{d}^3 x \left[J^0(\boldsymbol{x}, t), \phi(0)\right] + \int \mathrm{d}\boldsymbol{s} \cdot \left[\boldsymbol{J}(\boldsymbol{x}, t), \phi(0)\right] \end{aligned} \tag{7.82}$$

对于足够大的表面，假设没有荷流出这个面，式 (7.82) 中等号右边第二项为零。因此可得

$$\frac{\mathrm{d}}{\mathrm{d}t}\left[Q(t), \phi(0)\right] = 0 \tag{7.83}$$

假设这个对易子有非零的真空期望值 (vacuum expectation value)：

$$\langle 0|[Q,\phi(0)]|0\rangle = v \neq 0 \tag{7.84}$$

此式通常称为对称性破缺条件。注意，这个非零对易子意味着守恒荷 Q 不会湮灭真空态，即

$$Q|0\rangle \neq 0 \tag{7.85}$$

我们称为对称性自发破缺。因为 Q 是对称变换的生成元，由式 (7.85) 可得

$$\mathrm{e}^{\mathrm{i}\alpha Q}|0\rangle \neq |0\rangle \tag{7.86}$$

说明真空态在对称变换下并不是不变的。把式(7.80) 中Q的表达式代入式(7.84)，有

$$\begin{aligned}\langle 0|[Q,\phi(0)]|0\rangle &= \int \mathrm{d}^3x \left\langle 0\left|\left[J^0(\boldsymbol{x},t),\phi(0)\right]\right|0\right\rangle \\ &= \int \mathrm{d}^3x \left\langle 0\left|\left(J^0(\boldsymbol{x},t)\phi(0)-\phi(0)J^0(\boldsymbol{x},t)\right)\right|0\right\rangle\end{aligned} \tag{7.87}$$

插入一组完备的中间态，并利用平移算符 (translation operator)

$$J^0(x) = \mathrm{e}^{\mathrm{i}p\cdot x}J^0(0)\mathrm{e}^{-\mathrm{i}p\cdot x} \tag{7.88}$$

式 (7.87) 中的第一项是

$$\begin{aligned}&\sum_n \int \mathrm{d}^3x \left\langle 0\left|J^0(\boldsymbol{x},t)\right|n\right\rangle \langle n|\phi(0)|0\rangle \\ =&\sum_n \int \mathrm{d}^3x\mathrm{e}^{-\mathrm{i}p_n\cdot x} \left\langle 0\left|J^0(0)\right|n\right\rangle \langle n|\phi(0)|0\rangle \\ =&\sum_n (2\pi)^3\delta^3(\boldsymbol{p}_n)\left\langle 0\left|J^0(0)\right|n\right\rangle\langle n|\phi(0)|0\rangle\mathrm{e}^{-\mathrm{i}E_nt}\end{aligned}$$

第二项也有类似的结果。故有

$$\begin{aligned}&\sum_n (2\pi)^3\delta^3(\boldsymbol{p}_n)\left\{\left\langle 0\left|J^0(0)\right|n\right\rangle\langle n|\phi(0)|0\rangle\mathrm{e}^{-\mathrm{i}E_nt}-\right. \\ &\left.\langle 0|\phi(0)|n\rangle\left\langle n\left|J^0(0)\right|0\right\rangle\mathrm{e}^{\mathrm{i}E_nt}\right\} = v \neq 0\end{aligned} \tag{7.89}$$

等式右边与时间无关，但左边因包含指数因子 $\mathrm{e}^{\pm\mathrm{i}E_nt}$ 而明显地依赖于时间，所以这个关系只当存在如下中间态时才能满足，即

$$E_n = 0, \quad 对于\ \boldsymbol{p}_n = 0 \tag{7.90}$$

在相对论系统中，能量动量关系

$$E_n = \sqrt{\boldsymbol{p}_n^2 + m_n^2} \tag{7.91}$$

意味着零质量粒子，即戈德斯通玻色子。

总之，如果一个连续对称性是自发破缺的，如式 (7.84)，那么存在能量在长波极限下趋于零的激发态。

7.4 对称性自发破缺

对于整体对称性和局域对称性，它们的对称性自发破缺的结果很不一样，下面分开来讨论。

7.4.1 整体对称性

1. 离散对称性

首先讨论局域场有一个非零真空期望值的情况。我们将利用一个离散对称性的简单例子来说明，即它不产生戈德斯通玻色子。

考虑 $\lambda\phi^4$ 理论，其拉格朗日量

$$\mathcal{L} = \frac{1}{2}[(\partial_\mu\phi)^2 - \mu^2\phi^2] - \frac{\lambda}{4}\phi^4 \tag{7.92}$$

具有离散对称性：$\phi \to -\phi$。它的共轭动量是

$$\pi = \frac{\partial\mathcal{L}}{\partial(\partial_0\phi)} = \partial_0\phi \tag{7.93}$$

哈密顿量是

$$H = \pi\partial_0\phi - \mathcal{L} = \frac{1}{2}[(\partial_0\phi)^2 + (\boldsymbol{\nabla}\phi)^2 + \mu^2\phi^2] + \frac{1}{4}\lambda\phi^4 \tag{7.94}$$

或将其写成动能与势能之和的形式：

$$H = \frac{1}{2}(\partial_0\phi)^2 + V_{\text{eff}}(\phi) \tag{7.95}$$

其中，

$$V_{\text{eff}} = \frac{1}{2}(\boldsymbol{\nabla}\phi)^2 + \frac{1}{2}\mu^2\phi^2 + \frac{1}{4}\lambda\phi^4 \tag{7.96}$$

对于极小值，应有 $\boldsymbol{\nabla}\phi = 0$，即 ϕ 与空间坐标无关。当 $\mu^2 > 0$ 时，V_{eff} 中的每一项都是正的，因此极小值出现在 $\phi = 0$。但当 $\mu^2 < 0$ 时，极小值出现在

$$\phi = \pm v, \quad v = \sqrt{\frac{-\mu^2}{\lambda}} \tag{7.97}$$

注意，μ^2 是一个任意参数，可正可负。因此 $\mu^2<0$ 并不意味 μ 是虚的。可以仅改变 ϕ^2 项的符号，使其与 ϕ^4 项有相反的符号。我们看到，仅当 $\mu^2<0$ 时，才有对称性自发破缺。但到目前为止我们不知道为什么会有 $\mu^2<0$。

为方便起见，取 $\phi=v$，对称性 $\phi\to-\phi$ 出现破缺。在极小值点附近展开量子场：

$$\phi=\phi'+v \tag{7.98}$$

那么

$$\mathcal{L}=\frac{1}{2}(\partial_\mu\phi')^2-\left(-\mu^2\right)\phi'^2-\lambda v\phi'^3-\frac{1}{4}\lambda\phi'^4 \tag{7.99}$$

新场 ϕ' 的质量为 $\sqrt{-2\mu^2}$。这个例子不存在戈德斯通玻色子，因为其对称性是离散的。这个简单例子给出了对称性破缺出现的条件。

2. 阿贝尔对称性

考虑一个简单系统，其拉格朗日量密度有如下形式：

$$\mathcal{L}=\frac{1}{2}\left[(\partial_\mu\sigma)^2+(\partial_\mu\pi)^2\right]-V\left(\sigma^2+\pi^2\right) \tag{7.100}$$

其中，

$$V\left(\sigma^2+\pi^2\right)=-\frac{\mu^2}{2}\left(\sigma^2+\pi^2\right)+\frac{\lambda}{4}\left(\sigma^2+\pi^2\right)^2 \tag{7.101}$$

这个拉格朗日量在 O(2) 转动下保持不变。O(2) 是连续对称性，它的变换为

$$\begin{pmatrix}\sigma\\ \pi\end{pmatrix}\longrightarrow\begin{pmatrix}\sigma'\\ \pi'\end{pmatrix}=\begin{pmatrix}\cos\alpha & \sin\alpha\\ -\sin\alpha & \cos\alpha\end{pmatrix}\begin{pmatrix}\sigma\\ \pi\end{pmatrix} \tag{7.102}$$

其中，转角 α 与时空坐标无关，因而是整体对称性。

为了得到诺特流，考虑无穷小变换：

$$\delta\sigma=-\theta\pi,\quad \delta\pi=\theta\sigma \tag{7.103}$$

守恒流是

$$J_\mu\sim\frac{\partial\mathcal{L}}{\partial(\partial_\mu\phi_i)}\delta\phi_i=-\left[(\partial_\mu\sigma)\,\pi-(\partial_\mu\pi)\,\sigma\right] \tag{7.104}$$

且满足

$$\partial_\mu J^\mu=0 \tag{7.105}$$

荷为

$$Q=\int\mathrm{d}^3x J_0=-\mathrm{i}\int\mathrm{d}^3x\left[(\partial_0\sigma)\,\pi-(\partial_0\pi)\,\sigma\right] \tag{7.106}$$

它是守恒的，因为

$$\frac{\mathrm{d}Q}{\mathrm{d}t}=\int_V \mathrm{d}^3x\frac{\partial J_0}{\partial t}=-\int_V \mathrm{d}^3x\boldsymbol{\nabla}\cdot\boldsymbol{J}=-\oint_S \mathrm{d}\boldsymbol{s}\cdot\boldsymbol{J}=0 \tag{7.107}$$

计算荷和场的对易子：

$$\begin{aligned}[Q,\,\sigma(x)]&=-\mathrm{i}\int \mathrm{d}^3y\left[(\partial_0\sigma(y))\,\pi(y)-(\partial_0\pi(y))\,\sigma(y),\,\sigma(x)\right]\\&=-\int \mathrm{d}^3y\pi(y)\delta^3\left(x-y\right)=-\pi\left(x\right)\end{aligned} \tag{7.108}$$

类似地有

$$[Q,\,\pi(x)]=\sigma(x) \tag{7.109}$$

对称性破缺的条件为：为了得到经典的基态，取势能 V 的极小值

$$\frac{\partial V}{\partial\sigma}=\sigma\left[-\mu^2+\lambda\left(\sigma^2+\pi^2\right)\right]=0 \tag{7.110}$$

$$\frac{\partial V}{\partial\pi}=\pi\left[-\mu^2+\lambda\left(\sigma^2+\pi^2\right)\right]=0 \tag{7.111}$$

当 $\mu^2>0$ 时，最小值位于

$$\sigma^2+\pi^2=v^2,\quad \text{且}\, v^2=\frac{\mu^2}{\lambda} \tag{7.112}$$

即 (σ,π) 平面上半径为 v 的圆上所有点都是最小值，这些点之间通过 O(2) 转动联系起来，因此是等价的。圆上的任一点都可以选作真空，例如，可以取

$$\langle 0\,|\sigma|\,0\rangle=v,\quad \langle 0\,|\pi|\,0\rangle=0 \tag{7.113}$$

这样，O(2) 对称性就被真空态破坏了。为了说明戈德斯通定理，利用对易关系

$$\langle 0\,|[Q,\,\pi(0)]|\,0\rangle=\langle 0\,|\sigma|\,0\rangle=v\neq 0 \tag{7.114}$$

和

$$\begin{aligned}&\sum_n(2\pi)^3\,\delta^3\left(\boldsymbol{p}_n\right)\left\{\left\langle 0\left|J^0(0)\right|n\right\rangle\langle n\,|\pi(0)|\,0\rangle\,\mathrm{e}^{-\mathrm{i}E_nt}-\right.\\&\left.\langle 0\,|\pi(0)|\,n\rangle\left\langle n\left|J^0(0)\right|0\right\rangle\mathrm{e}^{\mathrm{i}E_nt}\right\}=v\neq 0\end{aligned} \tag{7.115}$$

因此在 $\{|n\rangle\}$ 中存在一个态 $|g\rangle$，使得

$$\left\langle 0\left|J^0(0)\right|g\right\rangle\langle g\,|\pi(0)|\,0\rangle\neq 0 \tag{7.116}$$

以及

$$E_g \to 0, \quad 当\, p_g \to 0 \quad \Longrightarrow \quad m_g = 0 \tag{7.117}$$

所以态 $|g\rangle$ 是戈德斯通玻色子。

为了用微扰论得到粒子的能谱，考虑在极小值附近的小振动，定义场的平移

$$\sigma' = \sigma - v \tag{7.118}$$

拉格朗日量密度可以写为

$$\mathcal{L} = \frac{1}{2}\left[\left(\partial_\mu \sigma'\right)^2 + \left(\partial_\mu \pi\right)^2\right] - \mu^2 \sigma'^2 - \lambda v \sigma' \left(\sigma'^2 + \pi^2\right) - \frac{1}{4}\lambda \left(\sigma'^2 + \pi^2\right)^2 \tag{7.119}$$

式中没有 π 场的二次项，所以 π 就是零质量的戈德斯通玻色子。在场论中，零质量粒子对应于长程力。在自然界中，除非零自旋的光子和引力子外，不存在其他零质量粒子。这就是戈德斯通玻色子在粒子物理中没有太多应用的原因。

3. 非阿贝尔对称性

设拉格朗日量密度为

$$\mathcal{L} = \frac{1}{2}\left[\left(\partial_\mu \sigma\right)^2 + \left(\partial_\mu \boldsymbol{\pi}\right)^2\right] - V\left(\sigma^2 + \boldsymbol{\pi}^2\right) \tag{7.120}$$

其中，

$$\boldsymbol{\pi} = (\pi_1, \pi_2, \pi_3) \tag{7.121}$$

及

$$V\left(\sigma^2 + \boldsymbol{\pi}^2\right) = -\frac{\mu^2}{2}\left(\sigma^2 + \boldsymbol{\pi}^2\right) + \frac{\lambda}{4}\left(\sigma^2 + \boldsymbol{\pi}^2\right)^2 \tag{7.122}$$

在四维空间 $\phi_i = (\sigma, \pi_1, \pi_2, \pi_3)$ 中作如下旋转操作，拉格朗日量 (7.120) 是不变的

$$\phi_i \to \phi_i' = R_{ij}\phi_j \tag{7.123}$$

其中，R 是 4×4 正交矩阵，即满足 $R^{\mathrm{T}}R = RR^{\mathrm{T}} = 1$。这是一个非阿贝尔对称性。如果四维旋转的转角 α 与时空无关，那就是整体对称变换。

计算势能 V 的极小值：

$$\frac{\partial V}{\partial \sigma} = \sigma\left[-\mu^2 + \lambda\left(\sigma^2 + \boldsymbol{\pi}^2\right)\right] = 0 \tag{7.124}$$

$$\frac{\partial V}{\partial \pi_i} = \pi_i\left[-\mu^2 + \lambda\left(\sigma^2 + \boldsymbol{\pi}^2\right)\right] = 0 \tag{7.125}$$

当 $\mu^2 > 0$ 时，极小值位于

$$\sigma^2 + \boldsymbol{\pi}^2 = v^2, \quad 且\ v^2 = \frac{\mu^2}{\lambda} \tag{7.126}$$

这是四维空间 $(\sigma,\boldsymbol{\pi})$ 中一个半径为 v 的球面。假设取

$$\langle 0\,|\sigma|\,0\rangle = v,\quad \langle 0\,|\boldsymbol{\pi}|\,0\rangle = 0 \tag{7.127}$$

那么 O(4) 对称性被真空态破缺了。但仍有 O(3) 对称性未被破却，它是三维空间 (π_1,π_2,π_3) 中的转动。考虑极小值附近的小振动，定义平移场为

$$\sigma' = \sigma - v \tag{7.128}$$

拉格朗日量密度为

$$\mathcal{L} = \frac{1}{2}\left[\left(\partial_\mu\sigma'\right)^2 + \left(\partial_\mu\boldsymbol{\pi}\right)^2\right] - \mu^2\sigma'^2 - \lambda v\sigma'\left(\sigma'^2+\boldsymbol{\pi}^2\right) - \frac{\lambda}{4}\left(\sigma'^2+\boldsymbol{\pi}^2\right)^2 \tag{7.129}$$

式中没有 $\boldsymbol{\pi}$ 场的二次项，所以，$\boldsymbol{\pi}$ 就是零质量的戈德斯通玻色子。零质量粒子意味着长程力，实验上没有发现。这个性质阻碍了此现象的物理应用。

7.4.2 局域对称性

1. 阿贝尔对称性

为了从整体对称性过渡到局域对称性，需要引入规范场来构造协变导数。为了说明这一点，我们依然采用前面讨论过的具有 O(2) 对称性的例子。

拉格朗日量为

$$\mathcal{L} = \left(\partial_\mu\phi\right)^\dagger\left(\partial^\mu\phi\right) + \mu^2\phi^\dagger\phi - \lambda\left(\phi^\dagger\phi\right)^2 \tag{7.130}$$

其中，$\phi = \dfrac{1}{\sqrt{2}}(\sigma + \mathrm{i}\pi)$。在这个形式中，对称变换就是乘上一个相位因子

$$\phi \to \phi' = \mathrm{e}^{-\mathrm{i}\alpha}\phi \tag{7.131}$$

为了得到局域对称性，需引入规范场来构造协变导数 $D_\mu\phi$ 和场张量 $F_{\mu\nu}$，即

$$D_\mu\phi = \left(\partial_\mu - \mathrm{i}gA_\mu\right)\phi,\quad F_{\mu\nu} = \partial_\mu A_\nu - \partial_\nu A_\mu \tag{7.132}$$

这样，拉格朗日量式 (7.130) 可改写为

$$\mathcal{L} = \left(D_\mu\phi\right)^\dagger\left(D^\mu\phi\right) + \mu^2\phi^\dagger\phi - \lambda\left(\phi^\dagger\phi\right)^2 - \frac{1}{4}F_{\mu\nu}F^{\mu\nu} \tag{7.133}$$

它在如下局域对称变换下保持不变：

$$\phi(x) \to \phi'(x) = \mathrm{e}^{-\mathrm{i}\alpha(x)}\phi(x) \tag{7.134}$$

$$A_\mu(x) \to A'_\mu(x) = A_\mu(x) - \partial_\mu\alpha(x) \tag{7.135}$$

当 $\mu^2>0$ 时，势能

$$V(\phi)=-\mu^2\phi^\dagger\phi+\lambda\left(\phi^\dagger\phi\right)^2 \tag{7.136}$$

的极小值位于

$$\phi^\dagger\phi|_{\min}=\frac{v^2}{2},\quad v^2=\frac{\mu^2}{\lambda} \tag{7.137}$$

这意味着场算符 ϕ 有非零真空期望值

$$|\langle 0\,|\phi|\,0\rangle|=\frac{v}{\sqrt{2}} \tag{7.138}$$

若将场 ϕ 写成两个实场 ϕ_1,ϕ_2 的形式：

$$\phi=\frac{1}{\sqrt{2}}\left(\phi_1+\mathrm{i}\phi_2\right) \tag{7.139}$$

可以选择

$$\langle 0\,|\phi_1|\,0\rangle=v,\quad \langle 0\,|\phi_2|\,0\rangle=0 \tag{7.140}$$

正如前面所见到的，如果定义平移场：

$$\phi_1'=\phi_1-v,\quad \phi_2'=\phi_2 \tag{7.141}$$

那么 ϕ_2' 对应于戈德斯通玻色子。这里出现了一个新特点：协变导数项为规范玻色子赋予了一个质量项

$$\begin{aligned}|D_\mu\phi|^2&=|(\partial_\mu-\mathrm{i}gA_\mu)\,\phi|^2\\&=\frac{1}{2}\left(\partial_\mu\phi_1'+gA_\mu\phi_2'\right)^2+\frac{1}{2}\left(\partial_\mu\phi_2'-gA_\mu\phi_1'\right)^2-\\&\quad gvA^\mu\left(\partial_\mu\phi_2'+gA_\mu\phi_1'\right)+\frac{g^2v^2}{2}A^\mu A_\mu\end{aligned} \tag{7.142}$$

式中最后一项赋予规范玻色子以质量

$$M=gv \tag{7.143}$$

式 (7.142) 中出现的交叉项

$$-gvA^\mu\partial_\mu\phi_2' \tag{7.144}$$

使得 A^μ 和 ϕ_2' 混合起来，物理解释变得复杂。为了简化分析，下面来去掉这个混合项。首先，将标量场写成极变量 (polar variable) 的形式：

$$\begin{aligned}\phi(x)&=\frac{1}{\sqrt{2}}\left[v+\eta(x)\right]\exp\left(\frac{\mathrm{i}\xi}{v}\right)\\&=\frac{1}{\sqrt{2}}\left[v+\eta(x)+\mathrm{i}\xi(x)+\cdots\right]\end{aligned}$$

即用新的场 η 和 ξ 来代替 ϕ_1' 和 ϕ_2'。现在利用规范变换去消掉 ξ，定义

$$\phi'' = \exp-\left(\frac{\mathrm{i}\xi}{v}\right)\phi = \frac{1}{\sqrt{2}}\left[v+\eta(x)\right] \tag{7.145}$$

和

$$B_\mu = A_\mu - \frac{1}{gv}\partial_\mu\xi \tag{7.146}$$

这里 ξ 看起来很像式 (7.135) 中的规范变换给出的规范函数。新的拉格朗日量现在为

$$\mathcal{L} = \frac{1}{2}\left|\partial_\mu\eta - \mathrm{i}g\left(v+\eta\right)\right|^2 + \frac{\mu^2}{2}\left(v+\eta\right)^2 - \frac{1}{4}\lambda\left(v+\eta\right)^4 - \\ \frac{1}{4}\left(\partial_\mu B_\nu - \partial_\nu B_\mu\right)^2 \tag{7.147}$$

我们看到在新拉格朗日量里，戈德斯通玻色子 ξ 消失了，这是因为原来的拉格朗日量在规范变换下是不变的。事实上，从式 (7.146) 中可以看到 ξ 变成了矢量规范玻色子的纵向分量。值得注意的是，对称性自发破缺后，零质量的规范玻色子和零质量的戈德斯通玻色子结合起来变成了有质量的矢量介子，以至于所有与零质量粒子有关的长程力都消失了。

2. 非阿贝尔对称性

现在研究非阿贝尔情形中的对称性自发破缺。结果表明，阿贝尔局域对称性与非阿贝尔局域对称性之间没有本质的差异，具有同样的特征：零质量规范玻色子吃掉标量场后变成有质量的规范玻色子。下面做一些简单讨论。

考虑 SU(2) 群的一个二重态 $\phi = \begin{pmatrix}\phi_1\\ \phi_2\end{pmatrix}$。具有局域对称性的拉格朗日量取如下形式：

$$\mathcal{L} = (D_\mu\phi)^\dagger(D^\mu\phi) - V(\phi) - \frac{1}{4}F_{\mu\nu}F^{\mu\nu} \tag{7.148}$$

其中，

$$F_{\mu\nu} = \partial_\mu A_\nu - \partial_\nu A_\mu, \quad D_\mu\phi = \left(\partial_\mu - \mathrm{i}g\frac{\boldsymbol{\tau}\cdot\boldsymbol{A}_\mu}{2}\right)\phi \tag{7.149}$$

有效势能为

$$V(\phi) = -\mu^2(\phi^\dagger\phi) + \lambda(\phi^\dagger\phi)^2 \tag{7.150}$$

为得到对称性自发破缺，求该势能的极小值

$$\frac{\partial V}{\partial\phi_i} = \left[-\mu^2 + 2\lambda(\phi^\dagger\phi)\right]\phi_i = 0 \tag{7.151}$$

其解为

$$-\mu^2+2\lambda(\phi^\dagger\phi)=0,\quad 即\ \phi^\dagger\phi|_{\min}=\frac{\mu^2}{2\lambda} \tag{7.152}$$

为方便起见，选择

$$\langle\phi\rangle_0=\frac{1}{\sqrt{2}}\begin{pmatrix}0\\ \nu\end{pmatrix},\quad \nu=\sqrt{\frac{\mu^2}{\lambda}} \tag{7.153}$$

定义 $\phi'=\phi-\langle\phi\rangle_0$。利用协变导数，计算可得

$$\begin{aligned}(D_\mu\phi)^\dagger(D^\mu\phi)&=\left[\left(\partial_\mu-\mathrm{i}g\frac{\boldsymbol{\tau}\cdot\boldsymbol{A}_\mu}{2}\right)(\phi'+\langle\phi\rangle_0)\right]^\dagger\left[\left(\partial^\mu-\mathrm{i}g\frac{\boldsymbol{\tau}\cdot\boldsymbol{A}^\mu}{2}\right)(\phi'+\langle\phi\rangle_0)\right]\\ &\longrightarrow\frac{1}{4}g^2\langle\phi\rangle_0(\boldsymbol{\tau}\cdot\boldsymbol{A}_\mu)(\boldsymbol{\tau}\cdot\boldsymbol{A}^\mu)\langle\phi\rangle_0=\frac{1}{2}\left(\frac{g\nu}{2}\right)^2\boldsymbol{A}_\mu\cdot\boldsymbol{A}^\mu\end{aligned} \tag{7.154}$$

所有的规范玻色子都获得了相同的质量：

$$M_A=\frac{1}{2}g\nu \tag{7.155}$$

对称性完全破缺。把戈德斯通场写成指数形式：

$$\phi(x)=\exp\left[\mathrm{i}\frac{\boldsymbol{\tau}\cdot\boldsymbol{\xi}(x)}{\nu}\right]\begin{pmatrix}0\\ \dfrac{\nu+\eta(x)}{\sqrt{2}}\end{pmatrix} \tag{7.156}$$

利用规范变换

$$\phi'(x)=U(x)\phi(x)=\frac{1}{\sqrt{2}}\begin{pmatrix}0\\ \nu+\eta(x)\end{pmatrix} \tag{7.157}$$

$$\frac{\boldsymbol{\tau}\cdot\boldsymbol{A}'_\mu}{2}=U\left(\frac{\boldsymbol{\tau}\cdot\boldsymbol{A}_\mu}{2}\right)U^{-1}-\frac{\mathrm{i}}{g}(\partial_\mu U)U^{-1},\quad U(x)=\exp\left[-\mathrm{i}\frac{\boldsymbol{\tau}\cdot\boldsymbol{\xi}(x)}{\nu}\right] \tag{7.158}$$

消去戈德斯通模式 $\boldsymbol{\xi}(x)$。

这里所研究的例子中，SU(2) 对称性完全破缺，所有规范玻色子获得了质量。这个特征源于我们在 SU(2) 的二重表示中选择了标量场 ϕ。如果在 SU(2) 的不同表示中选择标量场，所得结果也将不同。例如，如果在 SU(2) 的三重表示中选择标量场，对称性将会破缺到 U(1)。

第8章 夸克模型

8.1 同位旋对称性

早期研究核反应时发现，在相当好的近似下，核力与核子所带的电荷无关，称为电荷无关性。为了解释这个特征，有人提出强相互作用具有 SU(2) 对称性，它把中子 n 变换成质子 p，反之亦然。后来的所有实验结果似乎都支持这一想法。这种对称变换发生在被称为同位旋的抽象空间中。SU(2) 同位旋对称性的结构非常类似于量子力学中我们熟知的角动量 SU(2) 代数。SU(2) 的生成元 $\{T_1, T_2, T_3\}$ 满足与角动量代数相同的对易关系：

$$[T_i, T_j] = \mathrm{i}\varepsilon_{ijk}T_k \tag{8.1}$$

这意味着同位旋对称性的不可约表示与角动量的不可约表示是相同的，只不过名称发生了改变：角动量 → 同位旋。质子 p 和中子 n 与自旋 1/2 系统的自旋向上态和自旋向下态有相同的意义。把生成元作用于 n 和 p 的态 (记为 $|\mathrm{n}\rangle$ 和 $|\mathrm{p}\rangle$) 上，可得

$$\begin{aligned}
&T_3|\mathrm{p}\rangle = \frac{1}{2}|\mathrm{p}\rangle, \quad T_3|\mathrm{n}\rangle = -\frac{1}{2}|\mathrm{n}\rangle \\
&T_+|\mathrm{n}\rangle = |\mathrm{p}\rangle, \qquad T_-|\mathrm{p}\rangle = |\mathrm{n}\rangle \\
&\vdots
\end{aligned}$$

这意味着 n 和 p 在同位旋变换下构成一个二重态 *

$$N = \begin{pmatrix} \mathrm{p} \\ \mathrm{n} \end{pmatrix} \tag{8.2}$$

以及

$$N \to N' = \exp\left(-\mathrm{i}\frac{\boldsymbol{\tau}\cdot\boldsymbol{\alpha}}{2}\right)N \tag{8.3}$$

其中，α_i 是实参数，$\boldsymbol{\tau} = (\tau_1, \tau_2, \tau_3)$ 是泡利矩阵。这些都与角动量相同。因此，可以将角动量的结果直接用于同位旋上。同位旋不变性即意味着

$$[T_i, H_\mathrm{s}] = 0 \tag{8.4}$$

其中，H_s 是强相互作用的哈密顿量。

自从引入同位旋来解释强相互作用里中子和质子的行为之后，又发现了其他参与强相互作用的粒子，如 π, K, Λ 和 Σ 等，称它们为强子 (hadron)。若同位旋是强相互作用中有用的量子数，那么应该可以将其赋予所有的强子。起初，除了中子和质子，我们不知道其他粒子的同位旋，但可以通过假设在强子产生过程中同位旋守恒来确定它们的同位旋。例如，考虑反应：$\mathrm{p}+\mathrm{p}\to\mathrm{n}+\mathrm{p}+\pi^+$，其初态

* 这里及以后，常用粒子符号代表相应的场量。

的 pp 有 $T_3=1$ 和 $T=1$，而末态的 np 有 $T_3=0$ 和 $T=0$ 或 1。于是 T_3 守恒要求 π^+ 有 $T_3=1$，总同位旋则为 1 或 2。虽然这个例子未能唯一确定 π^+ 的同位旋，但它说明了使用同位旋守恒可以限制同位旋的可取值。另外通过其他实验可将 π^+ 的同位旋确定为 $T=1$。例如，已发现两个粒子，它们的质量非常接近 π^+ 的质量，三者可以构成三重态，这就与 π^+ 的 $T=1$ 结果一致。实际上，粒子质量相近是确定同位旋多重态的一个非常有用的信息。

通过大量的测量和观察，我们得到了下列的同位旋多重态 (表 8.1)。

表 8.1　粒子按同位旋多重态分类

$T=1$(三重态)	$T=1/2$(二重态)	$T=0$(单态)
(π^+,π^0,π^-)	(K^+,K^0) $(\bar{K}^0,K^-)$	η
$(\Sigma^+,\Sigma^0,\Sigma^-)$	(Ξ^0,Ξ^-)	Λ
(ρ^+,ρ^0,ρ^-)	(K^{+*},K^{0*}) $(\bar{K}^{0*},K^{*-})$	$\cdots$

1. 质量简并

在同位旋变换下，对中子和质子的二重态做变换：

$$N \to N' = \exp\left(-\mathrm{i}\frac{\boldsymbol{\tau}\cdot\boldsymbol{\alpha}}{2}\right)N, \quad \bar{N} \to \bar{N}' = \bar{N}\exp\left(\mathrm{i}\frac{\boldsymbol{\tau}\cdot\boldsymbol{\alpha}}{2}\right) \tag{8.5}$$

那么质量项 $\bar{N}N$ 满足

$$\bar{N}'N' = \bar{N}N \tag{8.6}$$

它使得 n 和 p 有相同的质量：

$$m_N\bar{N}N = m_N\left(\bar{\mathrm{p}}\mathrm{p}+\bar{\mathrm{n}}\mathrm{n}\right) \tag{8.7}$$

这个关系同样可应用于其他同位旋多重态。例如，$m_{\pi^0}=m_{\pi^+}$。实验上，同位旋多重态里的质量不是完全相等的，但差异很小，例如，

$$\frac{m_{\mathrm{n}}-m_{\mathrm{p}}}{m_{\mathrm{n}}+m_{\mathrm{p}}} \sim 0.7\times10^{-3}, \quad \frac{m_{\pi+}-m_{\pi0}}{m_{\pi+}+m_{\pi0}} \sim 1.7\times10^{-2}, \quad \cdots \tag{8.8}$$

所以可以把同位旋对称性视为一个近似对称性，其近似程度好到百分之几左右。由于同位旋多重态里的粒子携带不同的电荷，或许电磁相互作用是质量差异的原因。

2. 耦合常数间的关系

除质量间的关系外，同位旋对称性也可推出耦合常数间的某些关系。例如，若 $T=1$ 的 π 子场为 $\boldsymbol{\pi}=(\pi_1,\pi_2,\pi_3)$，那么如下耦合项在同位旋变换下保持不变：

$$g\bar{N}\boldsymbol{\tau}\cdot\boldsymbol{\pi}N \tag{8.9}$$

为了证明这一结果，取式 (8.5) 的无穷小变换：

$$N \to N' = \left(1 - \mathrm{i}\frac{\boldsymbol{\tau}\cdot\boldsymbol{\alpha}}{2}\right)N, \quad \bar{N} \to \bar{N}' = \bar{N}\left(1 + \mathrm{i}\frac{\boldsymbol{\tau}\cdot\boldsymbol{\alpha}}{2}\right)$$

$$\boldsymbol{\pi} \to \boldsymbol{\pi}' = \boldsymbol{\pi} - \boldsymbol{\pi}\times\boldsymbol{\alpha}$$

那么

$$\begin{aligned}\bar{N}'\boldsymbol{\tau}\cdot\boldsymbol{\pi}'N' &\to \bar{N}\left(1 + \mathrm{i}\frac{\boldsymbol{\tau}\cdot\boldsymbol{\alpha}}{2}\right)[\boldsymbol{\tau}\cdot(\boldsymbol{\pi} - \boldsymbol{\pi}\times\boldsymbol{\alpha})]\left(1 - \mathrm{i}\frac{\boldsymbol{\tau}\cdot\boldsymbol{\alpha}}{2}\right)N \\ &= \bar{N}\boldsymbol{\tau}\cdot\boldsymbol{\pi}N + \bar{N}\left\{2\mathrm{i}\left[\frac{\boldsymbol{\tau}\cdot\boldsymbol{\alpha}}{2}, \frac{\boldsymbol{\tau}\cdot\boldsymbol{\pi}}{2}\right] - \boldsymbol{\tau}\cdot\boldsymbol{\pi}\times\boldsymbol{\alpha}\right\}N\end{aligned}$$

利用对易关系

$$\left[\frac{\tau_i}{2}, \frac{\tau_j}{2}\right] = \mathrm{i}\varepsilon_{ijk}\frac{\tau_k}{2} \tag{8.10}$$

得到

$$\left[\frac{\boldsymbol{\tau}\cdot\boldsymbol{\alpha}}{2}, \frac{\boldsymbol{\tau}\cdot\boldsymbol{\pi}}{2}\right] = \mathrm{i}\left(\frac{\boldsymbol{\tau}}{2}\right)\cdot\boldsymbol{\pi}\times\boldsymbol{\alpha} \tag{8.11}$$

故有

$$\bar{N}'\boldsymbol{\tau}\cdot\boldsymbol{\pi}'N' = \bar{N}\boldsymbol{\tau}\cdot\boldsymbol{\pi}N \tag{8.12}$$

因此该耦合在同位旋变换下是不变的。

利用

$$\boldsymbol{\tau}\cdot\boldsymbol{\pi} = \begin{pmatrix} \pi^0 & \sqrt{2}\pi^+ \\ \sqrt{2}\pi^- & -\pi^0 \end{pmatrix} \tag{8.13}$$

可得

$$\begin{aligned}g\bar{N}\boldsymbol{\tau}\cdot\boldsymbol{\pi}N &= g\begin{pmatrix} \bar{\mathrm{p}} & \bar{\mathrm{n}} \end{pmatrix}\begin{pmatrix} \pi^0 & \sqrt{2}\pi^+ \\ \sqrt{2}\pi^- & -\pi^0 \end{pmatrix}\begin{pmatrix} \mathrm{p} \\ \mathrm{n} \end{pmatrix} \\ &= g\bar{\mathrm{p}}\left(\pi^0\mathrm{p} + \sqrt{2}\pi^+\mathrm{n}\right) + g\bar{\mathrm{n}}\left(\sqrt{2}\pi^-\mathrm{p} - \pi^0\mathrm{n}\right)\end{aligned}$$

这个关系将 π 子和核子间的各种耦合常数关联了起来。换言之，若没有同位旋对称性，耦合项 $\bar{\mathrm{p}}\pi^0\mathrm{p}$ 和 $\bar{\mathrm{p}}\pi^+\mathrm{n}$ 就是相互独立的，它们可以有不同的耦合常数，但同位旋对称性要求它们之间存在关联，而与这些关系的实际偏差则来自小的同位旋破缺。

3. 衰变过程中的同位旋关系

不难看出，同位旋对称性给出了由它关联的粒子的强衰变之间的关系。以 $\mathrm{N}^*(1232)$ 的衰变为例。它的同位旋为 $T = 3/2$，因此有近似的四重简并态：N^{*++}, N^{*+}, N^{*0} 和 N^{*-}。它们可以衰变成 π 子 ($T = 1$) 和核子 ($T = 1/2$)：

$$|\pi^+\rangle = |1,1\rangle, \quad |\pi^0\rangle = |1,0\rangle, \quad |\pi^-\rangle = |1,-1\rangle$$

$$|\mathrm{p}\rangle = \left|\frac{1}{2},\frac{1}{2}\right\rangle, \quad |\mathrm{n}\rangle = \left|\frac{1}{2},-\frac{1}{2}\right\rangle$$

现在利用同位旋对称性把 N^* 的不同衰变模式联系起来。利用 SU(2) 的表示，同位旋态有如下关系：

$$\left|\frac{3}{2},\frac{1}{2}\right\rangle = \sqrt{\frac{2}{3}}|1,0\rangle\left|\frac{1}{2},\frac{1}{2}\right\rangle + \sqrt{\frac{1}{3}}|1,1\rangle\left|\frac{1}{2},-\frac{1}{2}\right\rangle$$

对本例中的粒子来说，上式可以对应地写成

$$|\mathrm{N}^{*+}\rangle = \sqrt{\frac{2}{3}}|\pi^0\mathrm{p}\rangle + \sqrt{\frac{1}{3}}|\pi^+\mathrm{n}\rangle$$

因此，同位旋对称性给出了衰变率的比例，即它们的振幅的平方之比：

$$\frac{\Gamma\left(\mathrm{N}^{*+}\to\pi^+\mathrm{n}\right)}{\Gamma\left(\mathrm{N}^{*+}\to\pi^0\mathrm{p}\right)} = \frac{1}{2}$$

此结果与实验测量符合得很好。

8.2 SU(3) 对称性

同位旋能将许多不同的粒子通过 SU(2) 对称性联系起来。是否存在更大的对称性，它能关联更多的粒子。为了做到这一点，除同位旋外，需要更多的量子数去描述粒子。

1. 奇异数 (strangeness)

当初发现 Λ 粒子和 K 粒子时，它们总是成对产生 (协同产生 (associated production))，且寿命较长。为了解释这一现象，当时假设这些新粒子拥有新的可加量子数，称为奇异数，记为 S，且它在强相互作用中是守恒的，但在衰变过程中被破坏。例如，在反应 $\pi^-\mathrm{p}\longrightarrow\Lambda^0+\mathrm{K}^0$ 中，需要假设 Λ^0 和 K^0 有相反的奇异数：

$$S(\Lambda^0) = -1, \quad S(\mathrm{K}^0) = 1 \tag{8.14}$$

以保证奇异数在强相互作用中守恒。将这个新的量子数系统地推广到其他强子上，可以得到一个普遍关系：

$$Q = T_3 + \frac{Y}{2} \tag{8.15}$$

其中，Q 是粒子的电荷数，$Y = B + S$ 称为超荷 (hypercharge)，B 是重子数。

式 (8.15) 称为盖尔曼-西岛 (Gell-Mann-Nishijima) 关系，这是一个关于电荷、同位旋第三分量和超荷三者之间的经验关系。

2. 八重法 (eight-fold way)

到 20 世纪 60 年代，已发现大量粒子。人们相信可能存在一个更大的对称性，能将许多不同的同位旋多重态关联起来。1961 年，盖尔曼与内曼 (Neeman) 各自独立地发现，当把自旋和宇称相同的介子或重子组合在一起时，它们在以超荷 Y 和同位旋的第三分量 T_3 为坐标轴的平面上形成八点或十点的权图 (weight diagram)，如图 8.1 所示。这说明它们与 SU(3) 对称群的某些不可约表示相联系。这个方法可以推广到具有其他自旋和宇称的强子，它们位于 SU(3) 的八维表示或十维表示上。于是，强子谱显示出某些 SU(3) 对称性的特征，现在同位旋的 SU(2) 对称性推广到了 SU(3)。实际上，当初提出这个方案时，在 N^* 多重态中仅知道九个粒子，奇异数为 $S=-3$ 的 Ω 粒子还未发现。但通过这个对称性破缺的图样，可以预测所缺粒子的质量约为 $1680\,\mathrm{MeV}/c$。1964 年，布鲁克海文 (Brookhaven) 实验室发现了该粒子，这给 SU(3) 对称性方案以强有力的支持。

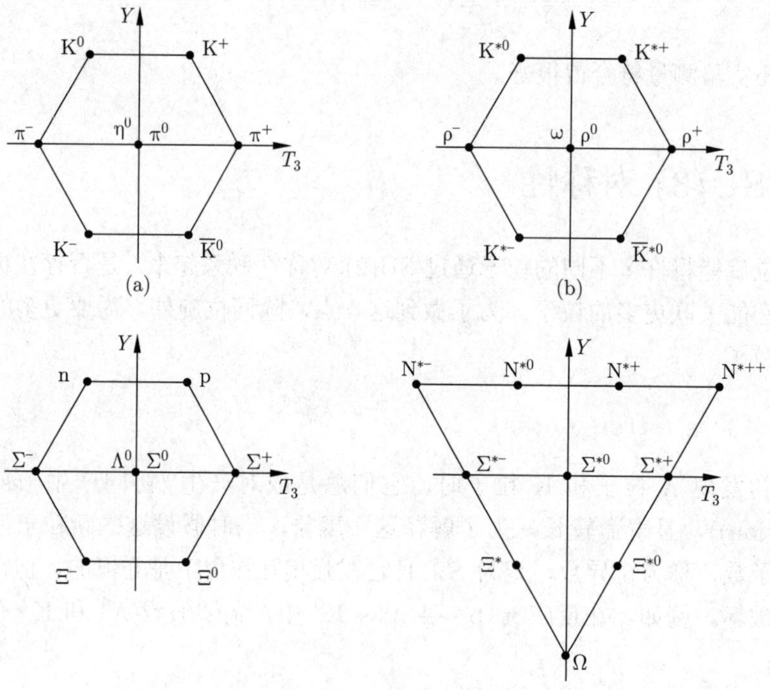

图 8.1 八重法

八重态：(a) 0^- 介子，(b) 1^- 介子，(c) $\dfrac{1}{2}^+$ 重子；十重态：(d) $\dfrac{3}{2}^+$ 重子

然而，这个对称性不如 SU(2) 的同位旋对称性，因为 SU(3) 多重态中粒子的质量相差较大，最小也达到 20% 左右。尽管如此，利用 SU(3) 对称性来分类强子依然十分有用，这种方案称为八重法。

8.3 强子的夸克模型

八重法的一个特征是其所用的八重表示和十重表示并非 SU(3) 群的最小表示。人们猜测强子内部可能存在更小的组分，它们按照比 SU(3) 的八重表示和十重表示更小的表示进行变换。1964 年，盖尔曼和茨威格各自独立地提出了夸克模型，其中所有的强子都由自旋为 1/2 的夸克组成，夸克有三种不同的味 (flavor) 量子数，分别记为 u(up)，d(down) 和 s(strange)，而且 u, d, s 夸克按 SU(3) 的基础表示 (三重态) 进行变换：

$$
\mathrm{q}_i = \begin{pmatrix} \mathrm{q}_1 \\ \mathrm{q}_2 \\ \mathrm{q}_3 \end{pmatrix} = \begin{pmatrix} \mathrm{u} \\ \mathrm{d} \\ \mathrm{s} \end{pmatrix} \tag{8.16}
$$

且它们的量子数列于表 8.2 中。该模型的一个大胆假设是 u, d, s 夸克的重子数和电荷都是分数。

表 8.2　u, d, s 的量子数

	Q	T	T_3	Y	S	B
u	2/3	1/2	+1/2	1/3	0	1/3
d	−1/3	1/2	−1/2	1/3	0	1/3
s	−1/3	0	0	−2/3	−1	1/3

夸克的自旋之所以选为 1/2 是因为利用自旋 1/2 的束缚态既可以组成玻色子，也可以组成费米子，而通过整数自旋的夸克则无法组成费米子。在这个方案中，介子是 $\mathrm{q}\bar{\mathrm{q}}$ 型的束缚态，例如，

$$
\begin{cases}
\pi^+ \sim \bar{\mathrm{d}}\mathrm{u}, \quad \pi^0 \sim \dfrac{1}{\sqrt{2}}(\bar{\mathrm{u}}\mathrm{u} - \bar{\mathrm{d}}\mathrm{d}), \quad \pi^- \sim \bar{\mathrm{u}}\mathrm{d} \\
\mathrm{K}^+ \sim \bar{\mathrm{s}}\mathrm{u}, \quad \mathrm{K}^0 \sim \bar{\mathrm{s}}\mathrm{d}, \quad \mathrm{K}^- \sim \bar{\mathrm{u}}\mathrm{s} \\
\eta^0 \sim \dfrac{1}{\sqrt{6}}(\bar{\mathrm{u}}\mathrm{u} + \bar{\mathrm{d}}\mathrm{d} - 2\bar{\mathrm{s}}\mathrm{s})
\end{cases} \tag{8.17}
$$

重子是 qqq 型的束缚态，例如，

$$
\begin{cases}
\mathrm{p} \sim \mathrm{uud}, \quad \mathrm{n} \sim \mathrm{ddu} \\
\Sigma^+ \sim \mathrm{suu}, \quad \Sigma^0 \sim \dfrac{1}{\sqrt{2}}\mathrm{s}(\mathrm{ud} + \mathrm{du}), \quad \Sigma^- \sim \mathrm{sdd} \\
\Xi^0 \sim \mathrm{ssu}, \quad \Xi^- \sim \mathrm{ssd} \\
\Lambda^0 \sim \dfrac{1}{\sqrt{2}}\mathrm{s}(\mathrm{ud} - \mathrm{du})
\end{cases} \tag{8.18}
$$

夸克模型的要点是强子的量子数与由夸克组分给出的量子数相同。例如，$\pi^+ \sim \bar{\mathrm{d}}\mathrm{u}$ 意味着如果 u 夸克的电荷为 2/3 与 $\bar{\mathrm{d}}$ 夸克的电荷为 1/3 即可得到 π^+ 的电荷为 1。这对所有可加性守恒量子数都一样，如奇异数 S、同位旋的第三分量 T_3。稍做计算，还可以得到夸克束缚态的总同位旋 T。

似乎强子的所有量子数都由夸克携带，但我们对将夸克束缚成强子的动力学仍然不清楚。由于夸克可能是组成强子的基本单元，因此找到夸克是很重要的。夸克的一个非同寻常的特点是所有夸克都携带分数电荷，±2/3 或 ±1/3，而目前所有实验上已观测到的粒子都带有整数电荷。这意味着至少有一个夸克是稳定的，应该不难发现，但多年来不管是在实验室里，还是在岩石或海底的环境中，从未发现过它们。

8.3.1 简单夸克模型的悖论

除了夸克带有分数电荷，以及夸克无法被观测到，夸克模型还有其他令人迷惑的特征。

(1) 强子仅是由 $\mathrm{q}\bar{\mathrm{q}}$ 和 qqq 的束缚态组成，却从未发现 qq 和 qqqq 态。注意，qq 和 qqqq 态也携带分数电荷。观测不到它们的原因可能与观测不到单个夸克的原因相同。

(2) 重子 N^{*++} 的夸克组分是 uuu。如果选取自旋态 $\left|\frac{3}{2},\frac{3}{2}\right\rangle$，那么所有夸克都处在自旋向上的态 $\alpha_1\alpha_2\alpha_3$ 上，它在交换 u 夸克的操作下是全对称的。若设基态的轨道角动量为 $l=0$，那么空间波函数也是对称的。这将违背泡利不相容原理，因为该原理要求自旋为 1/2 的费米子系统的波函数是全反对称的。

8.3.2 色自由度

解决这些问题的一个方法是为每个夸克引入一个新的自由度——色自由度 (color degree of freedom)，且假设只有色单态才是物理上的可观测量。我们需要三种颜色才能得到 N^{*++} 的反对称波函数，从而得到一个色单态。换句话说，每种夸克都有三种颜色：

$$\mathrm{u}_\alpha = (\mathrm{u}_1, \mathrm{u}_2, \mathrm{u}_3), \quad \mathrm{d}_\alpha = (\mathrm{d}_1, \mathrm{d}_2, \mathrm{d}_3), \cdots \tag{8.19}$$

所有强子在 $\mathrm{SU}(3)_\mathrm{C}$ 对称性下形成色单态，例如，

$$\mathrm{N}^{*++} \sim \mathrm{u}_\alpha(x_1)\mathrm{u}_\beta(x_2)\mathrm{u}_\gamma(x_3)\varepsilon^{\alpha\beta\gamma} \tag{8.20}$$

因为组合 qq 和 qqqq 不能给出色单态，所以它们不会出现在所观察到的强子谱中。同理，单个夸克也不能被观测到。这种 SU(3) 局域对称性随后成为了强相互作用理论量子色动力学的基石。

8.3.3 盖尔曼-大久保质量公式

由于八重法的 SU(3) 并不是一个精确的对称性，因此我们试图去理解 SU(3) 破缺的方式。实验上，SU(2) 是一个近似程度相当好的对称性，因此我们将在夸克模型中假设有同位旋对称性，即令 $m_{\mathrm{u}} = m_{\mathrm{d}}$。此外，假设强子质量可以表示成夸克质量的线性组合。

1. 0^- 介子

为简单起见，假设介子质量的平方是夸克质量的线性函数，利用式 (8.17) 中某个 0^- 介子的夸克组分，可以用夸克的质量表示出介子的质量。例如，在 η 介子中发现 u, $\bar{\mathrm{u}}$ 夸克，d, $\bar{\mathrm{d}}$ 夸克和 s, $\bar{\mathrm{s}}$ 夸克的概率分别是 1/6, 1/6 和 4/6。所以，夸克质量对 m_η^2 的贡献是 $(2m_{\mathrm{u}} + 2m_{\mathrm{d}} + 4 \times 2m_{\mathrm{s}})/6 = 2(m_{\mathrm{u}} + 2m_{\mathrm{s}})/3$。引入常量 λ 以得到介子质量的正确量纲，于是有

$$m_\eta^2 = \lambda\left[\frac{2}{3}(m_{\mathrm{u}} + 2m_{\mathrm{s}})\right] \tag{8.21}$$

类似地，对其他介子的质量，有

$$\begin{aligned} m_\pi^2 &= \lambda(2m_{\mathrm{u}}) \\ m_{\mathrm{k}}^2 &= \lambda\left(m_{\mathrm{u}} + m_{\mathrm{s}}\right) \end{aligned}$$

消去以上三式中的夸克质量，可得

$$4m_{\mathrm{k}}^2 = m_\pi^2 + 3m_\eta^2 \tag{8.22}$$

这就是所谓的盖尔曼-大久保 (Gell-Mann-Okubo) 质量公式。它最初是利用 SU(3) 群，并考虑同位旋对称性而推导出来的。实验测量得到：$4m_{\mathrm{k}}^2 \approx 0.98\,\mathrm{GeV}^2$，$m_\pi^2 + 3m_\eta^2 \approx 0.92\,\mathrm{GeV}^2$。这说明式 (8.22) 与实验符合得很好。

2. $\frac{1}{2}^+$ 重子

利用 $\frac{1}{2}^+$ 重子的夸克组分，它们的质量可以分别写成：

$$\begin{aligned} m_{\mathrm{N}} &= m_0 + 3m_{\mathrm{u}} \\ m_\Sigma &= m_0 + 2m_{\mathrm{u}} + m_{\mathrm{s}} \\ m_\Xi &= m_0 + m_{\mathrm{u}} + 2m_{\mathrm{s}} \\ m_\Lambda &= m_0 + 2m_{\mathrm{u}} + m_{\mathrm{s}} \end{aligned}$$

引入的参数 m_0 代表除夸克外其他对重子质量可能有贡献的因素。注意，这里重

子质量写成夸克质量的线性形式，而不是二次形式。对此并没有很好的物理解释，只是因为由它们导出的结论与实验符合。消去上面四个式子中的夸克质量，可得相应的盖尔曼-大久保质量公式：

$$\frac{1}{2}(m_\Sigma + 3m_\Lambda) = m_\mathrm{N} + m_\Xi \tag{8.23}$$

实验测得：$(m_\Sigma + 3m_\Lambda)/2 \approx 2.23\,\mathrm{GeV}$, $m_\mathrm{N} + m_\Xi \approx 2.25\,\mathrm{GeV}$，说明公式 (8.23) 与实验符合得很好。

3. $\frac{3}{2}^+$ 重子

类似地，$\frac{3}{2}^+$ 重子的质量分别为

$$\begin{aligned} m_{\mathrm{N}^*} &= m_0 + 3m_\mathrm{u} \\ m_{\Sigma^*} &= m_0 + 2m_\mathrm{u} + m_\mathrm{s} \\ m_{\Xi^*} &= m_0 + m_\mathrm{u} + 2m_\mathrm{s} \\ m_\Omega &= m_0 + 3m_\mathrm{s} \end{aligned}$$

相应的盖尔曼 -大久保质量公式非常简单：

$$m_\Omega - m_{\Xi^*} = m_{\Xi^*} - m_{\Sigma^*} = m_{\Sigma^*} - m_{\mathrm{N}^*} \tag{8.24}$$

此式有时被称为等间距规则 (equal spacing rule)。事实上，在推导出式 (8.24) 时，Ω 粒子尚未发现，该式用于预估 Ω 的质量。1964 年，实验上发现 Ω 粒子，给 SU(3) 对称性理论以强有力的支持。

8.4 ω-ϕ 混合和茨威格规则

1. ω-ϕ 混合

对 1^- 介子，情况似乎变得非常不同。依然采用与处理 0^- 介子同样的方法，可以得到 1^- 介子的盖尔曼-大久保质量公式：

$$3m_\omega^2 = 4m_{\mathrm{K}^*}^2 - m_\rho^2 \tag{8.25}$$

把 $m_{\mathrm{K}^*} = 890\,\mathrm{MeV}$ 以及 $m_\rho = 770\,\mathrm{MeV}$ 代式 (8.25)，得到 $m_\omega = 926.5\,\mathrm{MeV}$。但实验上测得 $m_\omega = 783\,\mathrm{MeV}$，与理论值相差很大。另外，ϕ 介子与 ω 介子有相同的 SU(2) 量子数，但其质量为 $m_\phi = 1020\,\mathrm{MeV}$，二者质量的差异也很大。原则上，

当 SU(3) 对称性破缺，而 SU(2) 对称性依然保持时，ω-φ 混合是有可能的。假设由于某种原因使 ω-φ 混合强烈发生，我们看这种情况能否给出正确的质量公式。

SU(3) 的八重态记为 V_8，单态记为 V_1，它们的夸克组分分别是

$$V_8 = \frac{1}{\sqrt{6}}(\bar{\mathrm{u}}\mathrm{u} + \bar{\mathrm{d}}\mathrm{d} - 2\bar{\mathrm{s}}\mathrm{s}), \quad V_1 = \frac{1}{\sqrt{3}}(\bar{\mathrm{u}}\mathrm{u} + \bar{\mathrm{d}}\mathrm{d} + \bar{\mathrm{s}}\mathrm{s}) \tag{8.26}$$

以 V_1 和 V_8 为基，质量的矩阵形式为

$$M = \begin{pmatrix} m_{88}^2 & m_{18}^2 \\ m_{18}^2 & m_{11}^2 \end{pmatrix} \tag{8.27}$$

非对角元 m_{18}^2 是八重态与单态之间跃迁的质量项。假设八重态质量 m_{88}^2 就是盖尔曼-大久保质量公式，即

$$3m_{88}^2 = 4m_{\mathrm{K}^*}^2 - m_{\rho}^2 \tag{8.28}$$

物理上观察到的粒子是质量矩阵 M 的本征态。对角化 M 矩阵，可得到 ω 和 φ 的质量：

$$R^\dagger M R = M_{\mathrm{d}} = \begin{pmatrix} m_{\omega}^2 & 0 \\ 0 & m_{\phi}^2 \end{pmatrix}, \quad R = \begin{pmatrix} \cos\theta & \sin\theta \\ -\sin\theta & \cos\theta \end{pmatrix} \tag{8.29}$$

具体计算

$$\begin{aligned} & \begin{pmatrix} \cos\theta & \sin\theta \\ -\sin\theta & \cos\theta \end{pmatrix} \begin{pmatrix} m_{\omega}^2 & 0 \\ 0 & m_{\phi}^2 \end{pmatrix} \begin{pmatrix} \cos\theta & -\sin\theta \\ \sin\theta & \cos\theta \end{pmatrix} \\ = & \begin{pmatrix} m_{\phi}^2 \sin^2\theta + m_{\omega}^2 \cos^2\theta & m_{\phi}^2 \cos\theta\sin\theta - m_{\omega}^2 \cos\theta\sin\theta \\ m_{\phi}^2 \cos\theta\sin\theta - m_{\omega}^2 \cos\theta\sin\theta & m_{\phi}^2 \cos^2\theta + m_{\omega}^2 \sin^2\theta \end{pmatrix} \\ = & \begin{pmatrix} m_{88}^2 & m_{18}^2 \\ m_{18}^2 & m_{11}^2 \end{pmatrix} \end{aligned}$$

即得

$$m_{\phi}^2 \sin^2\theta + m_{\omega}^2 \cos^2\theta = m_{88}^2 \tag{8.30}$$

由此得到

$$\sin\theta = \sqrt{\frac{m_{88}^2 - m_{\omega}^2}{m_{\phi}^2 - m_{\omega}^2}} \tag{8.31}$$

于是，质量的本征态是

$$\omega = (\cos\theta) V_8 - (\sin\theta) V_1$$

$$\phi = (\sin\theta)V_8 + (\cos\theta)V_1$$

在式 (8.31) 中代入由式 (8.28) 得到的 $m_{88} = 926.5\,\mathrm{MeV}$，以及 ω 和 φ 的实验值，可以得到混合角 (mixing angle)：

$$\sin\theta = 0.76 \tag{8.32}$$

此结果很接近理想混合的值 $\sin\theta = \sqrt{2/3} = 0.81$。在理想混合下，质量本征态有如下简单的形式：

$$\omega = \frac{1}{\sqrt{2}}(\bar{\mathrm{u}}\mathrm{u} + \bar{\mathrm{d}}\mathrm{d})$$

$$\phi = \bar{\mathrm{s}}\mathrm{s}$$

混合角很接近理想混合角，意味着在此理论框架中 φ 介子主要是由 s 夸克组成的。

2. 茨威格规则

由于 ω 介子和 φ 介子在 SU(2) 变换下有相同的量子数，所以人们期望它们应该有相近的衰变宽度 (decay width)。对某一给定的衰变道 (decay channel)，例如，3π 衰变道，由于 ω 的质量较 φ 轻，ω 的衰变宽度应比 φ 要窄，但实验上测得的 ω 衰变宽度却比 φ 大近一倍。$\omega \to 3\pi$ 是 ω 的主要衰变道。φ 的衰变道 $\phi \to 3\pi$ 相对于 $\phi \to \mathrm{KK}$ 被大大地压制了，尽管衰变道 $\phi \to \mathrm{KK}$ 的相空间比 $\phi \to 3\pi$ 的要小，这是因为前者的质量差 $m_\phi - 2m_\mathrm{k} = 32\,\mathrm{MeV}$ 远小于后者的质量差 $m_\phi - 3m_\pi = 607\,\mathrm{MeV}$。实验室上测得它们的衰变分支比分别为

$$B(\phi \to \mathrm{KK}) \approx 83\%, \qquad B(\phi \to \pi\pi\pi) \approx 15\% \tag{8.33}$$

这样，φ 主要衰变到相空间很小的 KK 上，而不易衰变到相空间较大的 3π 上。这使得衰变道 $\phi \to \mathrm{KK}$ 的总衰变宽度也很小。

从夸克的角度看，φ 介子的衰变可以用夸克图表示，如图 8.2 所示。

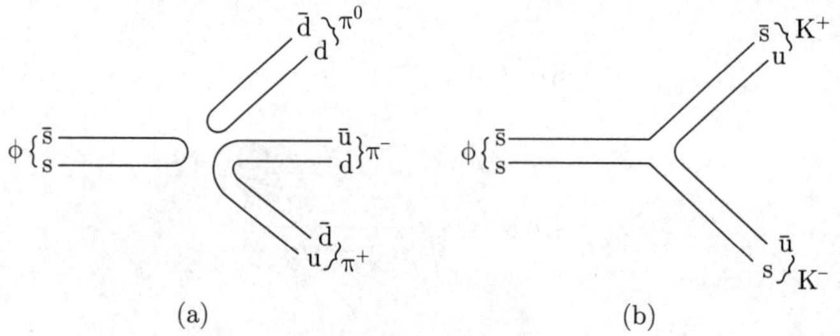

图 8.2　φ 介子的衰变

(a) 茨威格规则禁止的道；(b) 茨威格规则允许的道

为了解释这个异常的衰变，茨威格假设含有夸克-反夸克湮灭的过程会因某种不明的原因被强烈压制，或表述为始、末态夸克线不连通的衰变过程相对于夸克线连通的过程是被大幅压低的，称为茨威格规则。这就解释了 ϕ 的衰变宽度 $\Gamma_\phi \approx 4.26\,\text{MeV}$ 小于 $\Gamma_\omega \approx 8.49\,\text{MeV}$ 的原因。注意，茨威格规则是定性的，很难被定量化。

1974 年，实验上发现 $\psi/\text{J}(3100)$ 粒子，其宽度只有 $\Gamma \sim 70\,\text{keV}$，较 $\Gamma_\rho \sim 150\,\text{MeV}$ 和 $\Gamma_\omega \sim 10\,\text{MeV}$ 窄很多。简单的解释是 ψ/J 是一个 $\bar{\text{c}}\text{c}$ 的束缚态，其质量低于能够衰变成两个包含粲夸克的介子的质量和，因此它只能通过初态的 $\bar{\text{c}}\text{c}$ 湮灭进行衰变。按照茨威格规则，这个衰变被大大压制，因此其衰变宽度很窄。对此实验的成功解释，进一步支持了茨威格规则。后来，实验上发现了许多新的矢量介子态，如 ψ', Υ, Υ' 等，它们的宽度都很窄，只能用茨威格规则来解释。虽然茨威格规则的有效性在实验上得到了很强的支持，但时至今日，它依然缺乏理论上的解释。

8.5 夸克模型中的强子质量

在夸克模型中，研究束缚态结构非常困难，原因之一是在大多数情况中，相互作用非常强，不能采用微扰计算。原因之二是在许多情形中，例如，在轻夸克系统里，夸克运动非常快，所以不能在非相对论框架里处理。我们将利用间接分析方法去定性理解一些重要的性质。

我们将以非相对论性束缚态系统为基础来研究重夸克的束缚态。非相对论量子论的基础是薛定谔方程：

$$\left(-\frac{1}{2m}\boldsymbol{\nabla}^2 + V\right)\Psi = \mathrm{i}\frac{\partial}{\partial t}\Psi \tag{8.34}$$

其中，m 是电子的质量。式 (8.34) 写成不依赖于时间的形式：

$$\left(-\frac{1}{2m}\boldsymbol{\nabla}^2 + V\right)\psi = E\psi \tag{8.35}$$

对我们最熟悉的氢原子，它的势能为

$$V = -\frac{e^2}{4\pi\varepsilon_0 r} \tag{8.36}$$

其本征值为

$$E_n = -\frac{m}{2n^2}\left(\frac{e^2}{4\pi\varepsilon_0}\right)^2 = -\frac{m\alpha^2}{2}\left(\frac{1}{n^2}\right), \quad n = 1, 2, \cdots \tag{8.37}$$

式中，$\alpha = e^2/4\pi\varepsilon_0 \approx 1/137$ 是精细结构常数。氢原子的波函数除了主量子数 n，

还有轨道角动量量子数 $l=1,2,\cdots,n-1$ 和磁量子数 $m_l=-l,\cdots,l$，所以每个能级的简并度为

$$\sum_{l=0}^{n-1}(2l+1)=n^2 \tag{8.38}$$

实验上是从不同能级间的跃迁来测量光子 (γ) 的能量：

$$E_\gamma=-\frac{m\alpha^2}{2}\left(\frac{1}{n_i^2}-\frac{1}{n_j^2}\right) \tag{8.39}$$

或者写成波数 $\dfrac{1}{\lambda}$ 的形式：

$$\frac{1}{\lambda}=R\left(\frac{1}{n_j^2}-\frac{1}{n_i^2}\right) \tag{8.40}$$

其中，$R=m\alpha^2/4\pi$ 是里德伯 (Rydberg) 常量。式 (8.40)被称为里德伯公式，它在原子谱的早期研究中取得过巨大成功。

1. 精细结构

当实验测量越来越精确，发现里德伯公式与实验值有些小偏差，该偏差称为精细结构，它起因于以下效应。

(1) 相对论性关联 $\sim p^4/8m^3$。

(2) 自旋-轨道耦合。这是因为电子有自旋磁矩：

$$\boldsymbol{\mu}_{\mathrm{e}}=-\frac{e}{m}\boldsymbol{S} \tag{8.41}$$

第 n 个能级的微扰结果是

$$\Delta E_{\mathrm{fs}}=-\alpha^4 m\frac{1}{4n^4}\left(\frac{2n}{j+\dfrac{1}{2}}-\frac{3}{2}\right) \tag{8.42}$$

其中，$j=l\pm1/2$ 是电子的总角动量。

2. 兰姆 (Lamb) 移位

精细结构公式的一个显著特点是它依赖于 j 而与 l 无关，以致具有不同 l 但 j 相同的两个态有相同的能量。例如，$2S_{1/2}\,(n=2,l=0,j=1/2)$ 态和 $2P_{1/2}\,(n=2,l=1,j=1/2)$ 态是简并的。1947 年，兰姆和卢瑟福做了一个经典实验，表明这个结果不对：S 态的能量比 P 态稍高。贝特 (Bethe), 费恩曼, 施温格 (Schwinger), 朝永振一郎 (Tomonaga) 以及其他人对兰姆移位做了解释：它是源于量子电动力学中的高阶辐射关联 (radiative correction)。当 $l=0$ 时，兰姆移位的量为

$$\Delta E_{\mathrm{L}} = \alpha^5 m \frac{1}{4n^3} k(n,0) \tag{8.43}$$

其中，$k(n,0)$ 是一个数值因子，它随 n 有轻微的改变，取值从 12.7 (当 $n=1$ 时) 到 13.2 (当 $n \to \infty$ 时)。当 $l \neq 0$ 时，兰姆移位的量为

$$\Delta E_{\mathrm{L}} = \alpha^5 m \frac{1}{4n^3} \left[k(n,l) \pm \frac{1}{\pi\left(j+\frac{1}{2}\right)\left(l+\frac{1}{2}\right)} \right], \quad j = l \pm \frac{1}{2} \tag{8.44}$$

其中，$k(n,l)$ 是一个非常小的数 (小于 0.05)，且随 n 和 l 有轻微的改变。即使这个效应很弱，l 的依赖性也将抬升具有相同 j 但不同 l 的简并态。

3. 超精细劈裂

精细结构和兰姆移位都是弱效应，由于核自旋，还存在一些更弱的效应。例如，质子的磁矩是

$$\boldsymbol{\mu}_{\mathrm{p}} = \gamma_{\mathrm{p}} \frac{e}{m_{\mathrm{p}}} \boldsymbol{S}_{\mathrm{p}} \tag{8.45}$$

其中，m_{p} 是质子的质量，$\gamma_{\mathrm{p}} = 2.7928$ 是质子的 g 因子。质子的磁矩比电子的磁矩小很多，这是因为二者质量的差异很大。核自旋与电子的轨道角动量和自旋相互作用导致超精细劈裂 (hyperfine splitting)：

$$\Delta E_{\mathrm{hf}} = \left(\frac{m}{m_{\mathrm{p}}}\right) \alpha^4 m \frac{\gamma_{\mathrm{p}}}{2n^3} \frac{\pm 1}{\left(f+\frac{1}{2}\right)\left(l+\frac{1}{2}\right)}, \quad f = j \pm \frac{1}{2} \tag{8.46}$$

其中，f 是总角动量 (轨道加自旋)。当 $l=0$ 时，能级劈裂成两个：单态下降，三重态上升。对 $n=1$ 的基态，能隙是

$$\varepsilon = E_{\mathrm{t}} - E_{\mathrm{s}} = \frac{32\gamma_{\mathrm{p}} E_1^2}{3m_{\mathrm{p}}} \tag{8.47}$$

对应于光子，其波长为

$$\lambda = \frac{2\pi}{\varepsilon} = 21.1\,\mathrm{cm} \tag{8.48}$$

这就是微波宇宙学中著名的 21 cm 线。

4. 电子偶素

氢原子理论做些修改后可以应用于奇异原子 (exotic atom)，它们是用其他粒子替代氢原子中的电子或质子而构成的，例如，除第 5 章讲到的电子偶素 $\mathrm{e^+e^-}$ 外，还有 $\mathrm{p\mu^-}$ 称为 μ 原子 (muonic atom)，$\mathrm{p\pi^-}$ 称为 π 原子 (pionic atom)，$\mathrm{\mu^-e^+}$ 称为 μ 子偶素 (muonium) 等。实际上，电子偶素为量子电动力学提供了丰富的实验场，也可作为描述夸克偶素 $\mathrm{q\bar{q}}$ (quarkonium) 的模型。

氢原子与奇异原子之间最重要的差异是约化质量

$$m_{\text{red}} = \frac{m_1 m_2}{m_1 + m_2} \tag{8.49}$$

对电子偶素，有 $m_{\text{red}} = m/2$，以及

$$E_n^{\text{p}} = -\alpha^2 \frac{m}{4n^2}, \quad n = 1, 2, 3, \cdots \tag{8.50}$$

通过标度约化质量，可以把氢原子的许多性质移给电子偶素。例如，此时超精细劈裂可以与精细结构劈裂相比拟。

一个新特点是电子与正电子可以湮灭成两个或更多光子。电子偶素的电荷共轭 C 是 $(-1)^{l+s}$，光子的 C 是奇的。这样，电荷共轭不变性要求

$$(-1)^{l+s} = (-1)^n \tag{8.51}$$

其中，n 是末态中的光子数。因为仅当 $l = 0$ 时，电子态与正电子态有交叠，以致仅 S 态发生衰变。因此 $S = 0$ 态可衰变成两个光子，$S = 1$ 态可衰变成三个光子。

5. 夸克偶素

在夸克模型中，所有介子都是双夸克束缚态，$\mathrm{q_1\bar{q}_2}$，问题是能否像奇异原子一样处理它们。因为轻夸克 (u, d, s) 态是内秉相对论性的，所以不能采用处理类氢的方法，但对重夸克介子 ($\mathrm{c\bar{c}}$, $\mathrm{\bar{b}c}$, $\mathrm{\bar{b}b}$)，或许采用与处理奇异原子相同的方法是合适的。

即使我们并不完全知道夸克间的相互作用，但还是能够利用从量子色动力学中所了解到的知识来猜测势能有如下形式：

$$V(r) = -\frac{4}{3}\frac{\alpha_s}{r} + F_0 r \tag{8.52}$$

这基于如下猜想：短距时，期望它类似于库仑行为，因为光子与胶子的相似性；而长距时，则需要考虑夸克禁闭 (quark confinement)，势能必须无限制地增大。因子 4/3 是色因子。即使不能得到解析解，数值解也能与实验数据符合得很好，这对于重夸克系统如此简单的图像给予了一些支持。

6. 轻夸克介子

已经很清楚，轻夸克是以相对论性速度运动的，所以不能通过薛定谔方程得到它们的能谱。这里从对称性出发，简单地讨论它们的自旋及其他性质。

因为赝标量介子和矢量介子的差异仅在于夸克自旋的相对方向，所以它们的质量差必定归因于自旋-自旋相互作用，这类似于氢原子基态的超精细劈裂。由此

考虑如下介子质量公式：

$$M(\text{介子}) = m_1 + m_2 + A\frac{\boldsymbol{S}_1 \cdot \boldsymbol{S}_2}{m_1 m_2} \tag{8.53}$$

其中，A 是一个常数。容易看到，

$$\boldsymbol{S}_1 \cdot \boldsymbol{S}_2 = \frac{1}{2}\left(S^2 - S_1^2 - S_2^2\right) = \begin{cases} \dfrac{1}{4}, & \text{当 } S=1\,(\text{矢量介子}) \\ -\dfrac{3}{4}, & \text{当 } S=0\,(\text{赝标量介子}) \end{cases} \tag{8.54}$$

利用夸克的质量 $m_{\mathrm{u}} = m_{\mathrm{d}} = 308\,\mathrm{MeV}$, $m_{\mathrm{s}} = 483\,\mathrm{MeV}$, A 的最好拟合值是 $(2m_{\mathrm{u}})^2\,159\,\mathrm{MeV}$，计算结果见表 8.3。

表 8.3 介子的质量

介子	计算值	实验值
π	139	138
K	487	496
η	561	548
ρ	775	776
ω	775	783
K*	892	894
ϕ	1031	1020

7. 重子

分析重子要比分析介子困难，因为重子包含三个夸克，它们可以产生两个轨道角动量。我们只考虑轨道角动量均为零的基态波函数，从而仅考虑自旋自由度。

双夸克的可能自旋态是 $S_{12} = 0,\ 1$，其总自旋是 $S_{12} = S_1 + S_2$。正如前面所讨论的，$S_{12} = 1$ 的态 $|S_{12},\ S_{12,z}\rangle$ 为

$$\begin{cases} |1,+1\rangle = \alpha_1\alpha_2 \\ |1,\ 0\rangle = \frac{1}{\sqrt{2}}(\alpha_1\beta_2 + \beta_1\alpha_2) \\ |1,-1\rangle = \beta_1\beta_2 \end{cases} \tag{8.55}$$

其中，$\alpha = |1/2,\ +1/2\rangle$ 和 $\beta = |1/2,\ -1/2\rangle$ 分别是自旋向上态和自旋向下态。同时，自旋为零的组合为

$$|0,\ 0\rangle = \frac{1}{\sqrt{2}}(\alpha_1\beta_2 - \beta_1\alpha_2) \tag{8.56}$$

组合 $S_{12}=1$ 态与 $S_3=1/2$ 态可以得到两个态：$S=3/2$ 和 $1/2$。$S_{12}=0$ 态与 $S_3=1/2$ 态可以合成另一个 $1/2$ 态。结果分列如下：

(1) $S=3/2$ 态。

$$\left|\frac{3}{2},+\frac{3}{2}\right\rangle=\alpha_1\alpha_2\alpha_3$$

$$\left|\frac{3}{2},+\frac{1}{2}\right\rangle=\frac{1}{\sqrt{3}}\left(\alpha_1\beta_2\alpha_3+\beta_1\alpha_2\alpha_3+\alpha_1\alpha_2\beta_3\right)$$

$$\left|\frac{3}{2},-\frac{1}{2}\right\rangle=\frac{1}{\sqrt{3}}\left(\alpha_1\beta_2\beta_3+\beta_1\alpha_2\beta_3+\beta_1\beta_2\alpha_3\right)$$

$$\left|\frac{3}{2},-\frac{3}{2}\right\rangle=\beta_1\beta_2\beta_3$$

(2) $S=1/2$ 态 —— 交换 1 和 2 是反对称的。

$$\left|\frac{1}{2},+\frac{1}{2}\right\rangle_{(12)\mathrm{A}}=\frac{1}{\sqrt{2}}\left(\alpha_1\beta_2-\beta_1\alpha_2\right)\alpha_3$$

$$\left|\frac{1}{2},-\frac{1}{2}\right\rangle_{(12)\mathrm{A}}=\frac{1}{\sqrt{2}}\left(\alpha_1\beta_2-\beta_1\alpha_2\right)\beta_3$$

(3) $S=1/2$ 态 —— 交换 1 和 2 是对称的。

$$\left|\frac{1}{2},+\frac{1}{2}\right\rangle_{(12)\mathrm{S}}=\frac{1}{\sqrt{6}}\left[2\alpha_1\alpha_2\beta_3-\left(\beta_1\alpha_2+\alpha_1\beta_2\right)\alpha_3\right]$$

$$\left|\frac{1}{2},-\frac{1}{2}\right\rangle_{(12)\mathrm{S}}=\frac{1}{\sqrt{6}}\left[2\beta_1\beta_2\alpha_3-\left(\alpha_1\beta_2+\beta_1\alpha_2\right)\beta_3\right]$$

不难看到，如果先组合第一个和第三个自旋，那么可以得到自旋为 $1/2$ 的态，它对交换 1 和 3 是反对称的，即

$$\left|\frac{1}{2},+\frac{1}{2}\right\rangle_{(13)\mathrm{A}}=\frac{1}{\sqrt{2}}\left(\alpha_1\beta_3-\beta_1\alpha_3\right)\alpha_2$$

$$\left|\frac{1}{2},-\frac{1}{2}\right\rangle_{(13)\mathrm{A}}=\frac{1}{\sqrt{2}}\left(\alpha_1\beta_3-\beta_1\alpha_3\right)\beta_2$$

从对称性原理 (泡利不相容原理)，我们知道全同费米子系统的波函数对于交换任意两个费米子是反对称的。因此，由夸克组成的重子的波函数对于交换任意两夸克应是反对称的。把波函数按自由度分解为不同部分是方便的：

$$\psi=\varphi\left(\text{空间}\right)\phi(\text{自旋}) \tag{8.57}$$

虽然不知道基态波函数的空间部分的函数形式，但它一定是对称的，又因两个轨

道角动量都为零，所以它与角参数无关。自旋态既可以是全对称的 ($j = 3/2$)，也可以是混合对称的 ($j = 1/2$)。考虑 Δ^{++} 态，它由三个 u 夸克构成。对自旋为 $S_z = 3/2$ 的 Δ^{++}，其三个夸克都处在自旋向上的态上，即

$$\left|\Delta^{++}, \frac{3}{2}, \frac{3}{2}\right\rangle = |\mathrm{u}, \mathrm{u}, \mathrm{u}\rangle\, \alpha_1\alpha_2\alpha_2 \tag{8.58}$$

式中空间波函数是对称的，这违反了泡利不相容原理，因此需要引入色自由度使反对称的色波函数满足泡利不相容原理。

我们把“全同粒子”的处理方法推广到所有夸克，而不管作为单粒子不同态的色或味。例如，取 $m_j = -1/2$, Δ^+ 的自旋和味波函数为

$$\begin{aligned}
\left|\Delta^{+}, \frac{3}{2}, -\frac{1}{2}\right\rangle &= \frac{1}{\sqrt{3}}(\mathrm{uud} + \mathrm{udu} + \mathrm{duu})\frac{1}{\sqrt{3}}[\beta\beta\alpha + \beta\alpha\beta + \alpha\beta\beta] \\
&= \frac{1}{3}[\mathrm{u}(\beta)\,\mathrm{u}(\beta)\,\mathrm{d}(\alpha) + \mathrm{u}(\beta)\,\mathrm{u}(\alpha)\,\mathrm{d}(\beta) + \mathrm{u}(\alpha)\,\mathrm{u}(\beta)\,\mathrm{d}(\beta) + \\
&\quad \mathrm{u}(\beta)\,\mathrm{d}(\beta)\,\mathrm{u}(\alpha) + \mathrm{u}(\beta)\,\mathrm{d}(\alpha)\,\mathrm{u}(\beta) + \mathrm{u}(\alpha)\,\mathrm{d}(\beta)\,\mathrm{u}(\beta) + \\
&\quad \mathrm{d}(\beta)\,\mathrm{u}(\beta)\,\mathrm{u}(\alpha) + \mathrm{d}(\beta)\,\mathrm{u}(\alpha)\,\mathrm{u}(\beta) + \mathrm{d}(\alpha)\,\mathrm{u}(\beta)\,\mathrm{u}(\beta)]
\end{aligned}$$

这里仅出现对自旋和味是全对称的波函数。对重子八重态，情况较为复杂。自旋为 1/2 的波函数记为 $\psi_{12} = |1/2, \pm 1/2\rangle_{(12)\mathrm{A}}$，它对于交换 1 和 2 是反对称的。这样，波函数可写为

$$\begin{aligned}
\psi\,(\text{强子八重态}) = \frac{\sqrt{2}}{3}\,[&\psi_{12}\,(\text{自旋})\,\psi_{12}\,(\text{味}) + \psi_{23}\,(\text{自旋})\,\psi_{23}\,(\text{味}) + \\
&\psi_{13}\,(\text{自旋})\,\psi_{13}\,(\text{味})]
\end{aligned} \tag{8.59}$$

例如，自旋向上的质子的波函数为

$$\begin{aligned}
\left|\mathrm{p}, \frac{1}{2}, \frac{1}{2}\right\rangle &= \left\{\frac{1}{\sqrt{2}}(\mathrm{u}_1\mathrm{d}_2 - \mathrm{d}_1\mathrm{u}_2)\,\mathrm{u}_3\frac{1}{\sqrt{2}}(\alpha_1\beta_2 - \beta_1\alpha_2)\,\alpha_3 + \right. \\
&\quad \frac{1}{\sqrt{2}}(\mathrm{u}_2\mathrm{d}_3 - \mathrm{d}_2\mathrm{u}_3)\,\mathrm{u}_1\frac{1}{\sqrt{2}}(\alpha_2\beta_3 - \beta_2\alpha_3)\,\alpha_1 + \\
&\quad \left.\frac{1}{\sqrt{2}}(\mathrm{u}_3\mathrm{d}_1 - \mathrm{d}_3\mathrm{u}_1)\,\mathrm{u}_2\frac{1}{\sqrt{2}}(\alpha_3\beta_1 - \beta_3\alpha_1)\,\alpha_2\right\}\frac{1}{3\sqrt{2}} \\
&= \frac{2}{3\sqrt{2}}[\mathrm{u}_1(\alpha_1)\mathrm{d}_2\,(\beta_2)\,\mathrm{u}_3(\alpha_3) + \cdots]
\end{aligned} \tag{8.60}$$

8. 重子的磁矩

不考虑轨道运动，重子的净磁矩就是其三个组分夸克的磁矩的矢量和：

$$\boldsymbol{\mu} = \boldsymbol{\mu}_1 + \boldsymbol{\mu}_2 + \boldsymbol{\mu}_3 \tag{8.61}$$

它依赖于夸克的味和自旋组态。注意，具有电荷 q 和质量 m，自旋为 1/2 的点粒子的磁矩是

$$\boldsymbol{\mu} = \frac{q}{m}\boldsymbol{S} \tag{8.62}$$

其大小为

$$\mu = \frac{q}{2m} \tag{8.63}$$

对夸克，则有

$$\mu_{\mathrm{u}} = \frac{2}{3}\frac{e}{2m_{\mathrm{u}}}, \quad \mu_{\mathrm{d}} = -\frac{1}{3}\frac{e}{2m_{\mathrm{d}}}, \quad \mu_{\mathrm{s}} = -\frac{1}{3}\frac{e}{2m_{\mathrm{s}}} \tag{8.64}$$

重子的磁矩是

$$\mu_{\mathrm{B}} = \langle \mathrm{B}\uparrow |(\boldsymbol{\mu}_1 + \boldsymbol{\mu}_2 + \boldsymbol{\mu}_3)_z| \mathrm{B}\uparrow\rangle = 2\sum_{i=1}^{3}\langle \mathrm{B}\uparrow |\mu_i S_{iz}| \mathrm{B}\uparrow\rangle \tag{8.65}$$

例如，利用质子波函数式 (8.60)，计算磁矩：

$$\mu_{\mathrm{p}} = \left\langle \mathrm{p}, \frac{1}{2}, \frac{1}{2}\right| (\boldsymbol{\mu}_1 + \boldsymbol{\mu}_2 + \boldsymbol{\mu}_3)_z \left| \mathrm{p}, \frac{1}{2}, \frac{1}{2}\right\rangle \tag{8.66}$$

其中首项是

$$\begin{aligned}&\left(\frac{2}{3\sqrt{2}}\right)^2 \langle \mathrm{u}_1(\alpha_1)\mathrm{d}_2(\beta_2)\mathrm{u}_3(\alpha_3)|\mu_i S_{iz}|\mathrm{u}_1(\alpha_1)\mathrm{d}_2(\beta_2)\mathrm{u}_3(\alpha_3)\rangle\\ =&\frac{2}{9}(2\mu_{\mathrm{u}} - \mu_{\mathrm{d}})\end{aligned}$$

完整的结果是

$$\mu_{\mathrm{p}} = 3\left[\frac{2}{9}(2\mu_{\mathrm{u}} - \mu_{\mathrm{d}}) + \frac{1}{18}\mu_{\mathrm{d}} + \frac{1}{18}\mu_{\mathrm{d}}\right] = \frac{1}{3}(4\mu_{\mathrm{u}} - \mu_{\mathrm{d}}) \tag{8.67}$$

我们可以计算所有的八极磁矩。利用夸克的质量 $m_{\mathrm{u}} = m_{\mathrm{d}} = 336\,\mathrm{MeV}$, $m_{\mathrm{s}} = 538\,\mathrm{MeV}$，所得结果列于表 8.4。理论值与实验测量值符合得相当好。

9. 重子质量

与前面讨论介子质量一样，可以通过类似于超精细劈裂和自旋-自旋相互作用等效应，来考虑自旋对质量的影响。采用如下模型：

$$M(\text{重子}) = m_1 + m_2 + m_3 + A'\left[\frac{\boldsymbol{S}_1\cdot\boldsymbol{S}_2}{m_1 m_2} + \frac{\boldsymbol{S}_1\cdot\boldsymbol{S}_3}{m_1 m_3} + \frac{\boldsymbol{S}_3\cdot\boldsymbol{S}_2}{m_3 m_2}\right] \tag{8.68}$$

表 8.4　重子的八极磁矩

重子	磁矩	理论值	实验值
p	$\frac{4}{3}\mu_{\mathrm{u}}-\frac{1}{3}\mu_{\mathrm{d}}$	2.79	2.793
n	$-\frac{1}{3}\mu_{\mathrm{u}}+\frac{4}{3}\mu_{\mathrm{d}}$	−1.86	−1.91
Λ	μ_{s}	−0.58	−0.613
Σ^+	$\frac{4}{3}\mu_{\mathrm{u}}-\frac{1}{3}\mu_{\mathrm{s}}$	2.68	2.458
Σ^0	$\frac{2}{3}(\mu_{\mathrm{u}}+\mu_{\mathrm{d}})-\frac{1}{3}\mu_{\mathrm{s}}$	0.82	
Σ^-	$\frac{4}{3}\mu_{\mathrm{d}}-\frac{1}{3}\mu_{\mathrm{s}}$	−1.05	−1.160
Ξ^0	$-\frac{1}{3}\mu_{\mathrm{u}}+\frac{4}{3}\mu_{\mathrm{s}}$	−1.40	−1.25
Ξ^-	$-\frac{1}{3}\mu_{\mathrm{d}}+\frac{4}{3}\mu_{\mathrm{s}}$	−0.47	−0.651

其中，A' 是一个常数。当三个夸克的质量相等时，自旋乘积是最简单的：

$$j^2=(\boldsymbol{S}_1+\boldsymbol{S}_2+\boldsymbol{S}_3)^2=\boldsymbol{S}_1^2+\boldsymbol{S}_2^2+\boldsymbol{S}_3^2+2\boldsymbol{S}_1\cdot\boldsymbol{S}_2+2\boldsymbol{S}_3\cdot\boldsymbol{S}_1+2\boldsymbol{S}_2\cdot\boldsymbol{S}_3 \tag{8.69}$$

因此，

$$\begin{aligned}\boldsymbol{S}_1\cdot\boldsymbol{S}_2+\boldsymbol{S}_3\cdot\boldsymbol{S}_1+\boldsymbol{S}_2\cdot\boldsymbol{S}_3&=\frac{1}{2}\left[j(j+1)-\frac{9}{4}\right]\\&=\begin{cases}\dfrac{3}{4}, & 当\quad j=\dfrac{3}{2}\,(十重态)\\ -\dfrac{3}{4}, & 当\ j=\dfrac{1}{2}\,(八重态)\end{cases}\end{aligned}$$

这样，核子的质量是

$$M_{\mathrm{N}}=3m_{\mathrm{u}}-\frac{3}{4}\frac{A'}{m_{\mathrm{u}}^2} \tag{8.70}$$

Δ 的质量是

$$M_{\Delta}=3m_{\mathrm{u}}+\frac{3}{4}\frac{A'}{m_{\mathrm{u}}^2} \tag{8.71}$$

Ω^- 的质量是

$$M_{\Omega}=3m_{\mathrm{s}}+\frac{3}{4}\frac{A'}{m_{\mathrm{s}}^2} \tag{8.72}$$

对十重态的情况，自旋都是平行的，因此，

$$(\boldsymbol{S}_1+\boldsymbol{S}_2)^2=\boldsymbol{S}_1^2+\boldsymbol{S}_2^2+2\boldsymbol{S}_1\cdot\boldsymbol{S}_2=2 \tag{8.73}$$

因此对于十重态，有

$$\boldsymbol{S}_1 \cdot \boldsymbol{S}_2 = \boldsymbol{S}_3 \cdot \boldsymbol{S}_1 = \boldsymbol{S}_2 \cdot \boldsymbol{S}_3 = \frac{1}{4} \tag{8.74}$$

于是，Σ^* 和 Ξ^* 的质量分别为

$$M_{\Sigma^*} = 2m_\mathrm{u} + m_\mathrm{s} + \frac{A'}{4}\left(\frac{1}{m_\mathrm{u}^2} + \frac{2}{m_\mathrm{u} m_\mathrm{s}}\right) \tag{8.75}$$

$$M_{\Xi^*} = m_\mathrm{u} + 2m_\mathrm{s} + \frac{A'}{4}\left(\frac{1}{m_\mathrm{s}^2} + \frac{2}{m_\mathrm{u} m_\mathrm{s}}\right) \tag{8.76}$$

对 Σ 粒子和 Λ 粒子也可以做同样处理。注意到 u 夸克和 d 夸克可以合成同位旋为 1 和 0。为了使自旋/味波函数对交换 u 和 d 是对称的，总自旋必须合成为 1 和 0。对 Σ 粒子，

$$(\boldsymbol{S}_\mathrm{u} + \boldsymbol{S}_\mathrm{d})^2 = S_\mathrm{d}^2 + S_\mathrm{u}^2 + 2\boldsymbol{S}_\mathrm{u} \cdot \boldsymbol{S}_\mathrm{d} = 2 \quad \Rightarrow \quad \boldsymbol{S}_\mathrm{u} \cdot \boldsymbol{S}_\mathrm{d} = \frac{1}{4} \tag{8.77}$$

对 Λ 粒子，

$$(\boldsymbol{S}_\mathrm{u} + \boldsymbol{S}_\mathrm{d})^2 = 0 \quad \Rightarrow \quad \boldsymbol{S}_\mathrm{u} \cdot \boldsymbol{S}_\mathrm{d} = -\frac{3}{4} \tag{8.78}$$

这样，Σ 的质量为

$$\begin{aligned} M_\Sigma &= 2m_\mathrm{u} + m_\mathrm{s} + \frac{A'}{4}\left[\frac{\boldsymbol{S}_\mathrm{u} \cdot \boldsymbol{S}_\mathrm{d}}{m_\mathrm{u} m_\mathrm{d}} + \frac{\boldsymbol{S}_\mathrm{u} \cdot \boldsymbol{S}_\mathrm{d} + \boldsymbol{S}_\mathrm{u} \cdot \boldsymbol{S}_\mathrm{s} + \boldsymbol{S}_\mathrm{d} \cdot \boldsymbol{S}_\mathrm{s} - \boldsymbol{S}_\mathrm{u} \cdot \boldsymbol{S}_\mathrm{d}}{m_\mathrm{s} m_\mathrm{u}}\right] \\ &= 2m_\mathrm{u} + m_\mathrm{s} + \frac{A'}{4}\left(\frac{1}{m_\mathrm{u}^2} - \frac{4}{m_\mathrm{u} m_\mathrm{s}}\right) \end{aligned}$$

Λ 的质量为

$$M_\Lambda = 2m_\mathrm{u} + m_\mathrm{s} - \frac{3}{4}\frac{A'}{m_\mathrm{u}^2} \tag{8.79}$$

代入 $m_\mathrm{u} = m_\mathrm{d} = 363\,\mathrm{MeV}$, $m_\mathrm{s} = 538\,\mathrm{MeV}$，并取 $A' = (2m_\mu)^2\,50\,\mathrm{MeV}$，计算结果与实验数据符合得非常好，列于表 8.5。

表 8.5　重子的质量

重子	理论值	实验值
N	939	939
Λ	1114	1116
Σ	1179	1193
Ξ	1327	1318
Δ	1239	1232
Σ^*	1381	1385
Ξ^*	1529	1533
Ω	1682	1672

第9章　电弱相互作用

高能物理领域发展中最重要的成果之一是建立了描述电磁相互作用和弱相互作用的标准模型，现称为电弱统一理论 (unified theory of electroweak interaction)。这个理论框架里结合了局域对称性和对称性自发破缺，并可重整化 (renormalizable)。它与实验符合得相当好。这个理论的成功之路漫长而有趣，本章将阐述该理论发展过程中的重要阶段。

9.1 弱相互作用的基本性质

9.1.1 分类

由于强相互作用很难做可靠的计算，因此在研究弱相互作用时，把强子参与的过程与轻子参与的过程分开来讨论是方便的。

1. 轻子弱相互作用

这里的初末态粒子都是轻子，对它们参与的过程可以进行可靠的计算。举例如下。

(1) μ 子 (表 9.1)。平均寿命 $\approx 2.2\times10^{-6}\,\mathrm{s}$，质量 $m_\mu = 105.6\,\mathrm{MeV}$。

表 9.1 μ 子的衰变模式与分支比

衰变模式	分支比
$\mu^- \to e^-\bar{\nu}_e\nu_\mu$	98%
$\mu^- \to e^-\bar{\nu}_e\nu_\mu\gamma$	$(6.0\pm0.5)\times10^{-8}$
$\mu^- \to e^-\bar{\nu}_e\nu_\mu e^+e^-$	$(3.4\pm0.4)\times10^{-5}$
$\mu^- \to e^-\bar{\nu}_\mu\nu_e$	$<1.2\%$
$\mu^- \to e^-\gamma$	$<4.2\times10^{-13}$
$\mu^- \to e^-e^+e^-$	$<1.0\times10^{-12}$
$\mu^- \to e^-2\gamma$	$<7.2\times10^{-11}$

(2) τ 子 (表 9.2)。平均寿命 $\approx 3\times10^{-13}\,\mathrm{s}$，质量 $m_\tau = 1.776\,\mathrm{GeV}$。

表 9.2 τ 子的衰变模式与分支比 (1)

衰变模式	分支比
$\tau^- \to \mu^- + \nu_\tau + \bar{\nu}_\mu$	$(17.39\pm0.04)\%$
$\tau^- \to e^- + \nu_\tau + \bar{\nu}_e$	$(17.82\pm0.04)\%$

2. 半轻子弱相互作用

轻子和强子都参与这类过程。由于能可靠地计算轻子部分，因此所得结果可以用来研究强子的性质。举例如下。

(1) τ 子衰变 (表 9.3)。

表 9.3　τ 子的衰变模式与分支比 (2)

衰变模式	分支比
$\tau^- \to \pi^- + \nu_\tau$	$(10.82 \pm 0.05)\%$
$\tau^- \to \pi^- + \pi^0 + \nu_\tau$	$(25.49 \pm 0.09)\%$
$\tau^- \to K^- + \nu_\tau$	$(6.96 \pm 0.10) \times 10^{-3}$

(2) 超子衰变。

$$\Lambda \to p + e^- + \bar{\nu}_e, \quad \Lambda \to p + \mu^- + \bar{\nu}_\mu$$
$$\Sigma^- \to n + e^- + \bar{\nu}_e, \quad \Sigma^- \to n + \mu^- + \bar{\nu}_\mu$$
$$\Xi^0 \to \Sigma^+ + e^- + \bar{\nu}_e, \quad \Xi^0 \to \Sigma^+ + \mu^- + \bar{\nu}_\mu$$

3. 非轻子弱相互作用

这里所有参与的粒子都是强子，这类过程最难研究。不同于普通的强相互作用，这种过程有较低的衰减律和较小的散射截面。在多数情况下，这些弱衰变中一些量子数会发生改变，如奇异数、宇称等，而它们在强相互作用中是守恒的。

$$\begin{aligned} &K^+ \to \pi^+ + \pi^0, \qquad K^0 \to \pi^+ + \pi^- + \pi^0 \\ &\Sigma^+ \to p + \pi^0, \qquad \Lambda \to p + \pi^- \end{aligned} \tag{9.1}$$

9.1.2　弱相互作用中的选择定则

实验上观测到弱衰变的许多模式和规则后来总结成选择定则 (selection rule)，它们对构建解释这些衰变的模型是很有用的。

(1) 轻子数守恒。

实验表明，来自 β 衰变的中微子和来自 π 衰变的中微子是不同的：

$$n \to p + e + \nu$$
$$\pi^+ \to \mu^+ + \nu$$

如果它们是相同的，那么中子衰变产生的中微子在能量足够高的情况下能产生 μ^+：

$$\nu + p \to \mu^+ + n$$

然而，实验上在末态产物中只观测到了 e^+，并没有看到 μ^+。容易理解产生 e^+ 是因为 β 逆衰变，即 $\nu + p \longrightarrow e^+ + n$。$\mu^+$ 不出现的一个简单解释是 β 衰变产生的中微子 (称为 ν_e) 不同于 π 衰变中伴随 μ 产生的中微子 (称为 ν_μ)，并有 μ

的轻子数和电子的轻子数守恒。在这些守恒律中，我们按如下方式设定电子的轻子数 L_e：

$$\begin{aligned} e^-, \nu_e: &\quad L_e = 1 \\ e^+, \bar{\nu}_e: &\quad L_e = -1 \end{aligned}$$

以及设定 μ 的轻子数 L_μ：

$$\begin{aligned} \mu^-, \nu_\mu: &\quad L_\mu = 1 \\ \mu^+, \bar{\nu}_\mu: &\quad L_\mu = -1 \end{aligned}$$

利用这些守恒律，衰变 $\mu^\pm \to e^\pm + \gamma$ 被禁止。实验上测得这些反应的分支比的上限确实很小，例如，

$$B\left(\mu^+ \to e^+ + \gamma\right) < 2.4 \times 10^{-12}$$

多年来，轻子数守恒都能很好地被遵守，直到发现中微子振荡违背了 μ 数或电子的轻子数守恒。可是轻子数破坏也仅在中微子振荡中被观测到，并没有在其他过程中出现。一个可能的解释是：轻子数破坏源于中微子的质量，它们大约为 10^{-3} eV 量级，且在能量更高的轻子衰变过程中可以忽略。因此，对不包括中微子振荡的其他弱相互作用，我们可以近似认为轻子数守恒。然而，也有可能在一些新粒子参与的过程中，轻子数守恒会有很大的破坏。

(2) 奇异数改变 ($\Delta S \neq 0$) 的弱反应发生的概率比奇异数不变 ($\Delta S = 0$) 的弱反应要小一个数量级。实验上已经观测到，在奇异数改变的衰变中，强子满足如下选择定则：

$$\Delta S = \Delta Q \tag{9.2}$$

其中，ΔQ 为强子的电荷改变量。例如，

$$B(K^+ \to \pi^0\mu^+\nu_\mu) = 0.034, \quad 但\ B(K^+ \to \pi^+\pi^+e^-\bar{\nu}_e) < 1.3 \times 10^{-8}$$

不存在 $\Delta S = 1$ 的中性流。例如，

$$\frac{\Gamma\left(K_L \to \mu^+\mu^-\right)}{\Gamma\left(K^+ \to \mu^+\nu\right)} \leqslant 10^{-9}$$

其中，$K_L \approx \frac{1}{\sqrt{2}}(K^0 + \bar{K}^0)$, S 数改变 1 或 −1，但强子的电荷不变。后面将讨论，奇异数改变的中性流过程的上限很小，这个事实将在标准模型的建立过程中起到重要作用。

没有观察到 $\Delta S = 2$ 的反应。例如，衰变

$$B(\Xi^- \to n\pi^-) < 1.9 \times 10^{-5}$$

其中，奇异数改变 2，且分支比的上限很小。

夸克模型建立后，以上所有特征都与强子弱流相容：

$$J_{\mu}^{\text{had}} = \bar{\mathrm{u}}\gamma_{\mu}(1-\gamma_5)\,\mathrm{d}\cos\theta_{\mathrm{c}} + \bar{\mathrm{u}}\gamma_{\mu}(1-\gamma_5)\,\mathrm{s}\sin\theta_{\mathrm{c}} \tag{9.3}$$

其中，$\theta_{\mathrm{c}} \approx 13°$ 是卡比博 (Cabbibo) 角。我们看到 $\Delta S = 1$ 的跃迁 $\mathrm{s} \to \mathrm{u}$ 的系数 $\sin\theta_{\mathrm{c}}$ 要小于 $\Delta S = 0$ 的跃迁 $\mathrm{s} \to \mathrm{d}$。这个流也最低限度地满足选择定则，$\Delta S = \Delta Q$，以及没有 $\Delta S = 2$ 跃迁。注意，利用夸克场写出弱流，可以明确它们在夸克模型中 SU(3) 作用下的变换性质。另一个特征是强子弱流将强子电荷改变了一个单位。

(3) 非轻子弱相互作用。

在强子弱流中，既有 $\Delta I = 1$ 的跃迁 $\mathrm{s} \to \mathrm{u}$，又有 $\Delta S = 0$ 的跃迁 $\mathrm{s} \to \mathrm{d}$。因此在乘积 $J_{\mu}^{\text{had}} J_{\mu}^{\dagger\text{had}}$ 中，对 $\Delta S = 1$ 的衰变，有 $\Delta I = 3/2$ 和 $\Delta I = 1/2$。但是只能按照哈密顿量的 $\Delta I = 3/2$ 进行的衰变 $\mathrm{K}^+ \to \pi^+\pi^0$ 被极大地抑制

$$\frac{\Gamma\left(\mathrm{K}^+ \to \pi^+\pi^0\right)}{\Gamma\left(\mathrm{K_S} \to \pi^+\pi^-\right)} \approx 1.5 \times 10^{-3} \tag{9.4}$$

这就是非轻子弱过程的 $\Delta I = 1/2$ 规则。这个规则很难解释，因为强相互作用很难处理。

9.1.3 弱相互作用的里程碑

1. 中微子与原子核的 β 衰变

在放射性的早期研究中就观测到很多原子核有电子 e^- 发射：

$$(A, Z) \to (A, Z+1) + \mathrm{e}^-$$

其特征是：e^- 的能谱是连续的，而不是两体衰变中的锐线。如果 e^- 发射的机制是

$$\mathrm{n} \to \mathrm{p} + \mathrm{e}^-$$

那么，能量动量守恒要求 e^- 只能有一个能量，而实验上观测到的却是能量的连续分布。1930 年，泡利提出假设：在原子核的 β 衰变中，存在一种称为中微子的新粒子，它是中性的，带走了 β 衰变中的能量和动量 (图 9.1)：

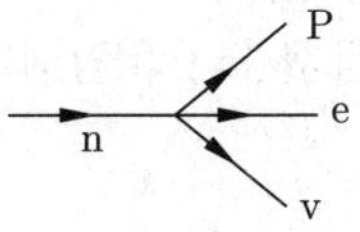

图 9.1 核子的 β 衰变

$$\mathrm{n} \to \mathrm{p} + \mathrm{e}^- + \bar{\nu}_\mathrm{e}$$

这样，能量和动量守恒就能继续满足。这个假设也被其他实验所证实，如 π 衰变和 μ 衰变。测量许多 β 衰变中的电子能谱时发现中微子的质量为零。由于中微子不携带电荷，所以它不与光子发生直接作用，而仅参与弱相互作用。这个难以捉摸的粒子很难被探测，因为它与其他粒子的作用很弱，可以自由行进很长的距离。另外，它是仅有的不参与强相互作用和电磁相互作用的粒子。这本身就很有趣。

2. 费米理论

1934 年，费米通过与量子电动力学类比提出一种解释 β 衰变的理论。利用流，将弱相互作用的拉格朗日量写成

$$\mathcal{L}_\mathrm{F} = \frac{G_\mathrm{F}}{\sqrt{2}}[\bar{\mathrm{p}}(x)\gamma_\mu \mathrm{n}(x)][\bar{\mathrm{e}}(x)\gamma^\mu \nu_\mathrm{e}(x)] + \mathrm{h.c.} \tag{9.5}$$

其中，G_F 是费米耦合常数，$\mathrm{n}(x)$ 和 $\mathrm{p}(x)$ 等分别代表中子、质子等粒子的场算符，$\bar{\mathrm{p}}(x)\gamma_\mu\mathrm{n}(x)$、$\bar{\mathrm{e}}(x)\gamma_\mu\nu_\mathrm{e}(x)$ 分别是强子流和轻子流。在这个理论里，四个费米子在同一时空点上相互作用以产生弱作用，有时也称为四费米子相互作用。虽然这个拉格朗日量是猜出来的，但它能很好地解释许多原子核的 β 衰变。由 β 衰变率的实验数据拟合给出：

$$G_\mathrm{F} \simeq \frac{10^{-5}}{M_\mathrm{p}^2} \tag{9.6}$$

其中，M_p 是质子的质量。以 M_p^{-2} 为单位，这个相互作用的强度似乎很弱。这个理论能很好地解释 $\Delta J = 0$(初态原子核与末态原子核的自旋相同) 型的 β 衰变。注意，耦合常数 G_F 的量纲为 -2，按照重整化理论，它是不可重整化的。这意味着在微扰理论中计算弱作用振幅的高阶修正时，会随着阶数的增加变得越来越发散。

后来又加入了包括轴矢量流的伽莫夫-特勒 (Gamow-Teller) 相互作用：

$$\mathcal{L}_\mathrm{GT} = -\frac{G_\mathrm{F}}{\sqrt{2}}[\bar{\mathrm{p}}(x)\gamma_\mu\gamma_5 \mathrm{n}(x)][\bar{\mathrm{e}}(x)\gamma^\mu\gamma_5 \nu_\mathrm{e}(x)] + \mathrm{h.c.} \tag{9.7}$$

以便研究 $\Delta J = 1$(初末态原子核的自旋相差 1) 的 β 衰变。式 (9.7) 中，形如 $\bar{\mathrm{p}}(x)\gamma_\mu\gamma_5\mathrm{n}(x)$ 称为轴矢量流，简称 A 矢流，因为不难验证它的时间分量是赝标量，空间分量是轴矢量。注意，四费米子相互作用和伽莫夫-特勒相互作用都满足宇称守恒。

3. 宇称不守恒

θ-τ 疑难

20 世纪 50 年代，实验上观测到两种衰变：

$$\theta \to \pi^+ + \pi^-$$
$$\tau \to \pi^+ + \pi^- + \pi^0$$

但 θ 和 τ 有相同的质量、电荷和自旋。一个自然的解释是 θ 和 τ 是同一种粒子但有不同的衰变方式。但从衰变的角动量和宇称分析可知，θ 有偶宇称，而 τ 是奇宇称。既然它们是同一种粒子，为什么它们的宇称不同，这是很难理解的，因此被称作 θ-τ 疑难。1956 年，李政道和杨振宁为了解释这个疑难，提出弱相互作用过程中宇称不守恒的假设，并为验证此假设提出了多个实验建议。1957 年，吴健雄及其合作者首先发现钴 60 核 (^{60}Co) 通过 β 衰变产生出来的电子 e^- 有如下性质：

$$\langle \boldsymbol{\sigma} \cdot \boldsymbol{p} \rangle \neq 0 \tag{9.8}$$

其中，$\boldsymbol{\sigma}$ 和 $\boldsymbol{p}$ 分别是 e^- 的自旋和动量。式 (9.8) 意味着宇称在此衰变中不守恒，因为在宇称变换下，有 $\boldsymbol{\sigma} \to \boldsymbol{\sigma}, \boldsymbol{p} \to -\boldsymbol{p}$，进而有 $\boldsymbol{\sigma} \cdot \boldsymbol{p}$ 是奇宇称，如果宇称是守恒的，那么它的期望值 $\langle \boldsymbol{\sigma} \cdot \boldsymbol{p} \rangle$ 应该为零，所以 $\langle \boldsymbol{\sigma} \cdot \boldsymbol{p} \rangle$ 的非零值证明了在此衰变中宇称不守恒。同年，加温 (Garwin) 和莱德曼 (Lederman) 在介子衰变中也观测到了宇称破坏。随后，许多实验都证实了弱相互作用中宇称破坏的结果。

发现宇称不守恒的意义重大，在此之前，人们认为宇称对称总是精确的。令人惊奇的是，宇称破坏的程度并不小，与弱相互作用中宇称守恒项的振幅是同量级的。这件事告诉我们：如果你不去找，那就永远看不到。

4. *V*-*A* 理论

由于实验上观测到宇称不守恒，因此可以把有效弱相互作用写成 V-A 流 (V 是矢量流，A 是轴矢流) 的形式：

$$L_{\text{eff}} = \frac{G_{\text{F}}}{\sqrt{2}} J_\mu^\dagger J^\mu + \text{h.c.} \tag{9.9}$$

其中，

$$J_\lambda(x) = J_{\text{l}\,\lambda}(x) + J_{\text{h}\,\lambda}(x) \tag{9.10}$$

式中，

$$J_{\text{l}}^\lambda(x) = \bar{\nu}_{\text{e}} \gamma^\lambda (1-\gamma_5) e + \bar{\nu}_\mu \gamma^\lambda (1-\gamma_5) \mu \tag{9.11}$$

为轻子流；

$$J_{\text{h}}^\lambda(x) = \bar{\text{u}} \gamma^\lambda (1-\gamma_5)(\text{d} \cos\theta_{\text{c}} + \text{s} \sin\theta_{\text{c}}) \tag{9.12}$$

为强子流；θ_c 是卡比博角。在式 (9.9) 中，形如 VV 项和 AA 项保持宇称守恒，但 AV 项破坏宇称。在式 (9.12) 中引入卡比博角 ($\theta_c \approx 13°$) 是为了解释如下事实：由 $\bar{u}\gamma^\lambda s$ 项引起的奇异数改变的弱衰变的振幅比由 $\bar{u}\gamma^\lambda d$ 引起的奇异数守恒的衰变的振幅小一个数量级。注意，在 V-A 形式里，矢量流 V 与轴矢流 A 的强度相等，费米场都是左手的。

定义左手场 (left-handed field) 为：

$$\psi_L \equiv \frac{1}{2}(1-\gamma_5)\psi \tag{9.13}$$

可以将弱流简化为

$$J_1^\lambda(x) = 2\bar{\nu}_{eL}\gamma_\lambda e_L + 2\bar{\nu}_{\mu L}\gamma^\lambda \mu_L + \cdots \tag{9.14}$$

这样仅左手分量参与弱相互作用。V-A 理论 (Feynman, et al., 1958) 已十分成功地从唯象上解释了许多低能弱相互作用现象。

但也有困难之处。

(1) 不可重整化。

在费米理论中，四费米子相互作用是不可重整化 (unrenormalizable) 的，这意味着高阶图越来越发散，不能由理论中参数的重新定义来吸收掉。例如，在 μ 衰变中，高阶微扰的贡献如图 9.2 所示，这些发散不能通过重新定义拉格朗日量中的物理参数来吸收。因此高阶发散贡献不受控制，即使耦合常数很小，它们也不会变小。目前还不清楚如何从这些高阶贡献中得到有意义的结果。

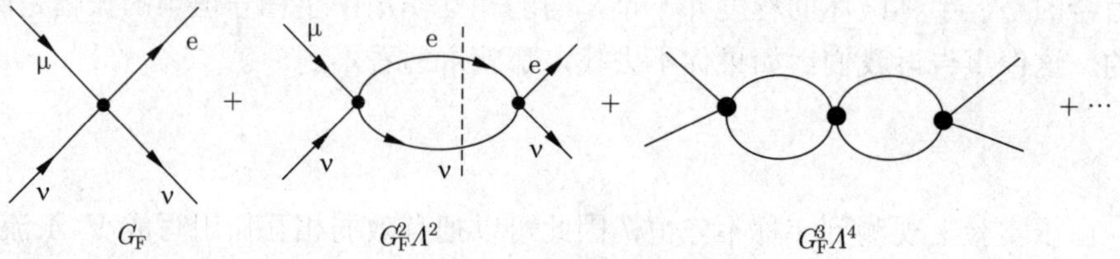

图 9.2　μ 子的衰变

(2) 幺正性的破坏。

即使忽略高阶发散贡献而只考虑没有发散的最低阶图，我们依然会遇到幺正性的问题。幺正性是概率不变的结果，也是量子理论的基本原理之一。下面将进行简单的讨论。

在费米理论中，$\nu_\mu + e \to \mu + \nu_e$ 的树图振幅在高能情况下只有 $J=1$ 的分波，且散射截面有如下形式：

$$\sigma(\nu_\mu e) \approx G_F^2 S, \qquad S = 2m_e E \tag{9.15}$$

其中，S 是质心系中总能量的平方。在实验室系中，截面与中微子能量 E 呈线

性关系。另外，$J=1$ 分波截面的幺正性限制是

$$\sigma(J=1) < \frac{1}{S} \tag{9.16}$$

因此，当 $E \geqslant 300\,\text{GeV}$ 时，$\sigma(\nu_\mu e)$ 破坏了幺正性。因为幺正性源于概率守恒，所以幺正性破坏 (violation of unitarity) 是不可接受的。

9.1.4 中间矢量玻色子理论

为了改进四费米子理论，可以比照量子电动力学，引入一个类似于光子的矢量玻色子 W，它通过与 V-A 流耦合来参与弱相互作用：

$$\mathcal{L}_\text{W} = g(J_\mu W^\mu + \text{h.c.}) \tag{9.17}$$

通常称为中间矢量玻色子理论 (intermidiate vector boson theory, IVB)。例如，μ 衰变现在通过交换 W 玻色子来进行，如图 9.3 所示。

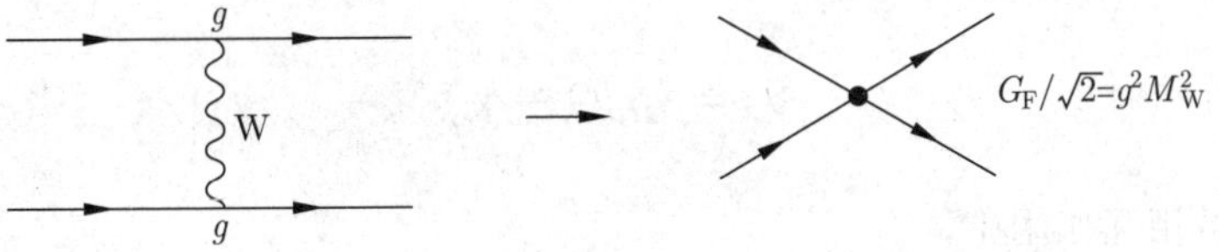

图 9.3　μ 衰变的 IVB 理论

因为弱相互作用是短程的，要求 W 玻色子有质量，即 $M_\text{W} \neq 0$。利用有质量 W 的如下传播子：

$$\frac{-g^{\mu\nu} + \dfrac{k^\mu k^\nu}{M_\text{W}^2}}{k^2 - M_\text{W}^2} \to \frac{g^{\mu\nu}}{M_\text{W}^2}, \quad 当\,|k_\mu| \ll M_\text{W} \tag{9.18}$$

如果取

$$\frac{g^2}{M_\text{W}^2} = \frac{G_\text{F}}{\sqrt{2}} \tag{9.19}$$

这就回到了四费米子相互作用。在这个理论中，由于 W 传播子，散射 $\nu_\mu + e \to \mu + \nu_e$ 不再破坏幺正性。但在其他过程中，幺正性破坏依然存在，例如，

$$\nu + \bar{\nu} \to W^+ + W^- \tag{9.20}$$

其中，$W^\pm$ 是纵向极化的。由于有质量矢量玻色子的传播子在高能区域里的性质欠佳，这个理论仍然是不可重整化的。这个理论很好地总结了在弱相互作用的规范理论出现之前的情况。尽管如此，四费米子相互作用和 IVB 理论都不能给弱相互作用以切实可行的描述。

9.2 SU(2) × U(1) 模型的建立

正如前面讨论过的，弱相互作用的耦合强度似乎有普适性。这似乎也是局域对称性理论所独有的特性。但是参与普适相互作用的矢量玻色子是无质量的。我们知道弱相互作用是短程力，需要有质量的传播子。这个问题可以在 IVB 理论中引入局域对称性和对称性自发破缺来彻底解决。新理论的优点是可重整化。

9.2.1 群的选择

首先选取构建理论所需要的正确的局域对称群。我们从之前研究弱相互作用的理论中寻找线索。在 IVB 理论中，相互作用为

$$\mathcal{L}_{\mathrm{W}} = g(J_\mu W^\mu + \mathrm{h.c.}) \tag{9.21}$$

为简单起见，忽略除 ν, e 之外的其他所有费米子，流写为

$$J_\mu = \bar{\nu}\gamma_\mu(1-\gamma_5)\mathrm{e} \tag{9.22}$$

回忆在电磁相互作用中，有

$$\mathcal{L}_{\mathrm{em}} = eJ_\mu^{\mathrm{em}}A^\mu, \quad J_\mu^{\mathrm{em}} = \bar{\mathrm{e}}\gamma_\mu\mathrm{e} \tag{9.23}$$

利用流与对称性的关系来寻找对称群。定义电磁荷和弱荷为相应流的时间分量的积分：

$$T_+ = \frac{1}{2}\int \mathrm{d}^3x\, J_0(x) = \frac{1}{2}\int \mathrm{d}^3x\, \nu^\dagger(1-\gamma_5)\mathrm{e}, \quad T_- = (T_+)^\dagger \tag{9.24}$$

$$Q = \int \mathrm{d}^3x\, J_0^{\mathrm{em}}(x) = -\int \mathrm{d}^3x\, \mathrm{e}^\dagger\mathrm{e} \tag{9.25}$$

如果假设这些荷 Q 对应于某个对称群的生成元，且每个荷都在局域变换下与一个规范玻色子耦合，那么这些荷的对易子为相应对称群的代数。正如在 IVB 理论中，$T_\pm$ 与 $\mathrm{W}^\pm$ 规范玻色子耦合，Q 与光子耦合。设 $T_\pm$ 是某个代数的生成元。那么由对易子 $[T_+, T_-] = 2T_3$ 可得

$$T_3 = \frac{1}{4}\int \mathrm{d}^3x[\nu^\dagger(1-\gamma_5)\nu - \mathrm{e}^\dagger(1-\gamma_5)\mathrm{e}] \neq Q \tag{9.26}$$

T_3 应该也是一个生成元，但它与 Q 不同。这说明 T_+, T_- 和 Q 这三个荷不能构成 SU(2) 代数。要使电荷算符 Q 成为 SU(2) 的生成元，它必须是无迹的。但这

里的情况并非如此。而且，弱荷 $T_{\pm}$ 有 V-A 形式，而电磁荷 Q 是一个纯矢量。

现在，有以下两种解决方案。

(1) 除了构成 SU(2) 代数的 T_+, T_- 和 T_3 外，引入另一个独立的生成元 B，使得电荷 Q 为 T_3 和 B 的线性组合。这些生成元对应四个规范玻色子，并构成 $\mathrm{SU}(2)\times\mathrm{U}(1)$ 群。这将是我们的最终选择。

(2) 加入新的费米子来修正流，使得 T_+, T_- 和 Q 构成 SU(2) 代数 (Georgi, et al., 1972)。这里引入新的费米子，将多重态推广到三重态：

$$\frac{1}{2}(1-\gamma_5)\begin{pmatrix} \mathrm{E}^+ \\ \nu_\mathrm{e}\cos\alpha+\mathrm{N}\sin\alpha \\ \mathrm{e}^- \end{pmatrix} \tag{9.27}$$

$$\frac{1}{2}(1+\gamma_5)\begin{pmatrix} \mathrm{E}^+ \\ \mathrm{N} \\ \mathrm{e}^- \end{pmatrix} \tag{9.28}$$

和一个单态：

$$\frac{1}{2}(1+\gamma_5)(\mathrm{N}\cos\alpha-\nu_\mathrm{e}\sin\alpha) \tag{9.29}$$

于是，弱荷是

$$T_+=\frac{1}{2}\int \mathrm{d}^3x\left[\mathrm{E}^+(1-\gamma_5)(\nu_\mathrm{e}\cos\alpha+\mathrm{N}\sin\alpha)\right]+$$
$$(\nu_\mathrm{e}\cos\alpha+\mathrm{N}\sin\alpha)(1-\gamma_5)\mathrm{e}+\mathrm{E}^+(1+\gamma_5)\mathrm{N}+\mathrm{N}^\dagger(1+\gamma_5)\mathrm{e}$$

在这种情况下，电磁流正比于 T_3，不存在中性费米子，因为这些粒子有 $T_3=0$。同样，对荷电轻子，左手分量和右手分量有相同的 T_3 量子数，所以它们是以矢量的形式出现在电磁流中。可以直接计算：

$$[T_+, T_-]=2Q \tag{9.30}$$

其中，

$$Q=\int \mathrm{d}^3x\,(\mathrm{E}^\dagger\mathrm{E}-\mathrm{e}^\dagger\mathrm{e}) \tag{9.31}$$

显然，在这个模型中，仅电磁流是中性的，其他流都是带电的。1973 年发现弱中性流反应后，这个模型就被放弃了。

幺正性的考虑

我们也可以从幺正性来考虑，在 IVB 理论中引入新的轻子或者规范玻色子是必要的。考虑反应 $\nu+\bar{\nu}\to\mathrm{W}^++\mathrm{W}^-$，其中两个 W 玻色子都是纵向极化的。

图 9.4 给出了最低阶的振幅。

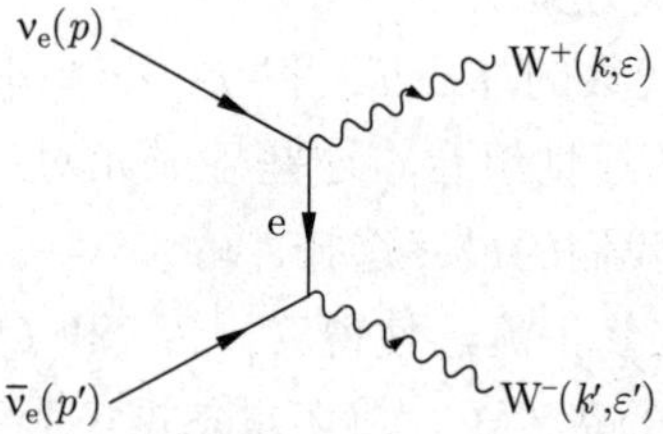

图 9.4 $\nu+\bar{\nu}\to W^++W^-$ 的费恩曼图

$$T\left(\nu\bar{\nu}\to W^+W^-\right) = -i\bar{v}\left(p'\right)\left(-ig\ \not{\varepsilon}'\right)\left(1-\gamma_5\right)\frac{i}{\not{p}-\ \not{k}-m_e}\times \left(-ig\ \not{\varepsilon}\right)\left(1-\gamma_5\right)u\left(p\right)$$
$$= -2g^2\bar{v}\left(p'\right)\frac{\not{\varepsilon}'\left(\not{p}-\ \not{k}\right)\not{\varepsilon}\left(1-\gamma_5\right)}{\left(p-k\right)^2-m_e^2}u\left(p\right) \tag{9.32}$$

W 玻色子的极化矢量为

$$\varepsilon_\mu^{(i)}(k) \tag{9.33}$$

满足

$$\varepsilon^{(i)}\cdot\varepsilon^{(j)} = -\delta_{ij},\quad k\cdot\varepsilon^{(i)} = 0 \tag{9.34}$$

在 W 玻色子静止的参考系里，其极化矢量可取

$$\varepsilon_0^{(i)} = 0,\quad \varepsilon_j^{(i)} = \delta_{ij},\quad i=1,2,3 \tag{9.35}$$

或者对一个运动的 W 玻色子，其 $k_\mu=(E,0,0,k)$, $k=\sqrt{E^2-M_W^2}$，可以对静止的 W 玻色子做绕 z 轴的洛伦兹变换。横向极化不变，纵向极化变成

$$\varepsilon_\mu^{(3)} = \frac{1}{M_W}(k,0,0,E) \tag{9.36}$$

在 $k=E-\dfrac{M_W^2}{2E}+\cdots$ 的高能极限下，有

$$\varepsilon_\mu^{(3)} = \frac{k_\mu}{M_W}+O\left(\frac{M_W}{E}\right) \tag{9.37}$$

那么对纵向极化的 W 玻色子，式 (9.32) 中的散射振幅变为

$$T \approx -\frac{2g^2}{k^2-2p\cdot k}\bar{v}\left(p'\right)\frac{\not{k}'}{M_W}\left(\not{p}-\ \not{k}\right)\frac{\not{k}}{M_W}\left(1-\gamma_5\right)u\left(p\right)$$
$$\approx \frac{2g^2}{M_W^2}\bar{v}\left(p'\right)\ \not{k}'\left(1-\gamma_5\right)u\left(p\right) \tag{9.38}$$

为了说明这是一个纯 $J=1$ 的分波，取

$$p_\mu=(E,0,0,E),\quad p'_\mu=(E,0,0,-E) \tag{9.39}$$

$$k_\mu=(E,k\boldsymbol{e}),\quad k'_\mu=(E,-k\boldsymbol{e}),\quad \text{其中 } \boldsymbol{e}=(\sin\theta,0,\cos\theta) \tag{9.40}$$

其中，θ 是 $\boldsymbol{k}$ 和 $\boldsymbol{p}$ 的夹角。由于 ν 和 $\bar{\nu}$ 有相反的螺旋度，有

$$u(p)=\sqrt{E}\begin{pmatrix}1\\ \dfrac{\boldsymbol{\sigma}\cdot\boldsymbol{p}}{E}\end{pmatrix}\chi_{-1/2}=\sqrt{E}\begin{pmatrix}1\\ \sigma_z\end{pmatrix}\chi_{-1/2} \tag{9.41}$$

$$\bar{v}(p')=\sqrt{E}\chi^\dagger_{1/2}\left(\frac{\boldsymbol{\sigma}\cdot\boldsymbol{p}'}{E},-1\right)=\sqrt{E}\chi^\dagger_{1/2}(-\sigma_z,-1) \tag{9.42}$$

其中，

$$\chi_{1/2}=\begin{pmatrix}1\\0\end{pmatrix},\quad \chi_{-1/2}=\begin{pmatrix}0\\1\end{pmatrix} \tag{9.43}$$

那么式 (9.38) 中的组合变为

$$\begin{aligned}\bar{v}(p')\,\not{k}'(1-\gamma_5)\,u(p)&=E\chi^\dagger_{1/2}(-1,-1)\begin{pmatrix}E & k\boldsymbol{\sigma}\cdot\boldsymbol{e}\\ -k\boldsymbol{\sigma}\cdot\boldsymbol{e} & -E\end{pmatrix}\times\\ &\qquad\begin{pmatrix}1 & -1\\ -1 & 1\end{pmatrix}\begin{pmatrix}1\\1\end{pmatrix}\chi_{-1/2}\\ &=-4E\chi^\dagger_{1/2}(E-k\boldsymbol{\sigma}\cdot\boldsymbol{e})\,\chi_{-1/2}\\ &=4Ek\sin\theta\end{aligned}$$

于是有

$$T\approx G_{\mathrm{F}}E^2\sin\theta,\quad \text{当 } E\to\infty \text{ 时} \tag{9.44}$$

一般的螺旋度振幅 (helicity amplitude) 的分波展开为

$$T_{\lambda_3\lambda_4,\lambda_1\lambda_2}(E,\theta)=\sum_{J=M}^{\infty}(2J+1)\,T^J_{\lambda_3\lambda_4,\lambda_1\lambda_2}(E)\,d^J_{\mu\lambda}(\theta) \tag{9.45}$$

其中，$\lambda_1=-\lambda_2=1/2$ 和 $\lambda_3=\lambda_4=0$ 分别是初末态的螺旋度，且 $\lambda=\lambda_1-\lambda_2=1$,$\mu=\lambda_3-\lambda_4=0$，以及 $M=\max(\lambda,\mu)=1$。$d^J_{\mu\lambda}(\theta)$ 是通常的转动矩阵，有 $d^1_{10}(\theta)=\sin\theta$。很明显，式 (9.44) 中的 T 对应于纯 $J=1$ 的分波，且破坏了在高能区的幺正性条件 $T^{J=1}(E)\leqslant$ 常数。为了去掉这个不好的高能行为，对此反应我们需要其他的图。有两种可能：s 道或 u 道的交换图，如图 9.5 所示。

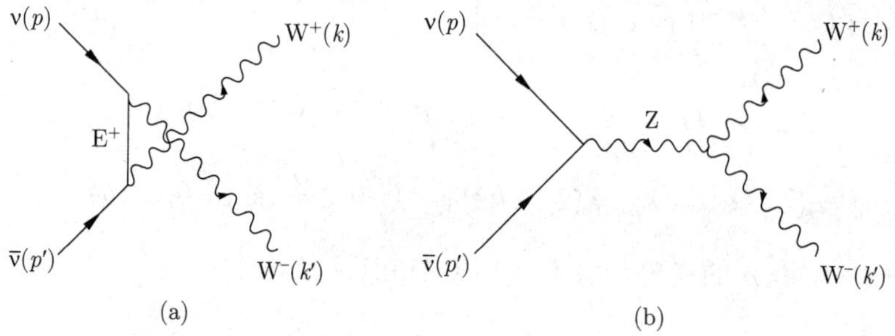

图 9.5 $\nu\bar{\nu} \to W^+W^-$ 反应

(a) u 道；(b) s 道

(1) 重轻子。图 9.5(a) 中的 u 道交换产生的振幅为

$$T_u\left(\nu\bar{\nu} \to W^+W^-\right) = -2g'^2 \bar{v}\left(p'\right) \frac{\not{\varepsilon}\left(\not{p} - \not{k}\right) \not{\varepsilon}'\left(1-\gamma_5\right)}{\left(p-k'\right)^2 - m_E^2} u\left(p\right)$$

$$= \frac{-2g'^2}{M_W^2} \bar{v}\left(p'\right) \not{k}'\left(1-\gamma_5\right) u\left(p\right)$$

注意，式中的负号是由于这是一个 u 道的贡献。所以，如果选择 $g^2 = g'^2$，这将消除掉式 (9.38) 中的不好行为。不难看到这对应于将原来的费米子二重态扩大到三重态，但保持对称群 SU(2) 不变。

(2) 中性矢量玻色子。图 9.5(b) 中的 s 道交换给出振幅为

$$T_s\left(\nu\bar{\nu} \to W^+W^-\right) = -\mathrm{i}\bar{v}\left(p'\right)\left(-\mathrm{i}f\gamma_\beta\right)\left(1-\gamma_5\right) u\left(p\right) L_{\alpha\mu\nu}\,\varepsilon'^{\mu}\left(k'\right)\varepsilon^{\nu}\left(k\right) \times$$

$$\mathrm{i}\left[-g^{\alpha\beta} + \frac{\left(k+k\right)^{\alpha}\left(k+k\right)^{\beta}}{M_Z^2}\right]\left[\frac{1}{\left(k+k\right)^2 - M_Z^2}\right]$$

选择形如 ZWW 的耦合，使之具有杨-米尔斯结构：

$$L_{\alpha\mu\nu} = -\mathrm{i}f'\left[\left(k'-k\right)_{\alpha} g_{\mu\nu} - \left(2k'+k\right)_{\nu} g_{\mu\alpha} + \left(k'+2k\right)_{\mu} g_{\alpha\nu}\right] \tag{9.46}$$

于是有

$$T_s \approx -\frac{ff'}{M_W^2} \bar{v}\left(p'\right) \not{k}'\left(1-\gamma_5\right) u\left(p\right) \tag{9.47}$$

因此，如果选择 $ff' = 2g^2$，它也将消除掉式 (9.38) 在高能极限下的振幅。增加一个新的规范玻色子，规范对称群将从 SU(2) 扩大到 SU(2) × U(1)，即增加一个前面讨论过的 U(1) 对称性。

因为实验上观测到弱中性流过程，现在我们选择的规范群为 SU(2) × U(1)。考虑到局域对称性，规范场的拉格朗日量为

$$L = -\frac{1}{4} F^{i\mu\nu} F_{\mu\nu}^{i} - \frac{1}{4} G^{\mu\nu} G_{\mu\nu} \tag{9.48}$$

其中，

$$F^i_{\mu\nu} = \partial_\mu A^i_\nu - \partial_\nu A^i_\nu + g\varepsilon^{ijk} A^j_\mu A^k_\nu \tag{9.49}$$

为 SU(2) 规范场，且

$$G_{\mu\nu} = \partial_\mu B_\nu - \partial_\mu B_\mu \tag{9.50}$$

为 U(1) 规范场。

9.2.2 费米子

由式 (9.11) 给出的弱流的结构可以看到，ν, e 构成了 SU(2) 的一个二重态：

$$l_{\mathrm{L}} = \frac{1}{2}(1-\gamma_5)\begin{pmatrix} \nu \\ \mathrm{e} \end{pmatrix} \tag{9.51}$$

为方便起见，引入左手场和右手场：

$$\psi_{\mathrm{L}} \equiv \frac{1}{2}(1-\gamma_5)\psi, \quad \psi_{\mathrm{R}} \equiv \frac{1}{2}(1+\gamma_5)\psi, \quad \psi = \psi_{\mathrm{L}} + \psi_{\mathrm{R}} \tag{9.52}$$

则有

$$T_+ = \int \mathrm{d}^3x\, \nu^+_{\mathrm{L}} \mathrm{e}_{\mathrm{L}} \tag{9.53}$$

$$T_- = \int \mathrm{d}^3x\, \mathrm{e}^+_{\mathrm{L}} \nu_{\mathrm{L}} \tag{9.54}$$

$$Q = -\int \mathrm{d}^3x (\mathrm{e}^+_{\mathrm{L}} \mathrm{e}_{\mathrm{L}} + \mathrm{e}^+_{\mathrm{R}} \mathrm{e}_{\mathrm{R}}) \tag{9.55}$$

注意到

$$Q - T_3 = \int \mathrm{d}^3x \left[-\frac{1}{2}(\nu^+_{\mathrm{L}}\nu_{\mathrm{L}} + \mathrm{e}^+_{\mathrm{L}}\mathrm{e}_{\mathrm{L}}) - \mathrm{e}^+_{\mathrm{R}}\mathrm{e}_{\mathrm{R}}\right] \tag{9.56}$$

直接计算可得

$$[Q - T_3, T_i] = 0, \quad i = 1, 2, 3 \tag{9.57}$$

因此可取 $Q-T_3$ 为 U(1) 的荷，即 $Y \equiv 2(Q-T_3)$，称为弱超荷 (weak hypercharge)。费米子的 Y 值为

$$\begin{aligned} l_{\mathrm{L}} &= \begin{pmatrix} \nu_{\mathrm{L}} \\ \mathrm{e}_{\mathrm{L}} \end{pmatrix}: \quad Y = -1 \\ l_{\mathrm{R}} &= \mathrm{e}_{\mathrm{R}}: \qquad\quad Y = -2 \end{aligned} \tag{9.58}$$

利用这些量子数，费米子的规范耦合拉格朗日量为

$$\mathcal{L}_2 = \bar{l}_{\mathrm{L}} \mathrm{i}\gamma^\nu D_\nu l_{\mathrm{L}} + \bar{l}_{\mathrm{R}} \mathrm{i}\gamma^\nu D_\nu l_{\mathrm{R}} \tag{9.59}$$

其中，协变导数有如下形式：

$$D_\nu\psi = \left(\partial_\nu - \mathrm{i}g\frac{\boldsymbol{\tau}\cdot\boldsymbol{A}_\nu}{2} - \mathrm{i}g'\frac{Y}{2}B_\nu\right)\psi \tag{9.60}$$

例如，

$$D_\nu l_\mathrm{L} = \left(\partial_\nu - \mathrm{i}g\frac{\boldsymbol{\tau}\cdot\boldsymbol{A}_\nu}{2} + \mathrm{i}g'\frac{1}{2}B_\nu\right)l_\mathrm{L}$$

$$D_\nu l_\mathrm{R} = (\partial_\nu + \mathrm{i}g'B_\nu)l_\mathrm{R}$$

其中 $\tau_i l_\mathrm{R} = 0$，这是因为 τ_i 是 SU(2) 生成元的单态表示，实际上就是 0。

9.2.3 对称性自发破缺

我们想要的对称性破缺模式是 $\mathrm{SU(2)}\times\mathrm{U(1)}\to\mathrm{U(1)_{em}}$，即破缺到量子电动力学的 U(1) 对称性，以至于仅有一个规范玻色子是零质量的，即光子。SU(2) 二重态中具有超荷 $Y=1$ 的标量场可以完成这项任务：

$$\phi = \begin{pmatrix}\phi^+\\ \phi^0\end{pmatrix},\quad Y=1 \tag{9.61}$$

其中 ϕ^+ 和 ϕ^0 都是复场，且 $(\phi^+)^\dagger = \phi^-$。由盖尔曼-西岛关系 $Q = I_3 + Y/2$ 知，对应于 $I_3 = 1/2$ 的上分量 ϕ^+ 的电荷为 1，对应于 $I_3 = -1/2$ 的下分量 ϕ^0 的电荷为 0。

含有 ϕ 的拉格朗日量为

$$\mathcal{L}_3 = (D_\mu\phi)^\dagger(D^\mu\phi) - V(\phi) \tag{9.62}$$

其中，

$$D_\mu\phi = \left(\partial_\mu - \mathrm{i}g\frac{\boldsymbol{\tau}\cdot\boldsymbol{A}_\mu}{2} - \mathrm{i}g'\frac{1}{2}B_\mu\right)\phi \tag{9.63}$$

以及

$$V(\phi) = -\mu^2\phi^\dagger\phi + \lambda(\phi^\dagger\phi)^2 \tag{9.64}$$

这个势能项是为了给出真空对称性自发破缺所需要的。

另外，还存在轻子与标量场 ϕ 间的耦合：

$$\mathcal{L}_4 = f\bar{l}_\mathrm{L}\phi e_\mathrm{R} + \mathrm{h.c.} \tag{9.65}$$

称为汤川耦合。正如前面讨论过的，这种标量场的对称性自发破缺由如下真空期望值决定：

$$\langle\phi\rangle_0 = \langle 0|\,\phi\,|0\rangle = \frac{1}{\sqrt{2}}\begin{pmatrix} 0 \\ v \end{pmatrix}, \quad v = \sqrt{\frac{\mu^2}{\lambda}} \tag{9.66}$$

式 (9.66) 的结果相当于只让 ϕ^0 有非零的真空期望值 $\langle 0|\,\phi^0\,|0\rangle = v/\sqrt{2}$。因为 ϕ^0 的电荷为 0，这样的选取才能保证对称性自发破缺后仍能保持 U(1) 对称性。

将标量场写成

$$\phi(x) = U^{-1}(\boldsymbol{\xi})\begin{pmatrix} 0 \\ \dfrac{v+\eta(x)}{\sqrt{2}} \end{pmatrix}, \quad U(\boldsymbol{\xi}) = \exp\left[\frac{\mathrm{i}\boldsymbol{\xi}(x)\cdot\boldsymbol{\tau}}{v}\right] \tag{9.67}$$

这样，原来的标量场 (ϕ^+, ϕ^0) 和它的复共轭 $\left(\bar{\phi}^0, \phi^-\right)$ 现在由 $(\eta, \xi_1, \xi_2, \xi_3)$ 替代。这个新参数化的标量场的规范变换与原标量场的相同。

规范变换

式 (9.67) 中的标量场与规范变换有相同的结构。可以利用规范变换来简化标量场，即

$$\phi' = U(\xi)\phi = \frac{1}{\sqrt{2}}\begin{pmatrix} 0 \\ v+\eta(x) \end{pmatrix} \tag{9.68}$$

$$\frac{\boldsymbol{\tau}\cdot\boldsymbol{A}'_\mu}{2} = U(\xi)\frac{\boldsymbol{\tau}\cdot\boldsymbol{A}_\mu}{2}U^{-1}(\xi) - \frac{\mathrm{i}}{g}(\partial_\mu U)U^{-1} \tag{9.69}$$

由于规范不变性，场 $\xi(x)$ 从拉格朗日量中消失了。它们变成了规范场的纵向分量 (见式 (9.69))。

在原来的拉格朗日量中没有电子的质量项，因为质量项 $(\bar{e}_{\mathrm{L}}e_{\mathrm{R}} + \mathrm{h.c.})$ 在 $\mathrm{SU}(2)\times\mathrm{U}(1)$ 变换下不是不变的。利用标量场的真空期望值，$\mathcal{L}_4$ 变成

$$\mathcal{L}_4 = f\frac{v}{\sqrt{2}}(\bar{e}_{\mathrm{L}}e_{\mathrm{R}} + \mathrm{h.c.}) + f\frac{\eta(x)}{\sqrt{2}}(\bar{e}_{\mathrm{L}}e_{\mathrm{R}} + \mathrm{h.c.}) \tag{9.70}$$

现在电子具有质量了，即为

$$m_{\mathrm{e}} = \frac{f}{\sqrt{2}}v \tag{9.71}$$

标量场 $\eta(x)$ 与费米子的汤川耦合正比于费米子的质量，这个性质对标量粒子的产生和衰变有重要影响。这个标量粒子称为希格斯 (Higgs) 粒子。

9.2.4 质量谱

现在给出这个理论对称性自发破缺后的质量谱 (mass spectrum)。

(1) 费米子质量：

$$m_{\mathrm{e}} = \frac{fv}{\sqrt{2}} \tag{9.72}$$

(2) 标量场的质量 (希格斯子)

把式 (9.68)代入式 (9.64)(式中 ϕ 用 ϕ' 替换)，并展开

$$V(\phi') = -\mu^2\phi'^{\dagger}\phi' + \lambda\left(\phi'^{\dagger}\phi'\right)^2 = \mu^2\eta^2 + \lambda v\eta^3 + \frac{\lambda}{4}\eta^4 \tag{9.73}$$

其中已略去常数项和 η 项。与质量项的形式 $\frac{1}{2}m^2\eta^2$ 对比可得

$$m_\eta = \sqrt{2}\mu \tag{9.74}$$

(3) 规范玻色子质量：由 $\mathcal{L}_3$ 中的协变导数，并代入 ϕ 的真空期望值 $\langle 0|\phi|0\rangle = \frac{v}{\sqrt{2}}\begin{pmatrix}0\\1\end{pmatrix} \equiv \frac{v}{\sqrt{2}}\chi$ $\left(其中\ \chi = \begin{pmatrix}0\\1\end{pmatrix}\right)$，可得

$$\mathcal{L}_3 = \frac{v^2}{2}\chi^{\dagger}\left(g\frac{\boldsymbol{\tau}\cdot\boldsymbol{A}'_\mu}{2} + \frac{g'B'_\mu}{2}\right)\left(g\frac{\boldsymbol{\tau}\cdot\boldsymbol{A}'^{\mu}}{2} + \frac{g'B'^{\mu}}{2}\right)\chi + \cdots, \tag{9.75}$$

做展开，并利用矩阵的对角化，可得规范玻色子的质量项为

$$\begin{aligned}\mathcal{L}_3 &= \frac{v^2}{8}\{g^2[(A_\mu^1)^2 + (A_\mu^2)^2] + (gA_\mu^3 - g'B_\mu)^2\} + \cdots \\ &= M_{\mathrm{W}}^2 W^{+\mu}W_\mu^- + \frac{1}{2}M_{\mathrm{Z}}^2 Z^\mu Z_\mu + \cdots\end{aligned}$$

其中，

$$\begin{aligned} W_\mu^+ &= \frac{1}{\sqrt{2}}(A_\mu^1 - \mathrm{i}A_\mu^2), & M_{\mathrm{W}}^2 &= \frac{g^2v^2}{4} \\ Z_\mu &= \frac{1}{\sqrt{g^2+g'^2}}(g'A^3 - gB_\mu), & M_{\mathrm{Z}}^2 &= \frac{g^2+g'^2}{4}v^2 \\ A_\mu &= \frac{1}{\sqrt{g^2+g'^2}}(g'A_\mu^3 + gB_\mu) & m_A &= 0 \end{aligned} \tag{9.76}$$

其中 $m_A = 0$ 是因为 A_μ 没在 $\mathcal{L}_3$ 里出现，实际上就是光子。这反映了电磁相互作用的 U(1) 规范对称性依然保持。

为方便起见，定义：

$$\tan\theta_{\mathrm{W}} = \frac{g'}{g} \tag{9.77}$$

称 θ_{W} 为温伯格 (Weinberg) 角或弱混合角 (weak mixing angle)。那么有

$$Z_\mu = A_\mu^3\cos\theta_{\mathrm{W}} - B_\mu\sin\theta_{\mathrm{W}}, \quad M_{\mathrm{Z}}^2 = \frac{g^2v^2}{4}\sec^2\theta_{\mathrm{W}} \tag{9.78}$$

$$A_\mu = A_\mu^3\sin\theta_{\mathrm{W}} + B_\mu\cos\theta_{\mathrm{W}} \tag{9.79}$$

M_{W}, M_{Z} 和 θ_{W} 之间存在如下关系：

$$\rho = \frac{M_W^2}{M_Z^2 \cos^2 \theta_W} = 1 \tag{9.80}$$

它是标量场为二重态的结果。这个关系很好地得到了实验的验证。一般来说，参数 $\rho = \dfrac{M_W^2}{M_Z^2 \cos^2 \theta_W}$ 可描述中性流弱相互作用和带电流弱相互作用的强度之比。对于 $SU(2) \times U(1)$ 模型，因为只涉及一个希格斯二重态，所以 $\rho = 1$。如果模型中还有其他的希格斯多重态，则 ρ 的值会变。如果电弱相互作用基于的局域对称群大于 $SU(2) \times U(1)$，也将改变 ρ 的值。

9.2.5 荷电流和中性流

1. 荷电流

利用式 (9.59)，由 W 玻色子和 Z 玻色子传递的弱相互作用为

$$\mathcal{L}_{cc} = \frac{g}{\sqrt{2}}(J_\mu^+ W^{+\mu} + \text{h.c.}), \quad J_\mu^+ = J_\mu^1 + \mathrm{i}J_\mu^2 = \frac{1}{2}\bar{\nu}\gamma_\mu(1-\gamma_5)e \tag{9.81}$$

为了得到在低能极限下的四费米子相互作用，取

$$\frac{g^2}{8M_W^2} = \frac{G_F}{\sqrt{2}} \tag{9.82}$$

这说明

$$v = \sqrt{\frac{\sqrt{2}}{G_F}} \approx 246\,\text{GeV} \tag{9.83}$$

通常称为弱能标 (weak scale)，它表征弱相互作用发生对称性破缺时的能量。这就是为什么在能量远小于 $v \approx 246\,\text{GeV}$ 时，弱玻色子的效应可以忽略，而四费米子相互作用可以很好地唯象地解释许多现象。当能量与弱能标可比时，需要考虑弱玻色子的效应。

2. 中性流

电弱相互作用的规范理论有一个意想不到的特点：存在中性弱规范玻色子 Z，而从低能弱相互作用的唯象研究中未能预见到它。引入这个新的规范玻色子是基于电磁相互作用和弱相互作用的对称性。它的最重要的物理效应是中微子参与的中性流过程。在 20 世纪 70 年代早期发现的这类过程给予电弱规范理论强有力的支持。现在对这个过程做一简单描述。

包含电磁相互作用的中性流的拉格朗日量为

$$\mathcal{L}_{NC} = gJ_\mu^3 A^{3\mu} + \frac{g'}{2}J_\mu^Y B^\mu = eJ_\mu^{em} A^\mu + \frac{g}{\cos\theta_W}J_\mu^Z Z^\mu \tag{9.84}$$

其中，$e = g\sin\theta_{\rm W}$ 为电磁耦合常数，以及

$$J_\mu^{\rm Z} = J_\mu^3 - \sin^2\theta_{\rm W} J_\mu^{\rm em} \tag{9.85}$$

为弱中性流 (weak neutral current)。定义弱中性荷 (weak neutral charge) 为

$$Q^{\rm Z} = \int {\rm d}^3 x\, J_0^{\rm Z} = T_3 - Q\sin^2\theta_{\rm W} \tag{9.86}$$

这说明费米子和 Z 玻色子的耦合强度正比于 $T_3 - Q\sin^2\theta_{\rm W}$。

实际上，Z 玻色子与中微子耦合对如下散射过程有贡献 (图 9.6):

$$\nu_{\rm e} + {\rm e} \to \nu_{\rm e} + {\rm e} \tag{9.87}$$

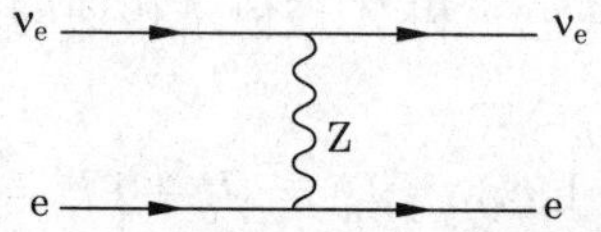

图 9.6 $\nu_{\rm e}$e 散射的中性流贡献

这个过程仅包含轻子，因此可以利用式 (9.84) 中的拉格朗日量做可靠的计算。但是，就像其他包含中微子的过程，实验测量的精度很差，这是因为中微子不带电，不能用电磁手段很好地控制。对其他纯轻子中性流过程，如 $\nu_\mu + {\rm e} \to \nu_\mu + {\rm e}$，都可以利用上面给出的相互作用项来计算。另外，对有中微子参与的半轻子中性流过程，如 $\nu_\mu + {\rm p} \to \nu_\mu + {\rm X}$，它们的单举截面可以用类似于处理 ep 散射的方法做可靠分析。

20 世纪 70 年代，所有中性流过程的截面测量结果都给弱相互作用的规范理论以很强的支持。定量地讲，所有测量值都与 $\sin^2\theta_{\rm W} \approx 0.22$ 一致。由此得到 $M_{\rm W} \approx 80\,{\rm GeV}$ 和 $M_{\rm Z} \approx 90\,{\rm GeV}$。20 世纪 80 年代，欧洲核子研究中心 (CERN) 实验上发现了 W 玻色子和 Z 玻色子，这有力地支持了弱相互作用理论。后面将详细讨论这些过程。

注意，光子与 Z 玻色子都传递中性作用，但光子只与矢量流耦合，而 Z 玻色子与矢量流和轴矢流都耦合。

9.2.6 推广到多代

由四费米子作用理论和 IVB 理论，轻子和强子的弱流形式给出下列的多重态：

$$\begin{pmatrix} \nu_{\rm e} \\ {\rm e} \end{pmatrix}_{\rm L},\ \begin{pmatrix} \nu_\mu \\ \mu \end{pmatrix}_{\rm L},\ {\rm e_R}, \mu_{\rm R},\ \begin{pmatrix} {\rm u} \\ {\rm d}_\theta \end{pmatrix}_{\rm L},\ {\rm s}_{\theta_{\rm L}},\ {\rm u_R},\ {\rm d_R},\ {\rm s_R} \tag{9.88}$$

其中，${\rm d}_\theta$、${\rm s}_\theta$ 分别是夸克 d 和 s 的混合，即

$$\begin{pmatrix} d_\theta \\ s_\theta \end{pmatrix} = \begin{pmatrix} \cos\theta_C & \sin\theta_C \\ -\sin\theta_C & \cos\theta_C \end{pmatrix} \begin{pmatrix} d \\ s \end{pmatrix} \tag{9.89}$$

称 $V_C = \begin{pmatrix} \cos\theta_C & \sin\theta_C \\ -\sin\theta_C & \cos\theta_C \end{pmatrix}$ 为卡比博夸克混合矩阵。

下夸克 (down quark) 部分的中性流为

$$\begin{aligned}\mathcal{L}_{NC} = &\left[\bar{d}_{\theta_L}\gamma_\mu\left(-\frac{1}{2}+\frac{1}{3}\sin^2\theta_C\right)d_{\theta_L} + s_{\theta_L}\gamma_\mu\left(\frac{1}{3}\sin^2\theta_C\right)s_{\theta_L} - \right.\\ &\left.\frac{1}{3}\sin^2\theta_W\left(\bar{d}_R\gamma_\mu d_R + \bar{s}_R\gamma_\mu s_R\right)\right]Z^\mu \\ = &\left(-\frac{1}{2}+\frac{1}{3}\sin^2\theta_W\right)\left[(\bar{d}_L\gamma_\mu d_L + \bar{s}_L\gamma_\mu s_L) + \right.\\ &\left.\sin\theta_W\cos\theta_W(\bar{d}_L\gamma_\mu s_L + \bar{s}_L\gamma_\mu d_L) + \cdots\right]\end{aligned}$$

其中，$\bar{d}_L\gamma_\mu s_L + \bar{s}_L\gamma_\mu d_L$ 给出 $\Delta S = 1$ 的中性流过程，如 $K_L \to \mu^+ + \mu^-$，它与荷电流过程有同一数量级。但实验测量却是

$$R = \frac{\Gamma(K_L \to \mu^+ + \mu^-)}{\Gamma(K^+ \to \mu + \nu)} \leqslant 10^{-8} \tag{9.90}$$

即 $\Delta S = 1$ 的中性流过程与荷电流过程不是同一数量级。

GIM 机制

1970 年，格拉肖 (Glashow)、李尔普罗斯 (Iliopoulos) 和马伊阿尼 (Maiani) 提出可能存在第四种夸克，即粲夸克 c (charm quark)，其电荷与 u 夸克一样为 2/3。c 夸克与 s_θ 组成一个二重态，这样参与弱作用的夸克二重态就有两个

$$\begin{pmatrix} u \\ d_\theta \end{pmatrix}, \quad \begin{pmatrix} c \\ s_\theta \end{pmatrix} \tag{9.91}$$

它可以消掉 $\Delta S = 1$ 的中性流。于是，新的中性流有如下形式：

$$\begin{aligned}&\bar{d}_\theta\left(-\frac{1}{2}+\frac{1}{3}\sin^2\theta_W\right)\gamma_\mu d_\theta + \bar{s}_\theta\left(-\frac{1}{2}+\frac{1}{3}\sin^2\theta_W\right)\gamma_\mu s_\theta \\ = &\left(-\frac{1}{2}+\frac{1}{3}\sin^2\theta_W\right)(\bar{d}\gamma_\mu d + \bar{s}\gamma_\mu s)\end{aligned} \tag{9.92}$$

式中没有出现奇异数改变的中性流，所以它是奇异数守恒的。这种消除奇异数改变的中性流的方法称为 GIM(Glashow-Ilopoulos-Maiani) 机制。

夸克混合

在对称性自发破缺之前，费米子都是零质量的，因为 ψ_{L} 和 ψ_{R} 在 $\mathrm{SU}(2)\times\mathrm{U}(1)$ 下有不同的量子数。因此，质量项 $\bar{\psi}_{\mathrm{L}}\psi_{\mathrm{R}}+\mathrm{h.c.}$ 在 $\mathrm{SU}(2)\times\mathrm{U}(1)$ 下变换并不是不变的，不会出现在拉格朗日量中。但 ψ_{L} 和 ψ_{R} 与标量场 ϕ 间存在耦合 $\bar{\psi}_{\mathrm{L}}\psi_{\mathrm{R}}\phi+\mathrm{h.c.}$，而且通过对称性自发破缺出现费米子质量项 $\bar{\psi}_{\mathrm{L}}\psi_{\mathrm{R}}v+\mathrm{h.c.}$。换言之，费米子通过对称性自发破缺获得质量。注意，中微子没有质量，因为在拉格朗日量中有意没有右手分量 ν_{R}。

当有不止一个二重态，$\psi_{i\mathrm{R}}$ 或 $\psi_{i\mathrm{L}}$ $(i=1,2,\cdots)$ 时，它们都在 $\mathrm{SU}(2)\times\mathrm{U}(1)$ 下有相同的量子数，称为“弱本征态”(weak eigenstate)。指标 i 标记弱本征态的不同代。当对称性自发破缺后，费米子通过汤川耦合获得了质量：

$$\mathcal{L}_{\mathrm{Y}}=(f_{ij}\bar{g}_{i\mathrm{L}}\mathrm{u}_{\mathrm{R}j}+f'_{ij}\bar{g}_{i\mathrm{L}}\mathrm{d}_{\mathrm{R}j})\phi+\mathrm{h.c.} \tag{9.93}$$

可重整化性要求我们写出的所有可能项都要符合 $\mathrm{SU}(2)\times\mathrm{U}(1)$ 对称性。由于汤川耦合常数 f_{ij} 和 f'_{ij} 是任意的，源于对称性自发破缺的费米子质量矩阵一般不是对角的。对角化质量矩阵后，我们便得到质量本征态，它们不必与弱本征态一样，上下夸克部分的质量矩阵是

$$m_{ij}^{(\mathrm{u})}=f_{ij}\frac{v}{\sqrt{2}},\qquad m_{ij}^{(\mathrm{d})}=f'_{ij}\frac{v}{\sqrt{2}} \tag{9.94}$$

这些矩阵位于左手场和右手场中间，可以通过双幺正变换进行对角化，即给定一个质量矩阵 m_{ij}，存在幺正矩阵 S 和 T，使得

$$S^{\dagger}mT=m_{\mathrm{d}} \tag{9.95}$$

是对角的。实际上，S 就是一个对角化厄米组合 mm^{+} 的幺正矩阵，即

$$S^{\dagger}(mm^{\dagger})S=m_{\mathrm{d}}^{2} \tag{9.96}$$

为了看清这一点，定义

$$M=mm^{\dagger}$$

它是一个正定矩阵。因为 M 是厄米的，它能用一个幺正矩阵 S 对角化，其本征值都是正的

$$S^{\dagger}MS=m_{\mathrm{d}}^{2}=\begin{pmatrix}m_1^2&&\\&m_2^2&\\&&m_3^2\end{pmatrix} \tag{9.97}$$

定义：

$$m_{\mathrm{d}}=\begin{pmatrix}m_1&&\\&m_2&\\&&m_3\end{pmatrix},\qquad H=Sm_{\mathrm{d}}S^{\dagger} \tag{9.98}$$

这里取 m_1, m_2 和 m_3 为正的，H 是厄米的。定义 T 为

$$T \equiv H^{-1}m \tag{9.99}$$

满足

$$TT^\dagger = H^{-1}mm^\dagger(H^{-1})^\dagger = H^{-1}Sm_{\rm d}^2S^\dagger H^{-1} = H^{-1}H^2H^{-1} = 1 \tag{9.100}$$

所以 T 是幺正的。质量矩阵可以写为

$$m = HT = Sm_{\rm d}S^\dagger T = Sm_{\rm d}R \tag{9.101}$$

其中，$R = S^\dagger T$ 也是幺正的。

这样，我们利用双幺正变换对角化了质量矩阵。这种形式有时称为极分解 (polar decomposition)，因为厄米矩阵 $H > 0$ 是正实数的推广，幺正矩阵 T 是相因子的推广。

如果左手二重态 (弱本征态) 写为

$$q_{1\rm L} = \begin{pmatrix} {\rm u}' \\ {\rm d}' \end{pmatrix}_{\rm L}, \quad q_{2\rm L} = \begin{pmatrix} {\rm c}' \\ {\rm s}' \end{pmatrix}_{\rm L} \tag{9.102}$$

这些弱本征态可以通过幺正变换与质量本征态相联系：

$$\begin{pmatrix} {\rm u}' \\ {\rm c}' \end{pmatrix} = S_{\rm u}\begin{pmatrix} {\rm u} \\ {\rm c} \end{pmatrix}, \quad \begin{pmatrix} {\rm d}' \\ {\rm s}' \end{pmatrix} = S_{\rm d}\begin{pmatrix} {\rm d} \\ {\rm s} \end{pmatrix} \tag{9.103}$$

它们与荷电规范玻色子 $\rm W^\pm$ 耦合的拉格朗日量为

$$\mathcal{L}_{\rm W} = \frac{g}{\sqrt{2}}W_\mu[\bar{q}_{1\rm L}\gamma^\mu\tau^\dagger q_{1\rm L} + \bar{q}_{2\rm L}\gamma^\mu\tau^\dagger q_{2\rm L}] + {\rm h.c.} \tag{9.104}$$

它在 $(q_{1\rm L}, q_{2\rm L})$ 空间中的幺正变换下保持不变，即

$$\begin{pmatrix} q'_{1\rm L} \\ q'_{2\rm L} \end{pmatrix} = V\begin{pmatrix} q_{1\rm L} \\ q_{2\rm L} \end{pmatrix}, \quad VV^\dagger = 1 = V^\dagger V \tag{9.105}$$

利用这个性质，可以将所有混合都归入下夸克部分：

$$q'_{i\rm L} = \begin{pmatrix} {\rm u} \\ {\rm d}'' \end{pmatrix}_{\rm L}, \begin{pmatrix} {\rm c} \\ {\rm s}'' \end{pmatrix}_{\rm L}, \quad \text{其中} \begin{pmatrix} {\rm d}'' \\ {\rm s}'' \end{pmatrix} = U\begin{pmatrix} {\rm d} \\ {\rm s} \end{pmatrix} \tag{9.106}$$

这里 U 是一个 2×2 幺正矩阵。下面来说明这一点。选择 $V = S_{\rm u}$，并将它写为

$${\rm u} = {\rm u}'\cos\alpha + {\rm c}'\sin\alpha, \quad {\rm c}' = -{\rm u}\sin\alpha + {\rm c}\cos\alpha$$

定义

$$\begin{pmatrix} q_{1\text{L}} \\ q_{2\text{L}} \end{pmatrix} = V^\dagger \begin{pmatrix} q'_{1\text{L}} \\ q'_{2\text{L}} \end{pmatrix} = \begin{pmatrix} \cos\alpha & \sin\alpha \\ -\sin\alpha & \cos\alpha \end{pmatrix} \begin{pmatrix} q'_{1\text{L}} \\ q'_{2\text{L}} \end{pmatrix}$$

则有

$$q_{1\text{L}} = \begin{pmatrix} \text{u} \\ \text{d}'' \end{pmatrix}_\text{L}, \quad q_{2\text{L}} = \begin{pmatrix} \text{c} \\ \text{s}'' \end{pmatrix}_\text{L}$$

其中，

$$\begin{pmatrix} \text{d}'' \\ \text{s}'' \end{pmatrix} = V^\dagger S_\text{d} \begin{pmatrix} \text{d} \\ \text{s} \end{pmatrix} = S_\text{u}^\dagger S_\text{d} \begin{pmatrix} \text{d} \\ \text{s} \end{pmatrix}$$

显然，以上结果可以直接推广到三代夸克，推广到三代夸克的情形，即除了 (u, d)、(c, s) 二代夸克外，再引入第三代夸克 (t, b)，t 夸克的电荷为 2/3，b 夸克的电荷为 $-1/3$。这样，参与弱作用的三代夸克为

$$q_{i\text{L}} = \begin{pmatrix} \text{u} \\ \text{d}'' \end{pmatrix}, \begin{pmatrix} \text{c} \\ \text{s}'' \end{pmatrix}, \begin{pmatrix} \text{t} \\ \text{b}'' \end{pmatrix}, \quad \begin{pmatrix} \text{d}'' \\ \text{s}'' \\ \text{b}'' \end{pmatrix} = U \begin{pmatrix} \text{d} \\ \text{s} \\ \text{b} \end{pmatrix} \tag{9.107}$$

这里 U 是一个 3×3 幺正矩阵，通常称为卡比博-小林-益川矩阵。

CP 破坏相

CP 破坏源于与规范玻色子的复数耦合。$\text{W}^\pm$ 玻色子与夸克的规范耦合由前面讨论过的 3×3 的幺正矩阵描述。这个幺正矩阵可以有复的矩阵元。但是在对角化质量矩阵时，$S^\dagger(mm^\dagger)S = m_\text{d}^2$，矩阵 S 可以有一个相因子的任意性，即若 S 能对角化质量矩阵，那么 S' 也可以写成

$$S' = S \begin{pmatrix} \text{e}^{\text{i}\alpha_1} & & & \\ & \text{e}^{\text{i}\alpha_2} & & \\ & & \ddots & \\ & & & \text{e}^{\alpha_n} \end{pmatrix} \equiv SF \tag{9.108}$$

为了证明这一点，设矩阵 S 可以对角化矩阵 M：

$$S^\dagger M S = D = \begin{pmatrix} d_1 & & & \\ & d_2 & & \\ & & \ddots & \\ & & & d_n \end{pmatrix}$$

因为两个对角矩阵的乘积可交换 ($FD = DF$)，于是有

$$S'^\dagger M S' = F^\dagger \left(S^\dagger M S\right) F = F^\dagger D F = D(F^\dagger F) = D \tag{9.109}$$

这个性质是由于如下事实：矩阵 S 是把矩阵 M 的本征矢写成列形式而得到的，即

$$S=\left(e^{(1)}, e^{(2)}, \cdots, e^{(n)}\right), \quad \text{其中 } M e^{(i)}=d_i e^{(i)}, \quad i=1,2,\cdots,n$$

因为除了一个相乘的常数，M 的本征矢是唯一的，所以可以选择常数使得这些本征矢归一化：

$$\left(e^{(i)}, e^{(j)}\right)=\delta_{ij} \tag{9.110}$$

这里的正交性源自矩阵 M 的厄米性。容易看到矩阵 M 是幺正的，但是式 (9.110) 中的归一化条件还是允许每个本征矢乘上一个相因子 $\mathrm{e}^{\mathrm{i}\alpha_i}$ $(e^{(\mathrm{i})})$，而不改变矩阵 S 的幺正性。这就是式 (9.109) 中相的任意性的根源。换句话说，本征矢有任意相。

利用这个性质可以重新定义夸克场以减少 U 中的相位数目。对一个 $n\times n$ 幺正矩阵，重新定义夸克场的相位后剩下的独立的相位数目是

$$\frac{(n-1)(n-2)}{2} \tag{9.111}$$

因此，只有在三代或更多代时，才可能有 CP 破坏 (Kobayashi, Maskawa)。

中性流相互作用中的味守恒

中性 Z 玻色子与费米子的耦合使味守恒，下面来说明这一点。首先用弱本征态的夸克场写出中性流：

$$J_\mu^{\mathrm{Z}}=\sum_i \bar{\psi}_i \gamma_\mu\left[T_3\left(\psi_i\right)-Q\left(\psi_i\right) \sin^2 \theta_{\mathrm{W}}\right] \psi_i \tag{9.112}$$

式中，ψ_i 是左手场或右手场，T_3 和 Q 分别是它们的弱同位旋和电荷。例如，对 $\mathrm{u_L}$，有

$$T_3\left(\mathrm{u_L}\right)-Q\left(\mathrm{u_L}\right) \sin^2 \theta_{\mathrm{W}}=\frac{1}{2}-\frac{2}{3} \sin^2 \theta_{\mathrm{W}}$$

具体地写出式 (9.112)，其中分成左手场和右手场，并区分上下夸克分量，于是有

$$\begin{aligned} J_\mu^{\mathrm{Z}}=\sum_i\left\{\bar{\mathrm{u}}_{\mathrm{L}i}^{\prime} \gamma_\mu\left(\frac{1}{2}-\frac{2}{3} \sin^2 \theta_{\mathrm{W}}\right) \mathrm{u}_{\mathrm{L}i}^{\prime}+\bar{\mathrm{d}}_{\mathrm{L}i}^{\prime} \gamma_\mu\left(-\frac{1}{2}+\frac{1}{3} \sin^2 \theta_{\mathrm{W}}\right) \mathrm{d}_{\mathrm{L}i}^{\prime}+\right. \\ \left.\bar{\mathrm{u}}_{\mathrm{R}i}^{\prime} \gamma_\mu\left(-\frac{2}{3} \sin^2 \theta_{\mathrm{W}}\right) \mathrm{u}_{\mathrm{R}i}^{\prime}+\bar{\mathrm{d}}_{\mathrm{R}i}^{\prime} \gamma_\mu\left(\frac{1}{3} \sin^2 \theta_{\mathrm{W}}\right) \mathrm{d}_{\mathrm{R}i}^{\prime}\right\} \end{aligned}$$

由于弱本征态 $q_{\mathrm{L}i}$ 和质量本征态 $q_{\mathrm{L}i}^{\prime}$ 可以通过幺正矩阵联系起来：

$$\mathrm{u}_{\mathrm{L}i}^{\prime}=U\left(u_{\mathrm{L}}\right)_{ij} \mathrm{u}_{\mathrm{L}j}, \quad \cdots \tag{9.113}$$

可以看到这些幺正矩阵在组合 $\bar{\mathrm{u}}_{\mathrm{L}i}^{\prime}\mathrm{u}_{\mathrm{L}i}^{\prime}$ 中抵消掉了，所以用质量本征态表示的中性流与用弱本征态表示的中性流的形式是一样的，因此夸克味守恒。这是由于具有相同的螺旋度和电荷的夸克都有相同的与规范群 $\mathrm{SU(2)\times U(1)}$ 有关的量子数。

换言之，如果有夸克不是 SU(2) 的二重态，而是其他表示，那么当新夸克与 u 夸克或 d 夸克有相同的电荷时，将存在改变味的中性流。

9.3 标准模型的现象学

现在研究标准模型的一些物理结果，以及它与实验比较的成功之处。

9.3.1 中性流

在标准模型中，除包含规范理论出现之前的弱相互作用理论中的荷电 W 玻色子外，还引入了一个中性规范玻色子 Z。许多新的物理过程由 Z 玻色子传递，这些过程通常称为中性流过程。与由中性光子传递的电磁相互作用不同，中性流的耦合中包含了矢量流和轴矢流，并导致宇称破坏。此外，Z 玻色子可以与中微子耦合，但光子不能。20 世纪 70 年代发现了这些过程，为标准模型提供了强有力的支持。

回顾由 Z 玻色子传递的弱相互作用为

$$\mathcal{L}_{\mathrm{Z}}=\frac{g}{\cos\theta_{\mathrm{W}}}Z^{\mu}J_{\mu}^{\mathrm{Z}} \tag{9.114}$$

其中，弱中性流 J_{μ}^{Z} 由式 (9.112) 给出。利用这些耦合，可以计算由 Z 玻色子传递的过程的截面。举例如下。

(1) $\nu_{\mu}+\mathrm{e}\to\nu_{\mu}+\mathrm{e}$ 和 $\bar{\nu}_{\mu}+\mathrm{e}\to\bar{\nu}_{\mu}+\mathrm{e}$。

这两个过程的费恩曼图如图 9.7 所示。

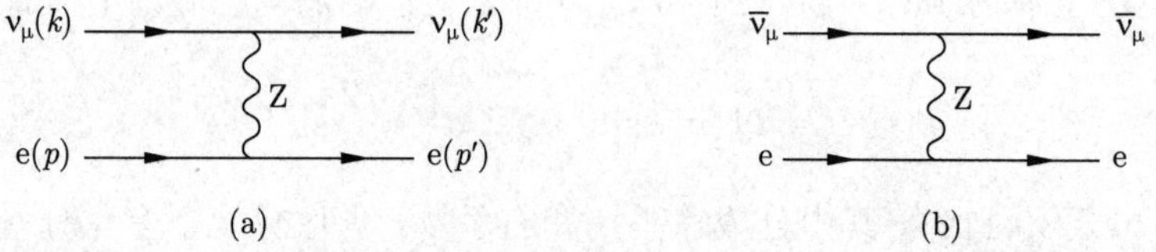

图 9.7　ν_{μ}e 散射 (a)；$\bar{\nu}_{\mu}$e 散射 (b)

直接计算实验室系中的微分截面和总截面，结果为

$$\frac{\mathrm{d}\sigma\left(\nu_{\mu}\mathrm{e}\right)}{\mathrm{d}y}=\frac{8G_{\mathrm{F}}^{2}}{\pi}m_{\mathrm{e}}E_{\nu}\left(g_{\mathrm{L}}^{\nu}\right)^{2}\left[\left(g_{\mathrm{L}}^{\mathrm{e}}\right)^{2}+\left(g_{\mathrm{R}}^{\mathrm{e}}\right)^{2}(1-y)^{2}\right],\quad y=\frac{E_{\mathrm{e}}}{E_{\nu}} \tag{9.115}$$

和

$$\sigma\left(\nu_{\mu}\mathrm{e}\right)=\frac{8G_{\mathrm{F}}^{2}}{\pi}m_{\mathrm{e}}E_{\nu}\left(g_{\mathrm{L}}^{\nu}\right)^{2}\left[\left(g_{\mathrm{L}}^{\mathrm{e}}\right)^{2}+\frac{1}{3}\left(g_{\mathrm{R}}^{\mathrm{e}}\right)^{2}\right] \tag{9.116}$$

其中，

$$g_{\mathrm{L}}^{\nu}=\frac{1}{2},\quad g_{\mathrm{L}}^{\mathrm{e}}=-\frac{1}{2}+\sin^{2}\theta_{\mathrm{W}},\quad g_{\mathrm{R}}^{\mathrm{e}}=\sin^{2}\theta_{\mathrm{W}} \tag{9.117}$$

是 ν 和 e 的弱中性流耦合常数。

同样有

$$\sigma\left(\bar{\nu}_{\mu}\mathrm{e}\right)=\frac{8G_{\mathrm{F}}^{2}}{\pi}m_{\mathrm{e}}E_{\nu}\left(g_{\mathrm{L}}^{\nu}\right)^{2}\left[\frac{1}{3}\left(g_{\mathrm{L}}^{\mathrm{e}}\right)^{2}+\left(g_{\mathrm{R}}^{\mathrm{e}}\right)^{2}\right] \tag{9.118}$$

(2) $\nu_{\mathrm{e}}+\mathrm{e}\rightarrow\nu_{\mathrm{e}}+\mathrm{e}$ 和 $\bar{\nu}_{\mathrm{e}}+\mathrm{e}\rightarrow\bar{\nu}_{\mathrm{e}}+\mathrm{e}$。

$\bar{\nu}_{\mathrm{e}}\mathrm{e}$ 散射的费恩曼图如图 9.8 所示。

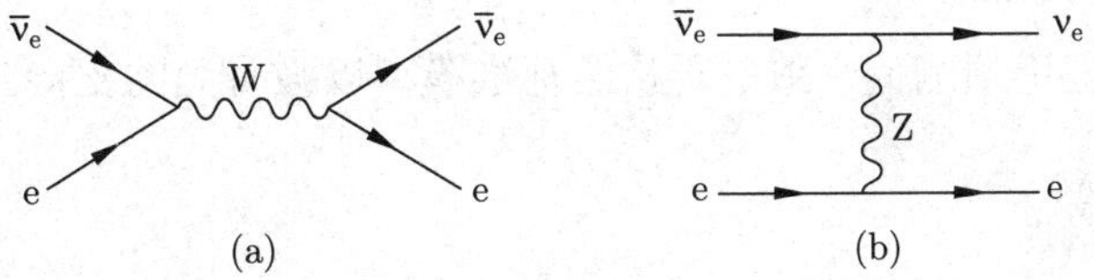

图 9.8 $\bar{\nu}_{\mathrm{e}}\mathrm{e}$ 散射的荷电流 (a) 和中性流 (b)

在这些情况中，也有来自荷电流作用 (W-交换图) 的贡献。这两个过程的截面分别为

$$\sigma\left(\nu_{\mathrm{e}}\mathrm{e}\right)=\frac{8G_{\mathrm{F}}^{2}}{\pi}m_{\mathrm{e}}E_{\nu}\left(g_{\mathrm{L}}^{\nu}\right)^{2}\left[\left(1+g_{\mathrm{L}}^{\mathrm{e}}\right)^{2}+\frac{1}{3}\left(g_{\mathrm{R}}^{\mathrm{e}}\right)^{2}\right] \tag{9.119}$$

$$\sigma\left(\bar{\nu}_{\mathrm{e}}\mathrm{e}\right)=\frac{8G_{\mathrm{F}}^{2}}{\pi}m_{\mathrm{e}}E_{\nu}\left(g_{\mathrm{L}}^{\nu}\right)^{2}\left[\frac{1}{3}\left(1+g_{\mathrm{L}}^{\mathrm{e}}\right)^{2}+\left(g_{\mathrm{R}}^{\mathrm{e}}\right)^{2}\right] \tag{9.120}$$

因为荷电流的贡献，存在 g_{L} 的线性项，符号可由这些截面的实验测量值来确定。这确定了弱混合角为

$$\sin^{2}\theta_{\mathrm{W}}\approx 0.23 \tag{9.121}$$

以上两组中性流过程都是纯轻子的，没有强相互作用所遇到的困难，因此能做可靠的计算。多年来，它们一直为标准模型中的参数提供了非常有用的信息。

还有其他的中性流过程，如 $\mathrm{e}^{+}\mathrm{e}^{-}\rightarrow\mu^{+}\mu^{-}$, $\nu\mathrm{p}\rightarrow\nu\mathrm{X}$, $\mathrm{ep}\rightarrow\mathrm{ep}$ 等。它们的实验测量结果与理论值符合得很好，为标准模型的正确性提供了非常强的支持。

9.3.2 W 和 Z 规范玻色子

标准模型的最基本特征是存在三个有质量的规范玻色子：W^{+}, W^{-} 和 Z，它们的质量都唯一地由弱混合角 θ_{W} 决定。

1. 质量

利用弱混合角 θ_{W}，W 玻色子和 Z 玻色子的质量可以写成

$$M_{\mathrm{W}}=\frac{1}{2}\left(\frac{e^{2}}{\sqrt{2}G_{\mathrm{F}}}\right)^{\frac{1}{2}}\frac{1}{\sin\theta_{\mathrm{W}}}=\frac{37.3\,\mathrm{GeV}}{\sin\theta_{\mathrm{W}}} \tag{9.122}$$

$$M_{\mathrm{Z}}=\left(\frac{e^{2}}{\sqrt{2}G_{\mathrm{F}}}\right)^{\frac{1}{2}}\frac{1}{\sin 2\theta_{\mathrm{W}}}=\frac{74.6\,\mathrm{GeV}}{\sin 2\theta_{\mathrm{W}}} \tag{9.123}$$

利用中性流过程测得的 θ_W 值，可以预测质量分别为

$$M_W \approx 80\,\text{GeV}, \quad M_Z \approx 90\,\text{GeV}, \quad \text{对应}\ \sin^2\theta_W \approx 0.23 \tag{9.124}$$

20 世纪 80 年代初期，CERN 在实验上发现了 W 和 Z 粒子，质量分别是

$$M_W \approx 80.4\,\text{GeV}, \quad M_Z \approx 91.2\,\text{GeV} \tag{9.125}$$

实验测量值与理论预测值一致，再次给标准模型以强有力的支持。

2. W 衰变

描述由 W 玻色子传递的弱相互作用的拉格朗日量为

$$\mathcal{L}_W = \frac{g}{2\sqrt{2}} W_\mu^+ \left[(\bar{\nu}_e, \bar{\nu}_\mu, \bar{\nu}_\tau)\gamma^\mu(1-\gamma_5) \begin{pmatrix} e \\ \mu \\ \tau \end{pmatrix} + \right.$$

$$\left. (\bar{u}, \bar{c}, \bar{t})\gamma^\mu(1-\gamma_5) U \begin{pmatrix} d \\ s \\ b \end{pmatrix} \right] + \text{h.c.} \tag{9.126}$$

其中，U 是 CKM 矩阵。利用它可以计算 $W^+ \to e^+ + \nu$ 的衰变率为

$$\Gamma_e = \Gamma(W^+ \to e^+ + \nu) = \frac{G_F}{\sqrt{2}} \frac{M_W^3}{6\pi} \approx 0.25\,\text{GeV} \tag{9.127}$$

相同的衰变率可应用于其他轻子模式，例如，

$$W^+ \to \mu^+\nu_\mu, \quad \tau^+\nu_\tau \tag{9.128}$$

强子衰变模式可以用夸克来描述，例如，

$$W^+ \to u\bar{d},\ u\bar{s},\ u\bar{b} \tag{9.129}$$

$$W^+ \to c\bar{d},\ c\bar{s},\ c\bar{b} \tag{9.130}$$

利用关系 $|V_{ud}|^2 + |V_{us}|^2 + |V_{ub}|^2 = 1$，可以得到

$$\Gamma(W^+ \to u\bar{d}, u\bar{s}, u\bar{b}) = 3\Gamma_e \tag{9.131}$$

其中，因子 3 来自色自由度。同样，由 $\Gamma(W^+ \to c\bar{d}, c\bar{s}, c\bar{b}) = 3\Gamma_e$ 给出

$$\Gamma(\text{总}) = 9\Gamma_e \tag{9.132}$$

即使我们不知道如何更好地计算强相互作用效应，我们依然可以通过与 e^+e^- 湮灭类比来得到衰变率，而不用考虑夸克如何变成强子。

衰变为电子的分支比为

$$B(\mathrm{W}^+ \to \mathrm{e}^+ + \nu) \approx \frac{1}{9} = 11.1\% \tag{9.133}$$

实验结果是

$$B(\mathrm{W}^+ \to \mathrm{e}^+ + \nu) \approx (10.8 \pm 0.09)\% \tag{9.134}$$

二者符合得相当好。同样，衰变为强子的理论预测是

$$B(\mathrm{W}^+ \to 强子) \approx \frac{6}{9} = 66.67\% \tag{9.135}$$

与实验测量值 67.6% 一致。

3. Z 衰变

Z 衰变与 W 衰变类似，但它的独有性质是所有的 Z 衰变保持味守恒。能很强地约束轻子部分的结构的一类衰变是 $\mathrm{Z} \to \nu\bar{\nu}$。这些衰变可以作为 Z 的不可见衰变宽度来测量。对每种中微子，衰变率为

$$\Gamma\left(\mathrm{Z} \to \nu_i + \bar{\nu}_i\right) = \frac{G_{\mathrm{F}} M_{\mathrm{Z}}^3}{12\pi\sqrt{2}} = 0.161\,\mathrm{GeV} \tag{9.136}$$

实验测得 Z 玻色子的不可见衰变率为

$$\Gamma\left(\mathrm{Z} \to 不可见粒子\right) = (0.499 \pm 0.0015)\,\mathrm{GeV} \tag{9.137}$$

因此，轻中微子的数目被限制为 3。这说明，如果存在第四代轻子，那么它们对应的新中微子应该足够重，才不会对 Z 玻色子的不可见衰变宽度有贡献。

Z 玻色子有一个有趣的性质：它可以在正负电子 ($\mathrm{e}^+\mathrm{e}^-$) 对撞机上通过共振效应大量产生。20 世纪 80 年代后期，CERN 建造了大型正负电子对撞机 (LEP)，能彻底且高精度地研究 Z 玻色子的性质，从而有可能与理论计算进行更详细地比较。

9.3.3 希格斯粒子

标准模型重要的特征之一是存在标量粒子，它们导致对称性自发破缺，且规范玻色子通过吃掉标量场而获得质量。剩下的标量粒子称为希格斯粒子，它是标准模型中对称性自发破缺机制的剩余物。因为对希格斯粒子的质量还没有限制，所以实验上寻找该粒子十分困难。CERN 为寻找希格斯粒子建造了大型强子对撞机 (LHC)。现将希格斯粒子的重要性质总结如下。

(1) $M_{\mathrm{W}} = M_{\mathrm{Z}} \cos\theta_{\mathrm{W}}$。

这个关系直接来源于标量场是对称群 $\mathrm{SU}(2) \times \mathrm{U}(1)$ 的二重态 (式 (9.80))，且与实验很好符合：

$$\rho = \frac{M_{\mathrm{W}}^2}{M_{\mathrm{Z}}^2 \cos^2\theta_{\mathrm{W}}} = 1.003 \pm 0.004 \tag{9.138}$$

一般来说，对弱同位旋为 T，超荷为 Y 的 $\mathrm{SU}(2)\times\mathrm{U}(1)$ 多重态 $\phi_{T,Y}$，它对参数 ρ 的贡献是

$$\rho=\frac{M_{\mathrm{W}}^2}{M_{\mathrm{Z}}^2\cos^2\theta_{\mathrm{W}}}=\frac{\displaystyle\sum_{T,Y}\left|v_{T,Y}\right|^2\left[T\left(T+1\right)-Y^2\right]}{\displaystyle 2\sum_{T,Y}\left|v_{T,Y}\right|^2 Y^2/4}\tag{9.139}$$

其中，$v_{T,Y}=\langle 0\left|\phi_{T,Y}\right|0\rangle$。这是对希格斯粒子出现在除二重态外的其他表示中的一个非常大的限制。

(2) 希格斯粒子与费米子的耦合。

希格斯粒子与费米子间的耦合为汤川耦合：

$$\mathcal{L}_{\mathrm{Y}}=f_{ij}\bar{\psi}'_{i\mathrm{L}}\phi\psi'_{j\mathrm{R}}+\mathrm{h.c.}\tag{9.140}$$

对称性自发破缺由下式给出：

$$\phi=\frac{1}{\sqrt{2}}\begin{pmatrix}0\\ v+h\end{pmatrix},\quad v\approx 250\,\mathrm{GeV}\tag{9.141}$$

于是汤川耦合变成

$$\mathcal{L}_{\mathrm{Y}}=m_{ij}\bar{\psi}'_{i\mathrm{L}}\psi'_{j\mathrm{R}}+\frac{f_{ij}}{\sqrt{2}}h(x)\bar{\psi}'_{i\mathrm{L}}\psi'_{j\mathrm{R}}+\mathrm{h.c.},\quad m_{ij}=\frac{v}{\sqrt{2}}f_{ij}\tag{9.142}$$

注意到质量矩阵 m_{ij} 与汤川耦合 f_{ij} 呈正比关系。利用双幺正矩阵将质量矩阵对角化：

$$UmV^{\dagger}=m_D\tag{9.143}$$

其中，m_D 是对角的。质量项变成

$$\mathcal{L}_m=\bar{\psi}'_{i\mathrm{L}}m_{ij}\psi'_{j\mathrm{R}}=\bar{\psi}'_{\mathrm{L}}U^{+}m_D V\psi'_{\mathrm{R}}=\bar{\psi}_{\mathrm{L}}m_D\psi_{\mathrm{R}}=m_i\bar{\psi}_{\mathrm{L}i}\psi_{\mathrm{R}i},\quad \text{对 } i \text{ 求和}\tag{9.144}$$

其中，

$$\psi_{\mathrm{L}}=U\psi'_{\mathrm{L}},\quad \psi_{\mathrm{R}}=V\psi'_{\mathrm{R}}\tag{9.145}$$

是质量本征态。因为 $m_{ij}\propto f_{ij}$，所以在使质量矩阵为对角阵的基上，汤川耦合也是对角的，即

$$\mathcal{L}_{\mathrm{Y}}=m_i\bar{\psi}_{i\mathrm{L}}\psi_{\mathrm{R}i}+\frac{m_i}{v}h(x)\bar{\psi}_{i\mathrm{L}}\psi_{\mathrm{R}i}+\mathrm{h.c.}\tag{9.146}$$

因此，希格斯粒子与任何费米子的耦合都正比于该费米子的质量，且保持味和宇称守恒。这说明希格斯粒子一旦产生，必将衰变成在能量守恒下所允许的最重粒子。

希格斯粒子与规范玻色子耦合

$$\mathcal{L}_{\phi VV}=gh(x)\left(M_{\mathrm{W}}W_{\mu}^{+}W^{-\mu}+\frac{1}{2\cos\theta_{\mathrm{W}}}M_{\mathrm{Z}}Z^{\mu}Z_{\mu}\right)\tag{9.147}$$

也有此性质，即耦合正比于质量。

(3) 希格斯粒子的质量。

$$m_{\rm h}=\sqrt{2\mu^2}=\sqrt{2\lambda}v,\quad v\approx 250\,\text{GeV} \tag{9.148}$$

实验上没有关于希格斯自耦合参数 λ 的信息，这说明 $m_{\rm h}$ 不受限制，寻找希格斯粒子将十分困难。但 2012 年，CERN 宣布发现质量约为 125 GeV 的希格斯粒子。

9.3.4 中微子振荡

观测到中微子振荡 (neutrino oscillation) 是近些年来粒子物理学的重要发现之一。如太阳中微子振荡 (Homestake，1968)、大气中微子振荡 (Super-Kamiokande，1998)、加速器中微子振荡 (K2K，2003；MINOS，2006) 和反应堆中微子振荡 (KamLand，2003) 等。下面将看到，实验观测表明中微子 (ν) 有质量，而非原来想象的无质量，当然它的质量极小。目前还不清楚在这个新的低能标区域是否会有新物理现象出现。

如果中微子都是零质量的，那么轻子部分中没有混合：

$$\begin{pmatrix}\nu_{\rm e}\\ {\rm e}\end{pmatrix}_{\rm L},\begin{pmatrix}\nu_{\mu}\\ \mu\end{pmatrix}_{\rm L},\begin{pmatrix}\nu_{\tau}\\ \tau\end{pmatrix}_{\rm L} \tag{9.149}$$

这是因为当中微子都没有质量时，它们就是简并的，以至于所有的混合角能够通过重新定义中微子场而消掉。但是如果中微子有质量，且混合有物理意义，那么就会发生有趣的中微子振荡现象。或者反过来，观测到中微子振荡，我们就知道中微子是有质量的。

现在来描述中微子振荡现象。设中微子都有质量，与夸克部分类比，它们是质量本征态 ν_1，ν_2，ν_3 的线性组合：

$$\begin{pmatrix}\nu_{\rm e}\\ \nu_{\mu}\\ \nu_{\tau}\end{pmatrix}=U\begin{pmatrix}\nu_1\\ \nu_2\\ \nu_3\end{pmatrix} \tag{9.150}$$

其中，U 是一个 3×3 幺正矩阵。如果在 $t=0$ 时刻生成一束伴随电子产生的纯中微子束 ($\nu_{\rm e}$)，可以把它写成质量本征态的线性组合：

$$|\nu_{\rm e}(0)\rangle=U_{\rm e1}\,|\nu_1\rangle+U_{\rm e2}\,|\nu_2\rangle+U_{\rm e3}\,|\nu_3\rangle \tag{9.151}$$

它随时间的演化由能量本征值决定：

$$|\nu_{\rm e}(t)\rangle=U_{\rm e1}{\rm e}^{-{\rm i}E_1t}\,|\nu_1\rangle+U_{\rm e2}{\rm e}^{-{\rm i}E_2t}\,|\nu_2\rangle+U_{\rm e3}{\rm e}^{-{\rm i}E_3t}\,|\nu_3\rangle \tag{9.152}$$

其中，

$$E_i^2=p^2+m_i^2 \tag{9.153}$$

这里已假设中微子束中的所有中微子有相同的动量 p。从宇宙学的限制来看，不

同中微子的质量都小于 1 eV，所以可设 $p \gg m_i$，则有

$$E_i \approx p + \frac{m_i^2}{2p}, \quad E_i - E_j = \frac{m_i^2 - m_j^2}{2p} \tag{9.154}$$

因为线性组合的系数与时间有关，束中的成分将会在 ν_e, ν_μ 和 ν_τ 间振荡。定义振荡长度 l_{ij} 为

$$l_{ij} = \frac{2\pi}{E_i - E_j} \approx \frac{4\pi p}{|m_i^2 - m_j^2|} = 2.5\,\mathrm{m}\left[\frac{p\,(\mathrm{MeV})}{\Delta m^2\,(\mathrm{eV})^2}\right] \tag{9.155}$$

上式设定了振荡的尺度。

考虑两种中微子简单混合的情况。在 $t = 0$ 时刻，弱本征态是

$$|\nu_e(0)\rangle = \cos\theta\,|\nu_1\rangle + \sin\theta\,|\nu_2\rangle \tag{9.156}$$

$$|\nu_\mu(0)\rangle = -\sin\theta\,|\nu_1\rangle + \cos\theta\,|\nu_2\rangle \tag{9.157}$$

考虑初态 $|\nu_e(0)\rangle$，它的时间演化为

$$\begin{aligned}|\nu_e(t)\rangle &= \cos\theta \mathrm{e}^{-\mathrm{i}E_1 t}\,|\nu_1\rangle + \sin\theta \mathrm{e}^{-\mathrm{i}E_2 t}\,|\nu_2\rangle \\ &= \mathrm{e}^{-\mathrm{i}E_1 t}\left[\cos\theta\,|\nu_1\rangle + \sin\theta \exp\left(-\mathrm{i}\frac{2\pi x}{l_{12}}\right)|\nu_2\rangle\right]\end{aligned} \tag{9.158}$$

那么在时刻 t 或距离 x 处找到态 ν_e 的概率幅为

$$\langle\nu_e|\nu_e(t)\rangle = \mathrm{e}^{-\mathrm{i}E_1 t}\left[\cos^2\theta + \sin^2\theta \exp\left(-\mathrm{i}\frac{2\pi x}{l_{12}}\right)\right] \tag{9.159}$$

即概率是

$$P(\nu_e \to \nu_e) = |\langle\nu_e|\nu_e(t)\rangle|^2 = 1 - 2\sin^2\theta\cos^2\theta\left[1 - \cos\left(\frac{2\pi x}{l_{12}}\right)\right] \tag{9.160}$$

以及找到 ν_μ 的概率是

$$P(\nu_e \to \nu_\mu) = 1 - P(\nu_e \to \nu_e) = 2\sin^2\theta\cos^2\theta\left[1 - \cos\left(\frac{2\pi x}{l_{12}}\right)\right] \tag{9.161}$$

过去十多年来最激动人心的进展是在许多不同过程中发现了中微子振荡，证实了中微子有质量。由于在原来的模型中中微子没有质量，因此中微子振荡的发现要求扩展标准模型。最简单的扩展是为每个中微子加上一个右手分量，但也有其他可能方案。

第 10 章　强相互作用理论

10.1 深度非弹性散射

强相互作用理论发展中的一个重要里程碑是对电子与质子的深度非弹性散射 (deep inelastic scattering) 的研究。这个过程中的电子可以用量子电动力学 (QED) 理论很好地描述，然而对于质子，则需要考虑强相互作用，而强相互作用的耦合很强，无法利用微扰论来处理。早期，我们甚至不知道描述强相互作用的正确理论应该是什么样的。20 世纪 60 年代，有许多放弃场论框架的尝试，转而利用不如场论简单的 S 矩阵理论。60 年代后期和 70 年代前期，一系列的电子质子散射实验使强相互作用有了很大进展，从而建立了量子色动力学 (quantum chromodynamics，QCD) 框架。尽管量子色动力学在高能区很成功，但在低能情况下，它仍然受大耦合常数所限。我们将在本章讨论相互作用理论是如何发展成量子色动力学的。

下面详细讨论这个令人瞩目的成就。

10.1.1 质子的结构

电子质子散射

研究质子结构最有用的手段之一是电子质子 (ep) 散射，其中电子可以用量子电动力学非常好地描述。我们知道，在某一尺度上揭示质子的结构，依赖于电子探针的波长或能量；能量越高，探测到的结构就越精细。下面按入射电子能量增大的顺序，逐一讲述此过程的理论。

1. 卢瑟福公式

这里电子的能量足够低，可按非相对论性粒子处理。因为低能电子的波长远大于质子的尺度，所以可以把质子看成点粒子。忽略质子的反冲，散射的微分截面可以写成如下简单形式：

$$\left(\frac{\mathrm{d}\sigma}{\mathrm{d}\Omega}\right)_{\mathrm{R}}=\frac{\alpha^2}{4E^2\sin^4\dfrac{\theta}{2}} \tag{10.1}$$

其中，E 为入射电子的动能，θ 为散射角，α 为精细结构常数。这个公式能从经典力学中推导出来，因为这种情况下的所有量子效应都可以忽略。

2. 莫特公式

当电子能量增大到与其质量接近时，需要考虑电子的自旋和相对论效应，由此得到莫特截面：

$$\left(\frac{\mathrm{d}\sigma}{\mathrm{d}\Omega}\right)_{\mathrm{M}}=\left(\frac{\mathrm{d}\sigma}{\mathrm{d}\Omega}\right)_{\mathrm{R}}\left(1-\beta^2\sin^2\frac{\theta}{2}\right),\quad \beta=v/c \tag{10.2}$$

这里的质子仍然看成是无自旋、无内部结构的点粒子。

3. 罗森布鲁斯公式

当电子能量继续增大到接近 π 介子的质量时，需要考虑质子的强相互作用。在简单情况下，可以利用形状因子来描述质子的强相互作用，因为质子的电磁流是局域的，且初末态都很简单。方法如下。

如果质子是点粒子，那么质子光子相互作用就类似于电子光子相互作用，即

$$\langle p'|J_\mu^{\mathrm{em}}|p\rangle = \bar{u}(p')\gamma_\mu u(p) \tag{10.3}$$

若欲包含质子的强相互作用，则需将此作用参数化：

$$\langle p'|J_\mu^{\mathrm{em}}|p\rangle = \bar{u}(p')\left[\gamma_\mu F_1(q^2) + \mathrm{i}\frac{\sigma_{\mu\nu}q^\nu}{2m}F_2(q^2)\right]u(p) \tag{10.4}$$

为得到这一简单的形式，我们用到了洛伦兹协变性和流守恒，后者是因为流守恒不受强相互作用的影响。$q = p - p'$ 是电子传给质子的动量。$F_1(q^2)$ 和 $F_2(q^2)$ 洛伦兹不变函数，它们参数化强相互作用效应，通常称为形状因子 (from factor)。注意，F_1 和 F_2 只能是 q^2 的函数，因为其他洛伦兹不变变量 p^2 和 p'^2 是固定在质子质量 M^2 上的。

利用流守恒

$$\partial^\mu J_\mu^{\mathrm{em}} = 0 \tag{10.5}$$

可得

$$q^\mu \langle p'|J_\mu^{\mathrm{em}}|p\rangle = 0 \tag{10.6}$$

下面推导该式。利用平移不变性，有

$$J_\mu^{\mathrm{em}}(x) = \mathrm{e}^{\mathrm{i}P\cdot x}J_\mu^{\mathrm{em}}(0)\mathrm{e}^{-\mathrm{i}P\cdot x} \tag{10.7}$$

其矩阵元为

$$\langle p'|J_\mu^{\mathrm{em}}(x)|p\rangle = \langle p'|\mathrm{e}^{\mathrm{i}P\cdot x}J_\mu^{\mathrm{em}}(0)\mathrm{e}^{-\mathrm{i}P\cdot x}|p\rangle = \mathrm{e}^{\mathrm{i}q\cdot x}\langle p'|J_\mu^{\mathrm{em}}(0)|p\rangle \tag{10.8}$$

且有

$$\partial^\mu \langle p'|J_\mu^{\mathrm{em}}(x)|p\rangle = \mathrm{e}^{\mathrm{i}q\cdot x}\mathrm{i}q^\mu \langle p'|J_\mu^{\mathrm{em}}(0)|p\rangle \tag{10.9}$$

即可得到式 (10.6)。容易验证式 (10.4) 中的矩阵元满足流守恒。微分截面可以写成

$$\frac{\mathrm{d}\sigma}{\mathrm{d}\Omega} = \left(\frac{\mathrm{d}\sigma}{\mathrm{d}\Omega}\right)_{\mathrm{M}}\left[\frac{G_{\mathrm{E}}^2(Q^2) + \tau G_{\mathrm{M}}^2(Q^2)}{1+\tau} + 2\tau G_{\mathrm{M}}^2(Q^2)\tan^2\frac{\theta}{2}\right] \tag{10.10}$$

称为罗森布鲁斯 (Rosenbluth) 公式。在 ep 散射中，$q^2 = (p - p')^2$ 总是类空的，

即 $q^2 < 0$。为方便起见，定义一个新变量 $Q^2 = -q^2 > 0$，以及利用 $\tau = \dfrac{Q^2}{4m_{\mathrm{p}}^2}$。在式 (10.10) 中，

$$G_{\mathrm{E}}(q^2) = F_1 + \tau F_2 \tag{10.11}$$

$$G_{\mathrm{M}}(q^2) = F_1 + F_2 \tag{10.12}$$

分别称为电形状因子和磁形状因子，各自满足

$$G_{\mathrm{E}}(0) = F_1(0) = 1 \quad \text{总电荷} \tag{10.13}$$

$$G_{\mathrm{M}}(0) = F_1(0) + F_2(0) = 1 + F_2(0) \quad \text{磁矩} \tag{10.14}$$

使用 G_{E} 和 G_{M} 的优点是在截面公式 (10.10) 中不会出现交叉项 $G_{\mathrm{E}}G_{\mathrm{M}}$，从而使得通过实验确定这些形状因子比较简单。实验测量给出

$$G_{\mathrm{M}}^{\mathrm{p}}(0) = 2.79\mu_{\mathrm{N}}, \quad G_{\mathrm{M}}^{\mathrm{n}}(0) = -1.91\mu_{\mathrm{N}}, \quad \mu_{\mathrm{N}} = \frac{e}{2m_{\mathrm{p}}} \text{是核磁子} \tag{10.15}$$

通常称为核子的反常磁矩

$$G_{\mathrm{E}}^{\mathrm{p}}\left(Q^2\right) = \frac{G_{\mathrm{M}}^{\mathrm{p}}\left(Q^2\right)}{2.79} = \frac{G_{\mathrm{M}}^{\mathrm{n}}\left(Q^2\right)}{-1.91} \tag{10.16}$$

这些形状因子是质子有内部结构的有力证据。因为中子不带电，实验上也没发现中子内部有正负电荷分布，所以它的电形状因子 $G_{\mathrm{E}}^{\mathrm{n}}\left(Q^2\right) = 0$，但它的磁形状因子 $G_{\mathrm{M}}^{\mathrm{n}}\left(Q^2\right) \neq 0$，即有磁矩分布，这也说明中子有内部结构。

下面讨论形状因子的物理解释。考虑一个经典问题：在非相对论情况下，电子被一个有一定电荷分布 (电荷密度为 $\rho(\boldsymbol{x})$) 的势场所散射，利用 Born 近似可求得其微分散射截面公式，把公式中的 $\int \mathrm{e}^{-\mathrm{i}\boldsymbol{q}\cdot\boldsymbol{x}}\rho(\boldsymbol{x})\,\mathrm{d}^3\boldsymbol{x}$ 定义为该势场的形状因子，即

$$F\left(q^2\right) = \int \mathrm{e}^{-\mathrm{i}\boldsymbol{q}\cdot\boldsymbol{x}}\rho(\boldsymbol{x})\,\mathrm{d}^3\boldsymbol{x} \tag{10.17}$$

也就是说，形状因子是电荷分布的傅里叶变换。其逆变换是

$$\rho(\boldsymbol{x}) = \frac{1}{(2\pi)^3}\int \mathrm{e}^{\mathrm{i}\boldsymbol{q}\cdot\boldsymbol{x}}F\left(q^2\right)\mathrm{d}^3q$$

因此测量形状因子就可以给出相应的电荷分布信息。对于球对称的电荷分布，式 (10.17) 可按 q^2 展开为

$$F\left(q^2\right) = 1 - \frac{1}{6}q^2\left\langle r^2\right\rangle + \cdots$$

其中，第一项

$$F(0)=\int\rho(r)\,\mathrm{d}^3\boldsymbol{x}=1$$

是产生势场的总电荷数，第二项中的

$$\left.\frac{\mathrm{d}F(q^2)}{\mathrm{d}q^2}\right|_{q^2=0}=-\frac{2\pi}{3}\int r^4\rho(r)\,\mathrm{d}r=-\frac{1}{6}\left\langle r^2\right\rangle \tag{10.18}$$

称 $\langle r^2\rangle$ 为均方电荷半径 (mean square charge radius)。

根据上面的讨论可知，核子的电形状因子和磁形状因子分别对应于该核子的电荷分布和磁矩分布，即它们的均方半径分别是

$$\left\langle r^2\right\rangle_{\mathrm{E}}=-6\left.\frac{\mathrm{d}G_{\mathrm{E}}(Q^2)}{\mathrm{d}Q^2}\right|_{Q^2=0},\quad \left\langle r^2\right\rangle_{\mathrm{M}}=-6\left.\frac{\mathrm{d}G_{\mathrm{M}}(Q^2)}{\mathrm{d}Q^2}\right|_{Q^2=0}$$

实验表明，质子的 $G_{\mathrm{E}}^{\mathrm{p}}(Q^2)$ 可以很好地用偶极子形式拟合出来

$$G_{\mathrm{E}}^{\mathrm{p}}\left(Q^2\right)\approx\frac{1}{\left(1+Q^2/0.71\right)^2} \tag{10.19}$$

其中 Q^2 的单位是 GeV^2。对式 (10.19) 做傅里叶变换得到

$$\rho(r)=\rho_0\mathrm{e}^{-\sqrt{0.71}\,r}$$

将它代入式 (10.18)，可算出质子的均方根电荷半径为 $\sqrt{\langle r^2\rangle}\approx0.86\,\mathrm{fm}$。这可作为实验所测量到的质子的尺度。

由式 (10.19) 注意到，对于较大的 Q^2，形状因子按 Q^{-4} 迅速减小。理解此结果的一个简单方式是将矩阵元 $\langle p'|J_\mu^{\mathrm{em}}|p\rangle$ 看成质子在 ep 散射后仍为质子的概率振幅。当 Q^2 越来越大时，质子会因为其有内部结构而越来越难以保持质子形态，它会破裂。这与 eμ 散射不同，因为 μ 没有内部结构，无论碰撞多强，它都能保持形态。因此，eμ 弹性散射的形状因子不会在 Q^2 变得越来越大时而迅速减小。

总结一下，质子不是点粒子，它有内部结构，可用两个形状因子 $F_i(q^2)$ ($i=1,\ 2$) 或 $G_i(Q^2)$ ($i=\mathrm{E},\ \mathrm{M}$) 来描述。

10.1.2 单举 ep 散射

当电子的能量越来越高时，非弹性道对截面的贡献会越来越大。当非弹性道末态的粒子数增加时，分析会变得非常复杂，形状因子方法也不再适用。但将非弹性道所有的强子末态相加，对它的描述反而变得简单了。这最终导致建立量子色动力学作为描述强相互作用的理论。为了描述这一过程，将非弹性散射记为

$$\mathrm{e}+\mathrm{p}\longrightarrow\mathrm{e}+\mathrm{X} \tag{10.20}$$

其中，X 代表所有可能的强子末态。将末态相加所得到的截面称为单举截面 (inclusive cross section)。例如，ep 散射的单举微分截面为

$$\frac{\mathrm{d}^2\sigma}{\mathrm{d}\Omega\mathrm{d}E'}(\text{单举})=\sum_{\mathrm{X}}\frac{\mathrm{d}^2\sigma}{\mathrm{d}\Omega\mathrm{d}E'}(\mathrm{e}+\mathrm{p}\to\mathrm{e}+\mathrm{X}) \tag{10.21}$$

其中，E' 是末态电子的能量。单举截面的优点之一在于不必测量那些已经求和的由物理态所联系的物理量。对 ep 散射来说，只需测量电子的散射角和能量。

记此反应的动量为

$$\mathrm{e}(k)+\mathrm{p}(p)\longrightarrow\mathrm{e}(k')+\mathrm{X}(p_n) \tag{10.22}$$

如图 10.1 所示。

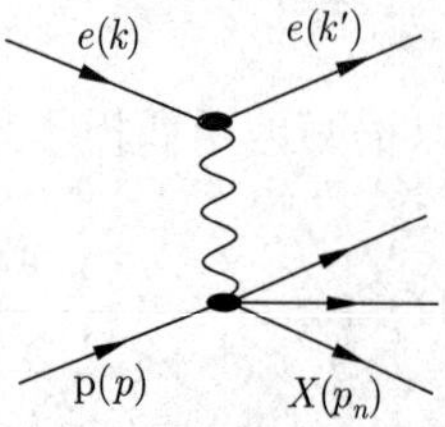

图 10.1　电子核子深度非弹性散射

定义动力学变量为

$$q=k-k',\quad \nu=\frac{p\cdot q}{M},\quad W^2=p_n^2=(p+q)^2 \tag{10.23}$$

ν 是一个不变量。在实验室系中，有

$$p_\mu=(M,0,0,0),\quad k_\mu=(E,\boldsymbol{k}),\quad k'_\mu=(E',\boldsymbol{k}') \tag{10.24}$$

那么

$$\nu=E-E' \tag{10.25}$$

是电子损失的能量 (即转移给强子的能量)，当忽略电子质量时，可得

$$q^2=(k-k')^2=-4EE'\sin^2\frac{\theta}{2}\leqslant 0 \tag{10.26}$$

其中，θ 是散射角。q^2 是一个不变量。

ep 非弹性散射振幅可以写为

$$T_n=e^2j^\mu\frac{1}{q^2}\left\langle n\left|J_\mu^{\mathrm{em}}\right|p,\sigma\right\rangle \tag{10.27}$$

其中，$j^\mu=\bar{u}(k',\lambda')\gamma^\mu u(k,\lambda)$ 是电子的电磁流，λ、λ' 分别是入射电子、出射电

子的自旋，$\dfrac{1}{q^2}$ 为光子传播子，σ 是质子的自旋，强子的电磁流算符 J_μ^{em} 表示光子与强子态的相互作用。电子与光子的相互作用由量子电动力学描述。对所有自旋态求和，可以得到非极化的微分截面：

$$\mathrm{d}\sigma_n = \frac{1}{|\boldsymbol{v}|}\frac{1}{2M}\frac{1}{2E}\frac{\mathrm{d}^3k'}{(2\pi)^3\,2k_0'}\prod_{i=1}^{n}\frac{\mathrm{d}^3p_i}{(2\pi)^3\,2p_{i0}}\times$$
$$\frac{1}{4}\sum_{\sigma\lambda\lambda'}|T_n|^2\,(2\pi)^4\,\delta^4\left(p+k-k'-p_n\right) \tag{10.28}$$

其中，$p_n=\sum\limits_{i=1}^{n}p_i$ 是强子末态的总动量，δ 函数反映了能量动量守恒。如果对所有可能的强子末态 n 求和，则可得单举截面为

$$\frac{\mathrm{d}^2\sigma}{\mathrm{d}\Omega\mathrm{d}E'}=\frac{\alpha^2}{q^4}\left(\frac{E'}{E}\right)l^{\mu\nu}W_{\mu\nu} \tag{10.29}$$

其中，轻子张量 $l^{\mu\nu}$ 为

$$l_{\mu\nu}=\frac{1}{2}\mathrm{tr}\left(\not{k}'\gamma_\mu\ \not{k}\gamma_\nu\right)=2\left(k_\mu k_\nu'+k_\mu' k_\nu+\frac{q^2}{2}g_{\mu\nu}\right) \tag{10.30}$$

强子张量 $W^{\mu\nu}$ 可以写成

$$W_{\mu\nu}(p,q)=\frac{1}{4M}\sum_\sigma\sum_n\int\prod_{i=1}^{n}\frac{\mathrm{d}^3p_i}{(2\pi)^3\,2p_{i0}}\left\langle p,\sigma\left|J_\mu^{\text{em}}\right|n\right\rangle\left\langle n\left|J_\nu^{\text{em}}\right|p,\sigma\right\rangle\times$$
$$(2\pi)^3\,\delta^4\left(p_n-q-p\right)$$
$$=\frac{1}{4M}\sum_\sigma\int\frac{\mathrm{d}^4x}{2\pi}\mathrm{e}^{\mathrm{i}q\cdot x}\left\langle p,\sigma\left|J_\mu^{\text{em}}(x)J_\nu^{\text{em}}(0)\right|p,\sigma\right\rangle \tag{10.31}$$

这里已将计算截面时所需要的 δ 函数放入 $W_{\mu\nu}$ 中，以致最后计算散射截面时不需要再重复考虑 δ 函数。式中的最后一步用到了完备性关系：

$$\sum_n\int\prod_{i=1}^{n}\frac{\mathrm{d}^3p_i}{(2\pi)^3\,2p_{i0}}\left|n\right\rangle\left\langle n\right|=1 \tag{10.32}$$

用两个流的对易子的矩阵元来表示此结果是方便的，因为两个物理量的对易子由于因果性在光锥外必为零。为此，反次序的两个流的项有如下形式：

$$\int\frac{\mathrm{d}^4x}{2\pi}\mathrm{e}^{\mathrm{i}q\cdot x}\left\langle p,\sigma\left|J_\nu^{\text{em}}(0)J_\mu^{\text{em}}(x)\right|p,\sigma\right\rangle$$
$$=\sum_n(2\pi)^3\,\delta^4\left(p_n+q-p\right)\left\langle p,\sigma\left|J_\nu^{\text{em}}\right|n\right\rangle\left\langle n\left|J_\mu^{\text{em}}\right|p,\sigma\right\rangle \tag{10.33}$$

δ 函数要求中间态 $|n\rangle$ 的能量必须为 $E_n = M - q_0$ 时才会有非零结果。但由于 $q_0 > 0$，且质子是稳定的，没有物理态能满足 δ 函数的限制，因为它们的质量都比质子重，故矩阵元为零。给式 (10.31) 加上这一项，那么结构函数就可以写成流的对易子的形式：

$$W_{\mu\nu}(p,q) = \frac{1}{4M}\sum_{\sigma}\int \frac{\mathrm{d}^4 x}{2\pi}\mathrm{e}^{\mathrm{i}q\cdot x}\left\langle p,\sigma\left|\left[J_\mu^{\mathrm{em}}(x),\ J_\nu^{\mathrm{em}}(0)\right]\right|p,\sigma\right\rangle \tag{10.34}$$

由流守恒 $\partial^\mu J_\mu^{\mathrm{em}} = 0$ 可得

$$q^\mu\left\langle n\left|J_\mu^{\mathrm{em}}\right|p,\sigma\right\rangle = 0 \tag{10.35}$$

由此可知

$$q^\mu W_{\mu\nu}(p,q) = q^\nu W_{\mu\nu}(p,q) = 0 \tag{10.36}$$

为了保证散射截面的洛伦兹不变性，强子张量 $W_{\mu\nu}(p,q)$ 需由独立的动量组合而成，这些可能的组合为 $g_{\mu\nu}$，$p_\mu p_\nu$，$p_\mu q_\nu$，$q_\mu p_\nu$，$q_\mu q_\nu$，$\varepsilon_{\mu\nu\alpha\beta}p^\alpha q^\beta$。由式 (10.30) 知轻子张量 $l_{\mu\nu}$ 对指标 μ，ν 是对称的，所以 $W_{\mu\nu}$ 中的关于 μ，ν 反对称项对散射截面没有贡献，仅需考虑对称项的贡献，于是可以写出最一般的依赖于 p，q 的二阶对称张量

$$W_{\mu\nu}(p,q) = g_{\mu\nu}W_1 + p_\mu p_\nu W_2 + (p_\mu q_\nu + p_\nu q_\mu)W_3 + q_\mu q_\nu W_4 \tag{10.37}$$

这里也假定有宇称守恒，它在电磁相互作用中有效。把式 (10.37) 代入式 (10.36) 直接给出

$$q_\nu W_1 + (p\cdot q)\,p_\nu W_2 + [(p\cdot q)\,q_\nu + q^2 p_\nu]W_3 + q^2 q_\nu W_4 = 0 \tag{10.38}$$

其中 W_i $(i = 1,\ 2,\ 3,\ 4)$ 都是 p，q 的标量函数。由 p 和 q 可构造出最基本的洛伦兹不变量为 p^2，q^2 和 $p\cdot q$，但 $p^2 = M^2$ 不是一个可变量，所以 W_i 只可能是 q^2 和 $p\cdot q$ 的函数。利用前面定义的动力学变量 $\nu = \dfrac{p\cdot q}{M}$，也可用 ν 代替 $p\cdot q$ 作为变量，这样 W_i 就是洛伦兹不变量 q^2 和 ν 的函数，$W_i(q^2,\nu)$。因为 p,q 是独立变量，式 (10.38) 给出

$$W_1 + (p\cdot q)\,W_3 + q^2 W_4 = 0,\quad (p\cdot q)\,W_2 + W_3 q^2 = 0 \tag{10.39}$$

消掉 W_3 和 W_4，可得

$$W_{\mu\nu} = -W_1\left(g_{\mu\nu} - \frac{q_\mu q_\nu}{q^2}\right) + \frac{W_2}{M^2}\left(p_\mu - \frac{p\cdot q}{q^2}q_\mu\right)\left(p_\nu - \frac{p\cdot q}{q^2}q_\nu\right) \tag{10.40}$$

其中我们改变了 W_1 的符号，并重新标度 W_2 以适用于结构函数的标准形式。$W_1(q^2,\nu)$ 和 $W_2(q^2,\nu)$ 是靶质子的洛伦兹不变的结构函数。利用式 (10.30) 和式 (10.40)，计算微分截面可得

$$\frac{\mathrm{d}^2\sigma}{\mathrm{d}\Omega\mathrm{d}E'}=\frac{\alpha^2}{4E'^2\sin^4\dfrac{\theta}{2}}\left[2W_1(q^2,\nu)\sin^2\frac{\theta}{2}+W_2(q^2,\nu)\cos^2\frac{\theta}{2}\right] \tag{10.41}$$

通过测量不同角度和能量的微分截面，就可以得到结构函数 W_1 和 W_2。

10.1.3 比约肯标度

前面已经提及，ep 弹性散射的截面由于质子的组分会随着动量转移 Q^2 的增大而迅速减小。如果其他强子末态也有这个特点，那么我们期望非弹性散射的总截面也应迅速减小。但奇怪的是，20 世纪 60 年代的实验测量表明在 Q^2 较大时，这些截面的值并没有迅速减小，如图 10.2 所示。当 $W\sim 2\,\mathrm{GeV}$ 或 $3\,\mathrm{GeV}$ 时，非弹性散射截面仍然很大，并没有像弹性散射截面那样迅速减小。

为了定量地描述这一特征，定义一个无量纲的标度变量 x 为

$$x=\frac{-q^2}{2M\nu}=\frac{Q^2}{2M\nu},\quad Q^2=-q^2 \tag{10.42}$$

x 的取值范围为

$$0\leqslant x<1 \tag{10.43}$$

这是因为强子末态的不变质量为

$$W^2=(p+q)^2=q^2+2M\nu+M^2\geqslant M^2 \tag{10.44}$$

同样定义

$$y=\frac{\nu}{E}=1-\frac{E'}{E},\quad 0\leqslant y\leqslant 1 \tag{10.45}$$

它是入射电子转移给强子的能量与入射电子能量之比。定义两个新函数：

$$MW_1(Q^2,\nu)=F_1(x,q^2/M^2) \tag{10.46}$$

$$\nu W_2(Q^2,\nu)=F_2(x,q^2/M^2) \tag{10.47}$$

于是，单举截面 (10.41) 可以写成

$$\frac{\mathrm{d}^2\sigma}{\mathrm{d}x\mathrm{d}y}=\frac{8\pi\alpha^2}{MEx^2y^2}\left[xy^2F_1+\left(1-y-\frac{M}{2E}xy\right)F_2\right] \tag{10.48}$$

比约肯标度 (Bjorken scaling) 是指当 Q^2 和 ν 都很大，且 x 固定时，结构函数

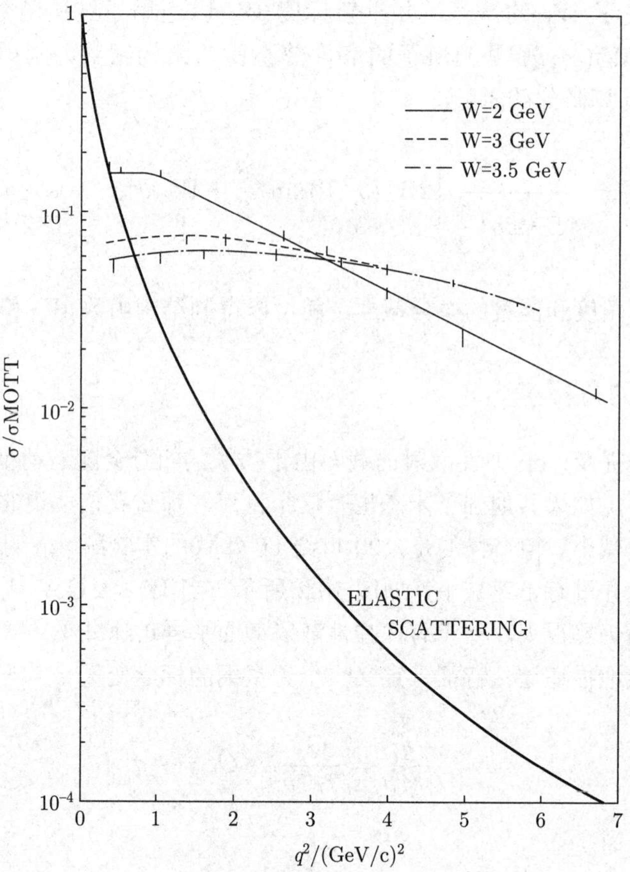

M. Breidenbach et al, Phys. Rev. Lett 23 (1969) 935

图 10.2 电子质子的非弹性散射截面

F_i 不再是双变量 q^2 和 ν 的函数，而是经过重新标度后的单一变量 x 的函数。这样，所有的结构函数都有极限行为：

$$\lim_{|q^2|\to\infty,\ x\,\text{固定}} F_i(x, q^2/M^2) = F_i(x) \tag{10.49}$$

这也称为标度无关性现象。实验表明，当 $Q^2 \geqslant 2^2\,\text{GeV}$ 时，比约肯标度是一个很好的近似。如图 10.3 所示，当 x 不太小时，对不同的 Q^2 值，实验点落在同一曲线上；当 Q^2 较大时，也没有迅速减小。似乎可以认为质子内部有点状成分，因为电子在点状粒子上的散射由于没有形状因子不会迅速减小。

中微子-核子散射

中微子在质子上的散射是另一种可用于探测质子结构的反应，因为中微子只参与弱相互作用，且已有很好的理论研究。该反应的动量标记为

$$\nu_l(k) + \text{N}(p) \longrightarrow \text{l}^-(k') + \text{X}(p_n) \tag{10.50}$$

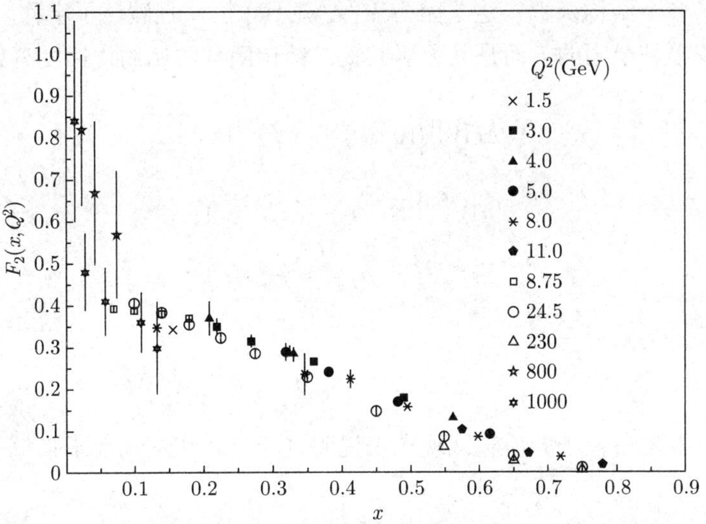

图 10.3　结构函数 F_2 与 x 的关系

这里没有电磁相互作用，而是有弱相互作用：

$$\mathcal{L}_{\text{eff}} = -\frac{G_{\text{F}}}{\sqrt{2}} J_\lambda J^\lambda + \text{h.c.} \tag{10.51}$$

其中，G_{F} 是费米常数。当能量低于弱玻色子 W 的质量时，用流-流相互作用来描述弱相互作用是一个很好的近似。荷电的弱流 J^λ 可以分为轻子部分和强子部分：

$$J^\lambda = J_{\text{l}}^\lambda + J_{\text{h}}^\lambda \tag{10.52}$$

轻子部分是

$$J_{\text{l}}^\lambda = \bar{\nu}_{\text{e}} \gamma^\lambda (1-\gamma_5) e + \bar{\nu}_{\mu} \gamma^\lambda (1-\gamma_5) \mu \tag{10.53}$$

利用结构函数直接写出微分截面：

$$\frac{\mathrm{d}^2\sigma^{(\nu)}}{\mathrm{d}\Omega \mathrm{d}E'} = \frac{G_{\text{F}}^2}{2\pi} E'^2 \left(2\sin^2\frac{\theta}{2} W_1^{(\nu)} + \cos^2\frac{\theta}{2} W_2^{(\nu)} - \frac{E+E'}{M} \sin^2\frac{\theta}{2} W_3^{(\nu)} \right) \tag{10.54}$$

$$\frac{\mathrm{d}^2\sigma^{(\bar{\nu})}}{\mathrm{d}\Omega \mathrm{d}E'} = \frac{G_{\text{F}}^2}{2\pi} E'^2 \left(2\sin^2\frac{\theta}{2} W_1^{(\bar{\nu})} + \cos^2\frac{\theta}{2} W_2^{(\bar{\nu})} + \frac{E+E'}{M} \sin^2\frac{\theta}{2} W_3^{(\bar{\nu})} \right) \tag{10.55}$$

其中，结构函数定义为

$$\begin{aligned} W_{\mu\nu}^{(\nu)}(p,q) &= \frac{1}{4M} \sum_\sigma \int \frac{\mathrm{d}^4 x}{2\pi} \mathrm{e}^{\mathrm{i}q\cdot x} \left\langle p,\sigma \left| \left[J_{\text{h}\mu}(x),\ J_{\text{h}\nu}^\dagger(0) \right] \right| p,\sigma \right\rangle \\ &= -W_1^{(\nu)} g_{\mu\nu} + \frac{W_2^{(\nu)} p_\mu p_\nu}{M^2} - \mathrm{i}\frac{W_3^{(\nu)} \varepsilon_{\alpha\beta\mu\nu} p^\alpha q^\beta}{M^2} + \frac{W_4^{(\nu)} q_\mu q_\nu}{M^2} + \\ &\quad \frac{W_5^{(\nu)} (p_\mu q_\nu + q_\mu p_\nu)}{M^2} + \mathrm{i}\frac{W_6^{(\nu)} (p_\mu q_\nu - q_\mu p_\nu)}{M^2} \end{aligned} \tag{10.56}$$

式中出现了多个结构函数，这是因为 V-A 流不守恒，且破坏了宇称。式 (10.56) 中的两个流不是全同的，而是互为复共轭。结构函数的比约肯标度有如下形式：

$$MW_1^{(\nu)}(q^2,\nu) \longrightarrow F_1^{(\nu)}(x) \tag{10.57}$$

$$\nu W_2^{(\nu)}(q^2,\nu) \longrightarrow F_2^{(\nu)}(x) \tag{10.58}$$

$$\nu W_3^{(\nu)}(q^2,\nu) \longrightarrow F_3^{(\nu)}(x) \tag{10.59}$$

轻子张量满足关系

$$q^\mu l_{\mu\nu} = 0 \tag{10.60}$$

这是因为可以忽略轻子的质量。现在来说明这一点。注意到轻子张量 $l_{\mu\nu}$ 有 $j_\mu j_\nu^\dagger$ 的形式，其中，

$$j_\mu = \bar{u}(k')\gamma^\mu(1-\gamma_5)u(k) \tag{10.61}$$

则有

$$\begin{aligned} q^\mu j_\mu &= \bar{u}_l(k')(\not k' - \not k)(1-\gamma_5)u_\nu(k) \\ &= \bar{u}_l(k')[m_l(1-\gamma_5) - m_\nu(1+\gamma_5)]u_\nu(k) \\ &= 0 \end{aligned} \tag{10.62}$$

如果忽略轻子的质量，由式 (10.62) 可得 $q^\mu l_{\mu\nu} = 0$。这就是 W_4, W_5, W_6 对非极化单举微分截面没有贡献的原因。采用有确定螺旋度的结构函数是有用的。在实验室坐标系里，选择 z 轴使得

$$p_\mu = (M,0,0,0), \quad q_\mu = (q_0,0,0,q_3) \tag{10.63}$$

虚光子的纵向极化为

$$\varepsilon_\mu^{(s)} = \frac{1}{\sqrt{-q^2}}(q_3,0,0,q_0) \tag{10.64}$$

相应的结构函数为

$$W_s = \varepsilon_\mu^{(s)*}W^{\mu\nu}\varepsilon_\nu^{(s)} = -W_1 - \frac{q_3^2 W_2}{q^2} = \left(1-\frac{\nu^2}{q^2}\right)W_2 - W_1 \tag{10.65}$$

右手极化矢量和左手极化矢量分别是

$$\varepsilon_\mu^{\mathrm{R}} = \frac{1}{\sqrt{2}}(0,1,\mathrm{i},0), \quad \varepsilon_\mu^{\mathrm{L}} = \frac{1}{\sqrt{2}}(0,1,-\mathrm{i},0) \tag{10.66}$$

相应的结构函数为

$$W_{\mathrm{R}} = W_1 + \frac{1}{2M}\sqrt{\nu^2-q^2}W_3, \quad W_{\mathrm{L}} = W_1 - \frac{1}{2M}\sqrt{\nu^2-q^2}W_3 \tag{10.67}$$

在标度极限下，有

$$2MW_s \longrightarrow F_S = \frac{1}{x}F_2 - 2F_1 \tag{10.68}$$

$$MW_{\mathrm{L}} \longrightarrow F_{\mathrm{L}} = F_2 - \frac{1}{2}F_3 \tag{10.69}$$

$$MW_{\mathrm{R}} \longrightarrow F_{\mathrm{R}} = F_2 + \frac{1}{2}F_3 \tag{10.70}$$

微分截面可以写成：

$$\frac{\mathrm{d}^2\sigma^{(\nu)}}{\mathrm{d}x\mathrm{d}y} = G_{\mathrm{F}}^2\frac{MEx}{\pi}\left[(1-y)F_S^{(\nu)} + F_{\mathrm{L}}^{(\nu)} + (1-y)^2 F_{\mathrm{R}}^{(\nu)}\right] \tag{10.71}$$

$$\frac{\mathrm{d}^2\sigma^{(\bar{\nu})}}{\mathrm{d}x\mathrm{d}y} = G_{\mathrm{F}}^2\frac{MEx}{\pi}\left[(1-y)F_S^{(\bar{\nu})} + F_{\mathrm{R}}^{(\bar{\nu})} + (1-y)^2 F_{\mathrm{L}}^{(\bar{\nu})}\right] \tag{10.72}$$

这些结果表明中微子的截面随能量呈线性增长。这也是中微子被轻子散射的典型特征。

10.1.4 部分子模型

1969 年，费恩曼建议深度非弹性散射可以看成是与核子内部点状组分进行的非相干弹性散射，如图 10.4 所示。称点状组分为部分子 (parton)。

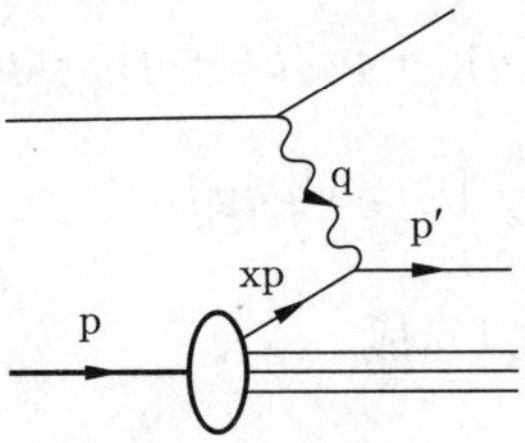

图 10.4 部分子模型

假设部分子的自旋为 1/2，每个部分子携带质子的一部分动量 $\xi p\ (0 \leqslant \xi \leqslant 1)$，即忽略了部分子的横向动量，且没有部分子与质子的运动方向相反。那么一个部分子对强子张量的贡献可写为

$$\begin{aligned} K_{\mu\nu}(\xi) = {} & \frac{1}{4\xi M}\sum_{\sigma\sigma'}\int\frac{\mathrm{d}^3p'}{(2\pi)^3 2p_0'}\left\langle \xi p,\sigma\left|J_\mu^{\mathrm{em}}\right|p',\sigma'\right\rangle\left\langle p',\sigma'\left|J_\nu^{\mathrm{em}}\right|\xi p,\sigma\right\rangle \times \\ & (2\pi)^3\delta^4(p'-q-\xi p) \\ = {} & \frac{1}{4\xi M}\sum_{\sigma\sigma'}\bar{u}(\xi p,\sigma)\gamma_\mu u(p',\sigma')\bar{u}(p',\sigma')\gamma_\nu u(\xi p,\sigma) \times \\ & \delta(p_0'-q_0-\xi p_0)\frac{1}{2p_0'} \end{aligned} \tag{10.73}$$

这里已假设光子与部分子的相互作用是点类的。这个图像可以通过选取无限动量参考系 (infinite momentum frame) 来建立。无限动量参考系是一种特殊的惯性系，在其中质子以任意大的速度运动，时间延缓效应可使它的寿命任意地延长。在这种参考系中，一个光子入射到一个质子上，对光子而言，质子内部的客体就像是一群自由的点电荷 (部分子)，即光子与部分子的相互作用是点类的。所以部分子的概念是建立在无限动量参考系上的，在质子静止参考系中不一定有意义。另外，在无限动量参考系中，所有的质量都可以忽略，所以可以把部分子视为无质量的狄拉克粒子，其波函数协变地归一到每单位体积内 $2p_0$ 个粒子。

在式 (10.73) 中，反映能量守恒的 δ 函数可以写为

$$\begin{aligned}\delta\left(p_0'-q_0-\xi p_0\right)\frac{1}{2p_0'}&=\theta\left(p_0'\right)\delta\left[p'^2-(q-\xi p)^2\right]\\&=\theta\left(q_0+\xi p_0\right)\delta\left(2M\nu\xi+q^2\right)\\&=\theta\left(q_0+\xi p_0\right)\frac{\delta\left(\xi-x\right)}{2M\nu}\end{aligned}\tag{10.74}$$

对自旋求和，可得

$$\begin{aligned}&\frac{1}{2}\sum_{\sigma\sigma'}\bar{u}\left(\xi p,\sigma\right)\gamma_\mu u\left(p',\sigma'\right)\bar{u}\left(p',\sigma'\right)\gamma_\nu u\left(\xi p,\sigma\right)\\&=\frac{\xi}{2}\mathrm{tr}\left[\not{p}\gamma_\mu\left(\xi\not{p}+\not{q}\right)\gamma_\nu\right]\\&=2\xi\left[p_\mu\left(\xi p+q\right)_\nu+p_\nu\left(\xi p+q\right)_\mu-p\cdot\left(\xi p+q\right)g_{\mu\nu}\right]\\&=4M^2\xi^2\left(\frac{p_\mu p_\nu}{M^2}\right)-2M\nu\xi g_{\mu\nu}+\cdots\end{aligned}\tag{10.75}$$

于是，部分子张量 (10.73) 可以写成

$$K_{\mu\nu}\left(\xi\right)=\delta\left(\xi-x\right)\left(\frac{\xi p_\mu p_\nu}{M^2\nu}-\frac{1}{2M}g_{\mu\nu}+\cdots\right)\tag{10.76}$$

令 $f\left(\xi\right)\mathrm{d}\xi$ 为携带动量分额在 ξ 到 $\xi+\mathrm{d}\xi$ 之间的部分子的数目 (权为电荷的平方)，那么强子张量就是部分子张量之和

$$W_{\mu\nu}=\int_0^1 f\left(\xi\right)K_{\mu\nu}\left(\xi\right)\mathrm{d}\xi=\frac{xf(x)}{\nu}\frac{p_\mu p_\nu}{M^2}-\frac{f(x)}{2}\frac{g_{\mu\nu}}{M}+\cdots\tag{10.77}$$

由此可以读出结构函数为

$$MW_1\to F_1(x)=\frac{1}{2}f(x)\tag{10.78}$$

$$\nu W_2\to F_2(x)=xf(x)\tag{10.79}$$

因此标度函数 $F_{1,2}$ 就是靶质子里部分子的动量分布。

式 (10.78) 和式 (10.79) 意味着

$$2xF_1(x) = F_2(x) \tag{10.80}$$

称为卡兰-格罗斯 (Callan-Gross) 关系，它是假设部分子的自旋为 1/2 的直接结果。电子对质子和中子非弹性散射的实验数据符合卡兰-格罗斯关系，说明部分子确为自旋为 1/2 的粒子。

对自旋为 0 的部分子，有

$$\begin{aligned}K_{\mu\nu} &\propto \left\langle xp \left| J_\mu^{\mathrm{em}} \right| xp+q \right\rangle \left\langle xp+q \left| J_\nu^{\mathrm{em}} \right| xp \right\rangle \\ &\propto (2xp+q)_\mu (2xp+q)_\nu \end{aligned}\tag{10.81}$$

因为上式中没有 $g_{\mu\nu}$ 项，这意味着

$$F_1(x) = 0 \tag{10.82}$$

利用由式 (10.68) $\sim$ 式(10.70) 给出的螺旋度结构函数，可以得到

$$F_S = 0, \quad \text{对自旋为 } 1/2 \text{ 的部分子} \tag{10.83}$$

$$F_T = F_{\mathrm{L}} + F_{\mathrm{R}} = 2F_1 = 0, \quad \text{对自旋为 } 0 \text{ 的部分子} \tag{10.84}$$

对此有一个简单的解释。在布雷特 (Breit) 参考系里，部分子与虚光子碰撞后，其动量仅改变方向，而大小不变：

$$\begin{aligned} q_\mu &= (0,0,0,-2xp) \\ xp_\mu &= (xp,0,0,xp) \\ p'_\mu &= (xp,0,0,-xp) \end{aligned}$$

如果部分子的自旋为 0，那么只有螺旋度为零的虚光子态 (ε^S) 有贡献，而螺旋度为 ±1 的态 (ε^{L}, ε^{R}) 在运动方向上无法保持角动量守恒。另外，自旋为 1/2 的部分子 (忽略其质量) 碰撞后其自旋同样反向，这要求虚光子处于螺旋度为 ±1 的态上，因此有 $F_S = 0$。实验上，$F_S = 0$ 在标度区内符合，由此可以确定核子内部的确有自旋为 1/2 的点状组分。

10.1.5 部分子模型的求和规则和应用

一种尝试是将部分子看成夸克。我们已确信夸克是构成质子的组分，它们通过与胶子的相互作用束缚起来。从一个简单的模型出发，即质子内部有三个价夸克 (valence quarks)，质子的量子数 (如电荷、奇异数等) 都是由这些价夸克来携带，那么结构函数应该是在 $x = 1/3$ 处的一个 δ 函数，即 $f(x) \sim \delta(x - 1/3)$。当考虑相互作用时，这个分布将会改变，而且胶子可以产生 $\mathrm{q\bar{q}}$ 夸克对，当然，夸克也可以韧致辐射出胶子。所有这些过程都会在小 x 处产生一对“$\mathrm{q\bar{q}}$”，这些由

胶子产生的 $q\bar{q}$ 通常称为海夸克 (sea quarks)。采用含有三个轻夸克的夸克模型，电磁流为

$$J_\mu^{\text{em}} = \frac{2}{3}\bar{u}\gamma_\mu u - \frac{1}{3}\bar{d}\gamma_\mu d - \frac{1}{3}\bar{s}\gamma_\mu s \tag{10.85}$$

这样，质子的结构函数为

$$F_{\text{T}}^{\text{ep}}(x) = 2F_1(x) = f(x) = \frac{4}{9}[u(x)+\bar{u}(x)] + \frac{1}{9}[d(x)+\bar{d}(x)] + \frac{1}{9}[s(x)+\bar{s}(x)] \tag{10.86}$$

其中，$q_i(x)$ 表示在质子中发现携带纵向动量为 x，以及夸克 q_i 的量子数的部分子的概率。例如，$u(x)$ 是质子中发现具有纵向动量 x 的 u 夸克的概率。由同位旋对称性，可以通过交换 $u \leftrightarrow d$ 得到电子中子的结构函数：

$$F_{\text{T}}^{\text{en}}(x) = \frac{4}{9}[d(x)+\bar{d}(x)] + \frac{1}{9}[u(x)+\bar{u}(x)] + \frac{1}{9}[s(x)+\bar{s}(x)] \tag{10.87}$$

这些部分子分布函数被质子的量子数所限制，例如，

同位旋: $\dfrac{1}{2}\displaystyle\int_0^1 \mathrm{d}x\left\{[u(x)-\bar{u}(x)] - \left[d(x)-\bar{d}(x)\right]\right\} = \frac{1}{2}$

奇异数: $\displaystyle\int_0^1 \mathrm{d}x\,[s(x)-\bar{s}(x)] = 0$

电荷: $\displaystyle\int_0^1 \mathrm{d}x\left\{\frac{2}{3}[u(x)-\bar{u}(x)] - \frac{1}{3}\left[d(x)-\bar{d}(x)\right] - \frac{1}{3}[s(x)-\bar{s}(x)]\right\} = 1$

这些关系式为部分子分布函数提供了一个整体限制，对实验测量这些分布函数是很有用的。

1. 中微子深度非弹性散射

$$\nu_\mu + \text{N} \to \mu + \text{X} \tag{10.88}$$

$$\nu_{\text{e}} + \text{N} \to \text{e} + \text{X} \tag{10.89}$$

强子的弱流为

$$J_\mu^{\text{W}} \approx \cos\theta_{\text{c}}\bar{u}\gamma^\mu(1-\gamma_5)d + \sin\theta_{\text{c}}\bar{u}\gamma^\mu(1-\gamma_5)s + \cdots \tag{10.90}$$

这里的结构函数同样可以用部分子分布函数 $q_i(x)$ 表示出来，下面列出一些基本结果：

$$\begin{aligned}
F_{\text{L}}^{\nu\text{p}} &= 2d(x), & F_{\text{L}}^{\nu\text{n}} &= 2u(x)\\
F_{\text{R}}^{\nu\text{p}} &= 2\bar{u}(x), & F_{\text{R}}^{\nu\text{n}} &= 2\bar{d}(x)\\
F_{\text{L}}^{\bar{\nu}\text{p}} &= 2u(x), & F_{\text{L}}^{\bar{\nu}\text{n}} &= 2d(x)\\
F_{\text{R}}^{\bar{\nu}\text{p}} &= 2\bar{d}(x), & F_{\text{R}}^{\bar{\nu}\text{n}} &= 2\bar{u}(x)
\end{aligned} \tag{10.91}$$

因子 2 反映了弱作用流里矢量部分和轴矢量部分同时存在。可以把奇异夸克分布单独拿出来。利用 $F_2 = x(F_\mathrm{L} + F_\mathrm{R} + F_\mathrm{S})$，有

$$F_2^{\mathrm{\nu p}} + F_2^{\mathrm{\nu n}} = 2x(u + \bar{u} + d + \bar{d}) \tag{10.92}$$

由 ep 散射，有

$$F_2^{\mathrm{ep}} + F_2^{\mathrm{en}} = x\left[\frac{5}{9}(u + \bar{u} + d + \bar{d}) + \frac{2}{9}(s + \bar{s})\right] \tag{10.93}$$

由以上两个关系式可以给出：

$$F_2^{\mathrm{ep}} + F_2^{\mathrm{en}} - \frac{5}{18}\left(F_2^{\mathrm{\nu p}} + F_2^{\mathrm{\nu n}}\right) = \frac{2x}{9}(s + \bar{s}) \tag{10.94}$$

式 (10.94) 与实验数据符合得很好，除了小 x (< 0.2) 区域。

2. 动量求和规则 (momentum sum rule)

如果夸克携带靶核子的全部动量，则有如下动量求和规则：

$$\int_0^1 \left[u(x) + d(x) + s(x) + \bar{u}(x) + \bar{d}(x) + \bar{s}(x)\right] x\mathrm{d}x = 1 \tag{10.95}$$

因为 $x \approx 0$ 区域对此积分并不重要，所以可以忽略所有海夸克的贡献：

$$\int_0^1 \left[u(x) + d(x)\right] x\mathrm{d}x = 1 \tag{10.96}$$

或者利用已测量到的结构函数：

$$\int [F_2^{\mathrm{ep}}(x) + F_2^{\mathrm{en}}(x)]\mathrm{d}x = \frac{5}{9} \tag{10.97}$$

实验测量这个积分值大约为 0.28。这说明几乎 50% 的核子动量是由其他物质而不是部分子来携带的。换句话说，质子里有 50% 的物质不带电，最简单的解释是这些物质是胶子，它们把部分子束缚在一起而形成强子。

10.2 光锥奇异性和比约肯标度

人们发现比约肯标度的物理意义与场论中的光锥行为关系紧密，现在来说明这一点。我们知道强子张量可以写成两个电磁流的对易子的矩阵元形式：

$$W_{\mu\nu}(p,q) = \frac{1}{4M}\sum_\sigma \int \frac{\mathrm{d}^4 x}{2\pi} \mathrm{e}^{\mathrm{i}q\cdot x} \left\langle p,\sigma \left| \left[J_\mu^{\mathrm{em}}(x),\ J_\nu^{\mathrm{em}}(0)\right] \right| p,\sigma \right\rangle \tag{10.98}$$

指数上的标量积可以写成

$$q \cdot x = \frac{(q_0+q_3)}{\sqrt{2}}\frac{(x_0-x_3)}{\sqrt{2}} + \frac{(q_0-q_3)}{\sqrt{2}}\frac{(x_0+x_3)}{\sqrt{2}} - \boldsymbol{q}_\mathrm{T}\cdot\boldsymbol{x}_\mathrm{T} \tag{10.99}$$

其中，$\boldsymbol{q}_\mathrm{T}=(q_1,q_2)$ 和 $\boldsymbol{x}_\mathrm{T}=(x_1,x_2)$ 分别是 $\boldsymbol{q}$ 和 $\boldsymbol{x}$ 的横向分量。在核子的静止坐标系里，动量是

$$p_\mu=(M,0,0,0),\quad q_\mu=(\nu,0,0,\sqrt{\nu^2-q^2}) \tag{10.100}$$

在标度极限下，有 $-q^2,\nu\to\infty$，且 $-q^2/2M\nu$ 固定，得到

$$q_0+q_3\sim 2\nu,\quad q_0-q_3\sim\frac{q^2}{2\nu} \tag{10.101}$$

我们看到式 (10.98) 中积分的主要贡献来自于没有快速振荡的区域，即 $q\cdot x=\mathrm{O}(1)$。这意味着

$$x_0-x_3\sim\mathrm{O}\left(\frac{1}{\nu}\right),\quad x_0+x_3\sim\mathrm{O}\left(\frac{1}{xM}\right) \tag{10.102}$$

或者

$$x_0^2-x_3^2\sim\mathrm{O}\left(\frac{1}{-q^2}\right) \tag{10.103}$$

这样，$x^2=x_0^2-x_3^2-\boldsymbol{x}_\mathrm{T}^2\leqslant x_0^2-x_3^2\sim\mathrm{O}\left(\dfrac{1}{-q^2}\right)$，它在 $-q^2\to\infty$ 时为零。换言之，在标度极限下，我们研究的是光锥附近的流乘积。

10.2.1 自由场的光锥奇异性和算符乘积展开

1. 场的乘积

一般情况下，研究相互作用场在光锥附近的行为是困难的。人们发现 ep 散射中的标度行为与自由场在光锥附近的行为有关。现在来研究场在光锥附近的行为。在自由场理论中，场的乘积，诸如对易子或传播子，在光锥 $(x^2\approx 0)$ 上是奇异的，且所产生的奇异性与质量无关。为了看清这一点，考虑一个标量场的自由传播子：

$$\langle 0\,|T[\phi(x)\phi(0)]|\,0\rangle=\mathrm{i}\Delta_\mathrm{F}(x)=\mathrm{i}\int\frac{\mathrm{d}^4k}{(2\pi)^4}\frac{\mathrm{e}^{-\mathrm{i}k\cdot x}}{k^2-m^2+\mathrm{i}\varepsilon} \tag{10.104}$$

对动量积分可得

$$\Delta_\mathrm{F}(x)=\frac{-1}{4\pi}\delta\left(x^2\right)+\frac{m}{8\pi\sqrt{x^2}}\theta\left(x^2\right)\left[J_1\left(m\sqrt{x^2}\right)-\mathrm{i}N_1\left(m\sqrt{x^2}\right)\right]-$$
$$\frac{\mathrm{i}m}{4\pi^2\sqrt{x^2}}\theta\left(-x^2\right)K_1\left(m\sqrt{-x^2}\right) \tag{10.105}$$

其中，J_n, N_n 和 K_n 是贝塞尔函数。当 $x^2 \approx 0$ 时，$\Delta_{\mathrm{F}}(x)$ 有一简单结果：

$$\Delta_{\mathrm{F}}(x)=\frac{\mathrm{i}}{4\pi^2}\frac{1}{\left(x^2-\mathrm{i}\varepsilon\right)}+\mathrm{O}\left(m^2x^2\right) \tag{10.106}$$

注意，$x^2 \approx 0$ 处的奇异性可以看成是来自产生算符和湮灭算符的正规乘积 (normal ordering) 所给出的 c 数。同样，计算对易子得到

$$\begin{aligned}[\phi(x),\phi(0)]=\mathrm{i}\Delta(x)&=\frac{1}{(2\pi)^3}\int \mathrm{d}^4k\mathrm{e}^{-\mathrm{i}k\cdot x}\varepsilon\left(k_0\right)\delta\left(k^2-m^2\right)\\&=\frac{-\mathrm{i}}{2\pi}\varepsilon\left(x_0\right)\delta\left(x^2\right),\quad 当\, x^2\approx 0\end{aligned} \tag{10.107}$$

取 $m^2 \to 0$，由式 (10.107) 可得：

$$\mathrm{i}\int \mathrm{d}^4k\mathrm{e}^{-\mathrm{i}k\cdot x}\varepsilon\left(k_0\right)\delta\left(k^2\right)=(2\pi)^2\varepsilon\left(x_0\right)\delta\left(x^2\right) \tag{10.108}$$

式 (10.108) 将动量空间与坐标空间的奇异性联系起来。同样，对易子 $\Delta(x)$ 的光锥奇异性与传播子 $\Delta_{\mathrm{F}}(x)$ 的光锥奇异性也可以直接联系起来：

$$\Delta(x)=2\varepsilon\left(x_0\right)\mathrm{Im}\left(\mathrm{i}\Delta_{\mathrm{F}}(x)\right) \tag{10.109}$$

这里利用了奇异函数恒等式

$$\frac{1}{-x^2+\mathrm{i}\varepsilon}-\frac{1}{-x^2-\mathrm{i}\varepsilon}=-2\pi\mathrm{i}\varepsilon\left(x_0\right)\delta\left(x^2\right) \tag{10.110}$$

它是如下一般恒等式的特殊情况：

$$\left(\frac{1}{-x^2+\mathrm{i}\varepsilon}\right)^n-\left(\frac{1}{-x^2-\mathrm{i}\varepsilon}\right)^n=-\frac{2\pi\mathrm{i}}{(n-1)!}\varepsilon\left(x_0\right)\delta^{(n-1)}\left(x^2\right) \tag{10.111}$$

下面将利用如下替换，由传播子的奇异性计算得到对易子的奇异性：

$$\left(\frac{1}{-x^2+\mathrm{i}\varepsilon}\right)^n\longrightarrow\frac{2\pi\mathrm{i}}{(n-1)!}\varepsilon\left(x_0\right)\delta^{(n-1)}\left(x^2\right) \tag{10.112}$$

2. 流的乘积

为了应用于 ep 散射，需要考虑对应于电磁流的算符：

$$J_\mu^{\mathrm{em}}=\sum_i e_i\bar{q}_i\gamma_\mu q_i \tag{10.113}$$

它是一个复合算符。因为讨论很复杂，所以这里仅说明主要思路，而略去技术细节。为了避免自旋和其他洛伦兹指标所带来的复杂性，考虑如下形式的标量流：

$$J(x) =: \phi^2(x) : \tag{10.114}$$

为方便起见，取该流的正规乘积的形式，以便消除乘积 $\phi(x+\zeta)\phi(x-\zeta)$ 在 $\zeta^\mu \to 0$ 时的奇异性。为了在自由场论中看清这一点，可以用产生算符和湮灭算符写出场算符：

$$\phi(x) = \int_k \left[a(k)\,\mathrm{e}^{-\mathrm{i}k\cdot x} + a^\dagger(k)\,\mathrm{e}^{\mathrm{i}k\cdot x}\right] \tag{10.115}$$

其中采用了简写符号

$$\int_k \equiv \int \frac{\mathrm{d}^3 k}{\sqrt{(2\pi)^3\, 2\omega_k}} \tag{10.116}$$

于是，场算符的乘积为

$$\begin{aligned}\phi(x)\phi(y) &= \int_{k'}\int_k \left[a(k)\,\mathrm{e}^{-\mathrm{i}k\cdot x} + a^\dagger(k)\,\mathrm{e}^{\mathrm{i}k\cdot x}\right]\left[a(k')\,\mathrm{e}^{-\mathrm{i}k'\cdot y} + a^\dagger(k')\,\mathrm{e}^{\mathrm{i}k'\cdot y}\right] \\ &= \int_k\int_{k'} \Big[a(k)\,a(k')\,\mathrm{e}^{-\mathrm{i}\left(k\cdot x+k'\cdot y\right)} + a^\dagger(k)\,a^\dagger(k')\,\mathrm{e}^{\mathrm{i}\left(k\cdot x+k'\cdot y\right)} + \\ &\qquad a^\dagger(k)\,a(k')\,\mathrm{e}^{-\mathrm{i}\left(k\cdot x-k'\cdot y\right)} + a(k)\,a^\dagger(k')\,\mathrm{e}^{-\mathrm{i}\left(-k\cdot x+k'\cdot y\right)}\Big]\end{aligned} \tag{10.117}$$

式中只有最后一项不是正规乘积。当把该项写成正规乘积时，将得到额外的一项：

$$\begin{aligned}&\int_k\int_{k'} \left[a^\dagger(k)\,a(k') + \delta^3(k-k')\right]\mathrm{e}^{-\mathrm{i}\left(-k\cdot x+k'\cdot y\right)} \\ &= \int_k\int_{k'} \left[a^\dagger(k)\,a(k')\,\mathrm{e}^{-\mathrm{i}\left(-k\cdot x+k'\cdot y\right)}\right] + \int \frac{\mathrm{d}^3 k}{(2\pi)^3\, 2\omega_k}\mathrm{e}^{-\mathrm{i}k\cdot(x-y)}\end{aligned} \tag{10.118}$$

这个额外项是一个 c 数，且在 $x \to y$ 极限下是奇异的。不难看出，经过正规乘积化的算符作用在初态或者末态上不会产生这类奇异性。从这个简单的例子可以看到，正规乘积的操作会消除算符乘积中的奇异性。因此，对于更复杂的情况，可以利用维克 (Wick) 定理对它进行正规乘积，从而找出短距离下 c 数的奇异性。

流乘积里的奇异性可以按如下方式得到：

$$\begin{aligned}T\left[J(x)J(0)\right] &= T[:\phi^2(x)::\phi^2(0):] \\ &= 2\left\langle 0\left|T\left(\phi(x)\phi(0)\right)\right|0\right\rangle^2 + 4\left\langle 0\left|T\left(\phi(x)\phi(0)\right)\right|0\right\rangle :\phi(x)\phi(0): + \\ &\quad :\phi^2(x)\phi^2(0): \\ &= -2\left[\Delta_{\mathrm{F}}(x,m)\right]^2 + 4\mathrm{i}\Delta_{\mathrm{F}}(x,m):\phi(x)\phi(0): + :\phi^2(x)\phi^2(0):\end{aligned} \tag{10.119}$$

利用前面得到的传播子的奇异性，当 $x^2 \approx 0$ 时，我们有

$$T\left[J(x)J(0)\right] \approx \frac{1}{8\pi^4\left(x^2-\mathrm{i}\varepsilon\right)^2}-\frac{:\phi(x)\phi(0):}{\pi^2\left(x^2-\mathrm{i}\varepsilon\right)}+:\phi^2(x)\phi^2(0): \tag{10.120}$$

这称为光锥附近的算符乘积展开 (operator product expansion)，其中各项按照奇异函数的阶数排列，即第一项 $1/(x^2-\mathrm{i}\varepsilon)^2$ 的奇点阶数最大，第二项次之，等等。在式(10.120) 中，$x^2 \approx 0$ 处的奇异性都包含在 c 数的函数中了，当把该式放在物理态之间时，这些函数与初末态无关。这里形如 $:\phi(x)\phi(0):$ 的算符依赖于两个时空坐标 $x, 0$，故称为双局域算符 (bi-local operator)。

如果把式(10.120) 放在任意两个态之间，则有

$$\begin{aligned}\left\langle A\left|T\left[J(x)J(0)\right]\right|B\right\rangle \approx{} & \frac{\langle A|B\rangle}{8\pi^4\left(x^2-\mathrm{i}\varepsilon\right)^2}-\frac{\langle A\left|:\phi(x)\phi(0):\right|B\rangle}{\pi^2\left(x^2-\mathrm{i}\varepsilon\right)}+\\ & \left\langle A\left|:\phi^2(x)\phi^2(0):\right|B\right\rangle\end{aligned} \tag{10.121}$$

该式对应于图 10.5。

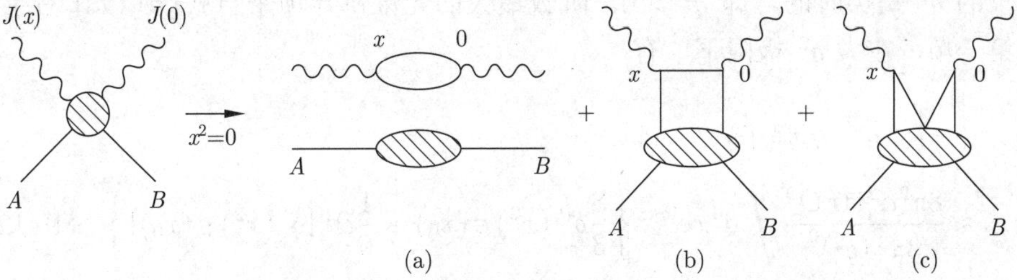

图 10.5　光锥处奇异函数对应的图

以上说明了算符在光锥附近展开的步骤。

下面给出更实际的包含费米子成分的电磁流的结果：

$$J_\mu(x) =: \bar{\psi}(x)\gamma_\mu Q\psi(x): \tag{10.122}$$

其中，Q 是电荷算符，$\psi(x)$ 是夸克场的一个多重态。

对易子的算符展开为

$$\begin{aligned}\left[J_\mu(x), J_\nu(0)\right] \approx{} & \frac{\mathrm{itr}\, Q^2}{\pi^3}\left\{\frac{2}{3}g_{\mu\nu}\delta''\left(x^2\right)\varepsilon\left(x_0\right)+\frac{1}{6}\partial_\mu\partial_\nu\left[\delta'\left(x^2\right)\varepsilon\left(x_0\right)\right]\right\}+\\ & \left\{S_{\mu\alpha\nu\beta}\left[V^\beta(x,0)-V^\beta(0,x)\right]+\mathrm{i}\varepsilon_{\mu\alpha\nu\beta}\left[A^\beta(x,0)-A^\beta(0,x)\right]\right\}\times\\ & \partial^\alpha\left[\frac{\delta\left(x^2\right)\varepsilon\left(x_0\right)}{2\pi}\right]+:\bar{\psi}(x)\gamma_\mu Q\psi(x)\bar{\psi}(0)\gamma_\nu Q\psi(0):\end{aligned} \tag{10.123}$$

其中，

$$S_{\mu\nu\lambda\rho}=g_{\mu\nu}g_{\lambda\rho}+g_{\mu\rho}g_{\nu\lambda}-g_{\mu\lambda}g_{\nu\rho} \tag{10.124}$$

$$V^{\beta}(x,y)=:\bar{\psi}(x)\gamma^{\beta}Q^{2}\psi(y): \tag{10.125}$$

$$A^{\beta}(x,y)=:\bar{\psi}(x)\gamma^{\beta}\gamma_{5}Q^{2}\psi(y): \tag{10.126}$$

这里的 $V^{\beta}(x,y)$ 和 $A^{\beta}(x,y)$ 都是双局域算符。这样，我们就可以利用这些结果去计算 e^+e^- 湮灭和 eN 非弹性散射的截面了。

10.2.2 e^+e^- 湮灭与 ep 散射

采用与讨论 eN 非弹性散射相同的方法，可以直接证明，对 e^+e^- 湮灭的所有可能末态求和后，总的强子截面可以写成流对易子的矩阵元：

$$\sigma\left(e^+e^-\to\text{强子}\right)=\frac{8\pi^2\alpha^2}{3\left(q^2\right)^2}\int d^4x e^{iq\cdot x}\left\langle 0\left|\left[J_{\mu}(x),\,J^{\mu}(0)\right]\right|0\right\rangle \tag{10.127}$$

这里的 q^2 是类时的，即 $q^2>0$。阶数最大的光锥奇异项来自式(10.123) 右手边的第一项，在大 q^2 极限下，有

$$\begin{aligned}&\sigma\left(e^+e^-\to\text{强子}\right)\\&\approx\frac{8\pi^2\alpha^2 i\,\mathrm{tr}\,Q^2}{3\pi^3\left(q^2\right)^2}\int d^4x e^{iq\cdot x}\left\{\frac{8}{3}\delta''\left(x^2\right)\varepsilon\left(x_0\right)+\frac{1}{6}\partial^2\left[\delta'\left(x^2\right)\varepsilon\left(x_0\right)\right]\right\}\end{aligned} \tag{10.128}$$

利用等式

$$i\int d^4x e^{-iq\cdot x}\varepsilon\left(q^0\right)\delta\left(q^2\right)=(2\pi)^2\varepsilon\left(x^0\right)\delta\left(x^2\right) \tag{10.129}$$

式 (10.128) 中对 x 积分后给出

$$\begin{aligned}\sigma\left(e^+e^-\to\text{强子}\right)&\approx\frac{8\pi^2\alpha^2 i\,\mathrm{tr}\,Q^2}{3\pi^3\left(q^2\right)^2}\left(\frac{8}{3}\frac{q^2}{4}-\frac{q^2}{6}\right)\varepsilon\left(q^0\right)\delta\left(q^2\right)\\&=\frac{4\pi\alpha^2}{3q^2}\mathrm{tr}\,Q^2\end{aligned} \tag{10.130}$$

利用已有的结果：

$$\sigma\left(e^+e^-\to\mu^+\mu^-\right)=\frac{4\pi\alpha^2}{3q^2} \tag{10.131}$$

可得如下简单结果：

$$\frac{\sigma\left(e^+e^-\to\text{强子}\right)}{\sigma\left(e^+e^-\to\mu^+\mu^-\right)}=\mathrm{tr}\,Q^2 \tag{10.132}$$

这证明了这个简单朴素图像的合理性：在 $q^2 \to \infty$ 的深度非弹极限下，虚光子首先生成夸克，其中的耦合类似于点粒子间的耦合。然后，夸克转成强子。即使这个过程很难计算，我们还是对总截面感兴趣，它是对所有可能强子末态求和。在这种情况下，可以取夸克转变成强子的概率为 1，而不需要清楚其转变的过程。注意，这个讨论不能应用于末态出现一个或多个强子的测量，因为此时需要知道强相互作用动力学的细节。

当 $q^2 \geqslant 1\,\text{GeV}$ 时，或者除了诸如 J/ψ, ψ', Υ 和 Υ' 等共振态所出现的区域，上述结果与实验符合得很好，如图 10.6 所示。这说明自由场的光锥行为的确能正确地给出实验结果。

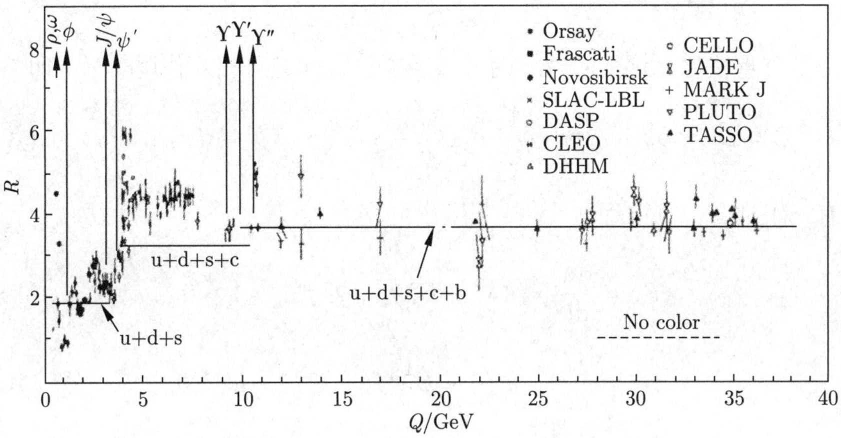

图 10.6 不同 e^+e^- 散射实验的 R 值

深度非弹性 lN 散射也可以利用算符展开技术来处理，但对其分析较 e^+e^- 湮灭更加复杂，而且其结果也很难描述。其实，就像 e^+e^- 湮灭的情况一样，比约肯标度可以与自由场的光锥行为联系起来。因此我们需要这样一种理论，其行为像标度极限下的自由场理论，去解释 e^+e^- 湮灭和深度非弹性 lN 散射。后面将看到，这个要求不同寻常地导致了非阿贝尔规范理论和量子色动力学理论。

10.3 量子色动力学

10.3.1 渐近自由

因为比约肯标度意味着光锥附近的自由场行为，所以需要找到能描述这一行为的场论。这种理论称为渐近自由场论。重整化群方程 (renormalization group equation) 的研究结果表明，依赖能量的耦合常数的渐近行为由 β 函数的零点所控制。因此，渐近自由场论要求耦合常数空间的原点是 β 函数的一个稳定不动点 (stable fixed point)。现在研究各种不同类型的场论，看能否有一种理论可以描述这种自由场行为。

1. $\lambda\phi^4$ 理论

拉格朗日量是

$$\mathcal{L}=\frac{1}{2}[(\partial_\mu\phi)^2-m^2\phi^2]-\frac{\lambda}{4!}\phi^4 \tag{10.133}$$

有效耦合常数 $\bar{\lambda}$ 满足微分方程：

$$\frac{\mathrm{d}\bar{\lambda}}{\mathrm{d}t}=\beta(\bar{\lambda}),\qquad \beta(\lambda)\approx\frac{3\lambda^2}{16\pi^2}+\mathrm{O}(\lambda^3) \tag{10.134}$$

它不是渐近自由的，因为在物理区域 $\lambda>0$, β 函数是正的，不可能是稳定不动点。

2. 汤川相互作用

为了可重整化，这里的拉格朗日量需要包含标量自相互作用 $\lambda\phi^4$，即

$$\mathcal{L}=\bar{\psi}(\mathrm{i}\gamma^\mu\partial_\mu-m)\psi+\frac{1}{2}[(\partial_\mu\phi)^2-\mu^2\phi^2]-\lambda\phi^4+f\bar{\psi}\psi\phi \tag{10.135}$$

现在有一组耦合微分方程：

$$\beta_\lambda=\frac{\mathrm{d}\lambda}{\mathrm{d}t}=A\lambda^2+B\lambda f^2+Cf^4,\quad A>0 \tag{10.136}$$

$$\beta_f=\frac{\mathrm{d}f}{\mathrm{d}t}=Df^3+E\lambda^2 f,\qquad D>0 \tag{10.137}$$

为了得到 $\beta_\lambda<0$，因 $A>0$，要求 $f^2\sim\lambda$。这说明可以去掉 β_f 中的 E 项。当 $D>0$ 时, 汤川型耦合 f 不是渐近自由的。推广到多费米场或多标量场的情形，情况也是如此。

3. 阿贝尔规范理论 (量子电动力学)

拉格朗日量通常为

$$\mathcal{L}=\bar{\psi}\mathrm{i}\gamma^\mu(\partial_\mu-\mathrm{i}eA_\mu)\psi-m\bar{\psi}\psi-\frac{1}{4}F_{\mu\nu}F^{\mu\nu} \tag{10.138}$$

有效耦合常数 $\bar{e}$ 满足方程

$$\frac{\mathrm{d}\bar{e}}{\mathrm{d}t}=\beta_e=\frac{\bar{e}^3}{12\pi^2}+\mathrm{O}(e^5) \tag{10.139}$$

对标量量子电动力学，有

$$\frac{\mathrm{d}\bar{e}}{\mathrm{d}t}=\beta'_e=\frac{\bar{e}^3}{48\pi^2}+\mathrm{O}(e^5) \tag{10.140}$$

二者都不是渐近自由的。

4. 非阿贝尔规范理论

我们发现只有非阿贝尔规范理论可以是渐近自由的，其拉格朗日量为

$$\mathcal{L}=-\frac{1}{2}\mathrm{tr}\left(F_{\mu\nu}F^{\mu\nu}\right) \tag{10.141}$$

其中，

$$F_{\mu\nu}=\partial_\mu A_\nu-\partial_\nu A_\mu-\mathrm{i}g[A_\mu,A_\nu],\quad A_\mu=T_aA_\mu^a \tag{10.142}$$

且

$$[T_a,T_b]=\mathrm{i}f_{abc}T_c,\quad \mathrm{tr}\left(T_aT_b\right)=\frac{1}{2}\delta_{ab} \tag{10.143}$$

在此理论中，有效耦合常数的演化由下式给出：

$$\frac{\mathrm{d}g}{\mathrm{d}t}=\beta(g)=-\frac{g^3}{16\pi^2}\frac{11}{3}t_2(V) \tag{10.144}$$

对 β 函数有贡献的图如图 10.7 所示。

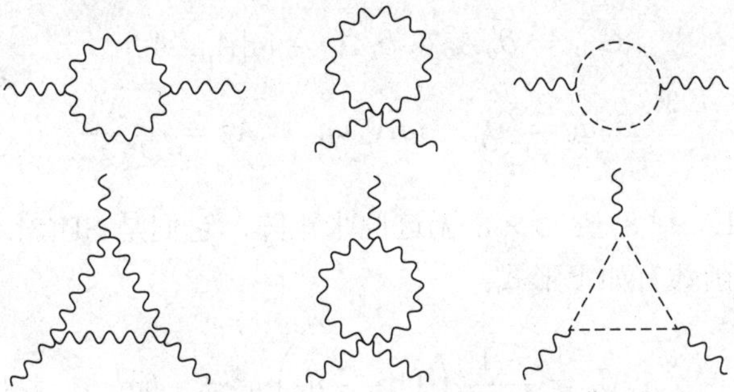

图 10.7　对 β 函数有贡献的费恩曼图

因为当 $g>0$ 时，$\beta(g)<0$；当 $g<0$ 时，$\beta(g)>0$，所以这个理论是渐近自由的。这里，

$$t_2(V)\delta^{ab}=\mathrm{tr}\left[T^a(V)T^b(V)\right],\quad \text{其中}\, t_2(V)=n,\ \text{对于 SU}(n) \tag{10.145}$$

如果规范场通过表示矩阵 $T^a(F)$ 和 $T^a(S)$ 分别与费米场和标量场耦合，那么 $\beta(g)$ 需修改为

$$\beta\left(g\right)=\frac{g^3}{16\pi^2}\left[-\frac{11}{3}t_2(V)+\frac{4}{3}t_2(F)+\frac{1}{3}t_2(S)\right] \tag{10.146}$$

其中，

$$t_2(F)\delta^{ab}=\mathrm{tr}\left[T^a(F)T^b(F)\right] \tag{10.147}$$

$$t_2(S)\delta^{ab} = \mathrm{tr}\left[T^a(S)T^b(S)\right] \tag{10.148}$$

注意，费米场和标量场的贡献与规范场的贡献符号相反。所以，如果没有太多的费米场和标量场，这个理论依然是渐近自由的。因此，在所有场论中，非阿贝尔规范理论作为仅有的一类能渐近自由的理论脱颖而出。

10.3.2 量子色动力学简介

夸克模型需要引入色对称性来克服简单夸克模型中的悖论。另外，深度非弹性散射中的比约肯标度似乎需要渐近自由理论。因为只有非阿贝尔规范理论是渐近自由的，所以很自然地将夸克的色对称性变成局域对称性。由此产生的理论就是量子色动力学 (QCD)。直接写出它的拉格朗日量为

$$\mathcal{L}_{\mathrm{QCD}} = -\frac{1}{2}\mathrm{tr}\left(G_{\mu\nu}G^{\mu\nu}\right) + \bar{q}_k\left(\mathrm{i}\gamma^\mu D_\mu - m_k\right)q_k \tag{10.149}$$

其中，

$$G_{\mu\nu} = \partial_\mu A_\nu - \partial_\nu A_\mu - \mathrm{i}g[A_\mu, A_\nu] \tag{10.150}$$

$$D_\mu q_k = (\partial_\mu - \mathrm{i}gA_\mu)q_k, \quad A_\mu = A_\mu^a\frac{\lambda^a}{2} \tag{10.151}$$

其中，λ^a $(a = 1, \cdots, 8)$ 是 3×3 无迹厄米矩阵，它们是 SU(3) 的生成元。取到 g 的最低阶，β 函数有如下形式：

$$\beta_g = \frac{-1}{16\pi^2}\left(11 - \frac{2}{3}n_{\mathrm{f}}\right)g^3 = -bg^3 \tag{10.152}$$

其中，n_{f} 是夸克味的数目。只要 $b > 0$，QCD 就会有渐近自由的性质，此时要求 $11 - 2n_f/3 > 0$，即 $n_f < 33/2$，也就是说，自然界中夸克的味数要小于 16。有效耦合常数满足方程：

$$\frac{\mathrm{d}\bar{g}}{\mathrm{d}t} = -b\bar{g}^3, \quad t = \ln\lambda \tag{10.153}$$

其中，λ 是标度动量的参数 $p_i \to \lambda p_i$。式 (10.153) 的解为

$$\bar{g}^2(t) = \frac{g^2}{1 + 2bg^2t}, \quad g = \bar{g}(g, 0) \tag{10.154}$$

对大的动量 λp_i 或大的 λ, $\bar{g}^2(t)$ 按 $1/\ln\lambda$ 降低。方便地定义：

$$\alpha_s(Q^2) = \frac{\bar{g}^2(t)}{4\pi} \tag{10.155}$$

把式 (10.154) 代入式 (10.155) 给出

$$\alpha_s(Q^2) = \frac{\alpha_s(\mu^2)}{1 + 4\pi b \alpha_s(\mu^2) \ln(Q^2/\mu^2)} \tag{10.156}$$

由如下关系引入 Λ^2：

$$\ln \Lambda^2 = \ln \mu^2 - \frac{1}{4\pi b\ \alpha_s(\mu^2)} \tag{10.157}$$

那么有效耦合常数 $\alpha_s(Q^2)$ 可以写成

$$\alpha_s(Q^2) = \frac{4\pi}{\left(11 - \dfrac{2}{3}n_{\mathrm{f}}\right) \ln(Q^2/\Lambda^2)} \tag{10.158}$$

其中 Q^2 是四维能量动量转移的平方，Λ 是式中的唯一参量，具有质量量纲，它的值需由实验来确定。式 (10.158)表明，当 $n_f < 33/2$ 时，$a_s(Q^2)$ 随着 Q^2 的增大而降低，且当 $Q^2 \to \infty$ 时便趋于 0。这就是 QCD 渐近自由的性质。注意：式 (10.158) 只在 $Q^2 > \Lambda^2$ 时成立，当 Q^2 减小到接近 Λ^2 时就不成立了。

上面的讨论给出了一个简单的图像。若取 $\alpha_s(Q^2)$ 的零阶近似，即可得到夸克的自由场论，它可以给出比约肯标度。若取 $\alpha_s(Q^2)$ 的一阶近似，比约肯标度会偏离。因为当 Q^2 较大时，$\alpha_s(Q^2)$ 较小，所以我们希望可以对标度的修正进行可靠的计算。可是，在重整化群的分析中，渐近区域中的所有动量都很大，即当 $\lambda \to \infty$ 时，有 $\lambda p_i \to \infty$。这意味着所有的粒子都远离它们的质壳，但这显然不符合 ep 散射的情况，因为其中的质子始终都是在壳上，所以需要找到某种机制来绕过这个困境。

夸克禁闭

因为当 Q^2 较大时，$\alpha_s(Q^2)$ 较小，所以有理由相信，当 Q^2 较小时，$\alpha_s(Q^2)$ 会较大。于是，夸克被束缚在一起形成各种各样的强子。但是由于此时的耦合常数 $\alpha_s(Q^2)$ 很大，所以很难定量地研究强子谱。

如果 $\alpha_s(Q^2)$ 足够大，夸克间的相互作用就会强到它们永远都不能从强子中跑出来，这称为夸克禁闭。这是“解释”为什么不能观测到自由夸克以及 qq 和 qqqq 态的最有吸引力的方式。量子色动力学的夸克禁闭性质是该理论的一个合理猜测，但它从未被令人信服地直接从量子色动力学推导出来。不过人们坚信它应该是正确的，因为没有其他方法来解释为什么找不到夸克和其他一些态。

参 考 文 献

核与粒子物理

[1] COTTINGHAM W N, GREENWOOD D A, 2001. An introduction to nuclear physics[M]. 2nd. Cambridge: Cambridge University Press.

[2] LILLEY J S, 2001. Nuclear physics – principles and applications[M]. Chichester: John Wiley & Sons.

[3] DAS A, FERBEL T, 2023. Introduction to nuclear and particle Physics[M]. 2nd. Singapore: World Scientific.

[4] MARTIN B R, SHAW G, 2008. Particle physics, 3rd edition[M]. Chichester: John Wiley & Sons.

[5] PERKINS D H, 2000. Introduction to high energy physics[M]. 4th. Cambridge: Cambridge University Press.

[6] GRIFFITHS D, 2008. Introduction to elementary particle physics[M]. 2nd. Weinheim, Wiley—VCH.

[7] CLOSE F E, 1979. An introduction to quarks and partons[M]. New York: Academic Press.

[8] LEE T D, 1981. Particle physics and introduction to field theory[M]. New York: Harwood.

对称性

[1] GELL-MANN M, NEEMAN Y, 1964. The eightfold way[M]. New York: Benjamin.

[2] KOKKEDEE J J J, 1969. The quark model[M]. New York: Benjamin.

[3] LIPKIN H J, 1973. Quarks for pedestrians[J]. Phys. Rep. **8C**, 173.

[4] YANG C N, MILLS R, 1954. Conservation of isotopic spin and isotopic gauge invariance[J]. Phys. Rev. (**96**): 191.

[5] GOLDSTONE J, 1961. Field theories with superconductor solutions[J]. Nuovo Cim. (**19**): 154. GOLDSTONE J, SALAM A, WEINBERG S, 1962. Broken symmetries[J]. Phys. Rev. (**127**): 965.

[6] HIGGS P W, 1964. Broken symmetries, massless particles and gauge fields[J]. Phys. Lett. (**12**): 132.
HIGGS P W, 1966. Spontaneous symmetry breakdown without massless bosons[J]. Phys. Rev. (**145**): 1156.
GURALNIK G S, HAGEN C R, KIBBLE T W B, 1964. Global conservation laws and massless particles[J]. Phys. Rev. Lett. (**13**): 585.

[7] ANDERSON P W, 1984. Basic notions in condensed matter physics[J]. Menlo Park, Calif: Benjamin/Cummings.

标准模型

[1] LEE T D, YANG C N, 1956. Question of parity conservation in weak interactions[J]. Phys. Rev. (**104**): 254.

[2] WU C S, AMBLER E, HAYWARD R W, et al., 1957. Experimental test of parity conservation in beta decay[J]. Phys. Rev. **(105)**: 1413.

[3] WEINBERG S, 1967. A model of leptons[J]. Phys. Rev. Lett. **(19)**: 1264.

[4] 'tHOOFT G, 1971. Renormalization of massless Yang-Mills fields[J]. Nucl. Phys. **(B33)**: 173.
'tHOOFT G, 1971. Renormalizable Lagrangians for massive Yang-Mills fields[J]. Nucl. Phys. **(B35)**: 167.

[5] GROSS D J, WILCZEK F, 1973. Ultraviolet behavior of nonabelian gauge theories[J]. Phys. Rev. Lett. **(30)**: 1343.
POLITZER H D, 1973. Reliable perturbative results for strong interactions[J]. Phys. Rev. Lett. **(30)**: 1346.

[6] AITCHISON I J R, HEY A J G, 1982. Gauge theories in particle physics[M]. Bristol: Adam Hilger.

[7] COMMINS E, BUCKSBAUM P H, 1983. Weak interactions of leptons and quarks[M]. Cambridge: Cambridge University Press.

[8] GEORGI H, 1984. Weak interactions and modern particle theory[M]. Menlo Park, Calif: Benjamin/Cummings.

[9] CHENG T P, LI L F, 1984. Gauge theory of elementary particle physics[M]. Oxford: Clarendon Press.

[10] HUANG K, 1998. Quantum field theory[M]. New York: John Wiley & Sons.

[11] PESKIN M E, SCHROEDER D V, 1995. An introduction to quantum field theory[M]. Reading MA: Perseus.